# 地质勘查与岩土工程技术

秦文静　李　锋　宋秀群　著

吉林科学技术出版社

**图书在版编目（CIP）数据**

地质勘查与岩土工程技术 / 秦文静，李锋，宋秀群
著 . -- 长春 : 吉林科学技术出版社，2023.10
ISBN 978-7-5744-0886-9

Ⅰ . ①地… Ⅱ . ①秦… ②李… ③宋… Ⅲ . ①地质勘
探②岩土工程 Ⅳ . ① P624 ② TU4

中国国家版本馆 CIP 数据核字 (2023) 第 185070 号

# 地质勘查与岩土工程技术

| | |
|---|---|
| 著 | 秦文静　李　锋　宋秀群 |
| 出 版 人 | 宛　霞 |
| 责任编辑 | 郝沛龙 |
| 封面设计 | 刘梦杳 |
| 制　版 | 刘梦杳 |
| 幅面尺寸 | 185mm×260mm |
| 开　本 | 16 |
| 字　数 | 355 千字 |
| 印　张 | 17.25 |
| 印　数 | 1–1500 册 |
| 版　次 | 2023年10月第1版 |
| 印　次 | 2024年2月第1次印刷 |

| | |
|---|---|
| 出　版 | 吉林科学技术出版社 |
| 发　行 | 吉林科学技术出版社 |
| 地　址 | 长春市福祉大路5788号 |
| 邮　编 | 130118 |
| 发行部电话/传真 | 0431-81629529 81629530 81629531 |
| | 81629532 81629533 81629534 |
| 储运部电话 | 0431-86059116 |
| 编辑部电话 | 0431-81629518 |
| 印　刷 | 三河市嵩川印刷有限公司 |

| | |
|---|---|
| 书　号 | ISBN 978-7-5744-0886-9 |
| 定　价 | 84.00元 |

# 前　言

　　当前，我国已进入工业化中期阶段，经济与社会的发展需要大量矿产资源保证，而一些矿产资源国内保障程度不断下降，将危及国家安全。当务之急是加大国内矿产勘查与开发力度，同时努力角逐国际矿业市场，充分利用国外资源，合理供给我国优势矿产资源，形成相对稳定的可持续的国内矿产资源保障体系。其中，立足国内，加强国内矿产勘查与开发是基础。目前，我国广大地区矿产勘查工作进入"攻深找盲"阶段，找矿难度日益增大，因此，更需要科技的支撑，其中借鉴国内外已有的找矿经验是重要捷径，这些找矿的成功经验是近百年来全球矿产地质工作者应用地质理论与勘查技术方法进行找矿探索实践的范例和智慧结晶。编著出版的这本书，就是把国内外找矿经验介绍给读者，这是一项具有重要意义的研究工作。

　　随着我国各类工程建设持续快速发展以及城市建设的高速发展，特别是高层，超高层建筑物越来越多，建筑物的结构与体形也向复杂化和多样化方向发展。与此同时，地下空间的利用普遍受到重视，高层、超高层建筑的大量兴建，基础埋深的不断加大，需要开挖较深的基坑，以及大型工程越来越多，这些对岩土工程勘察都提出了更高的要求。

　　岩土是一种复杂的材料，无论何种力学模型都难以全面而准确地描述其性状；岩土具有明显的时空差异，在复杂的地质条件下，再细致的测试也难以完全查明岩土性状的时空分布；岩土又有很强的地区性特点，不同地区往往形成各种各样的特殊性岩土。因此，单纯的理论计算和试验分析常常解决不了实际问题，而需要岩土工程师根据工程场地的地质条件和工程要求，凭借自己的经验和对关键技术的把握，进行临场处置。

　　本书主要介绍了矿产地质勘查与岩土工程技术方面的基本知识，突出了基本概念与基本原理，在写作时尝试多方面知识的融会贯通，注重知识层次递进，同时注重理论与实践的结合。希望可以对广大读者提供借鉴或帮助。

# 目 录

# 第一章
# 矿产勘查概论

## 第一节 矿产勘查目的、任务及勘查技术种类

矿产资源是人类赖以生存和发展的物质基础。高效、快速、经济、优质和足够多地提供矿产资源基地和矿产勘查成果，是矿产勘查的基本任务。

矿产勘查的最终目的是为矿山建设设计提供矿产资源储量和开采技术条件、矿床开发经济技术等必需的地质资料，减少开发风险和获得最大的经济效益。

根据勘查阶段划分的预查、普查、详查和勘探四个阶段，工作要求不同，其任务也不同。

（1）预查是通过对区内资料的综合研究、类比及野外初步观测，及少量的工程验证，初步了解预查区内矿产资源远景，提出可供普查的矿化潜力较大地区，并为发展地区经济提供参考资料。

（2）普查是通过对矿化潜力较大地区开展地质、物探、化探工作和取样工作，以及可行性评价的概略研究，对已知矿化区作出初步评价，对有详查价值地段圈出详查区范围，为发展地区经济提供基础资料。

（3）详查是对详查区采用各种勘查方法和手段，进行系统的工作和取样，并通过预可行性研究，作出是否具有工业价值的评价，圈出勘探区范围，为勘探提供依据，并为制定矿山总体规划、项目建议书提供资料。

（4）勘探是对已知具有工业价值的矿区或经详查圈出的勘探区，通过应用各种勘查手段和有效方法，加密各种采样工程以及可行性研究，为矿山建设在确定矿山生产规模、

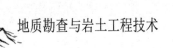

产品方案、开采方式、开拓方案、矿石加工选冶工艺、矿山总体布置、矿山建设设计等方面提供依据。

# 第二节 矿产勘查基本原则及勘查阶段的划分

## 一、矿产勘查原则

勘查原则是矿产勘查工作规律的抽象与概括，是指导各类矿床勘查工作的共同基础。勘查原则取决于勘查工作的性质和对勘探工作规律的认识程度。准确地确定勘探原则不仅在勘探科学理论上，而且还在实际工作中具有重大的意义。

根据勘查工作的性质与特点的分析及国内外矿床勘查的实践经验，矿床勘查工作必须以地质科学技术为基础，以国民经济需要为前提，多快好省地查明和评价矿床，以满足国民经济建设对矿产资源和地质、技术经济资料的需要。这是勘查工作的根本指导思想，也是勘查工作必须遵循的总的指导原则。

勘查工作的具体原则有以下五个。

### （一）因地制宜原则

这个原则是勘查工作最基本和最重要的原则，是由矿床复杂多变的地质特点所决定的。大量勘查实践的经验证明，只有从矿床实际情况出发，按照实际需要决定勘查的各项工作，才能取得比较符合矿床实际的地质经济效果。如果脱离矿床实际，主观臆断地进行工作，勘查工作必将陷入困境。因此，必须加强矿床各方面特点的观察研究，同时又要加强地质、设计和建设单位的三结合，使勘查工作既符合矿床地质实际，又能满足矿山建设实际的需要。

### （二）循序渐进原则

对矿床的认识过程不可能一次完成，而是随着勘查工作的逐步开展，资料的不断累积、认识才会不断深化。所以，勘探必须依照由粗到细、由表及里、由浅入深、由已知到未知，先普查后详查，再勘探这样一个循序渐进的原则进行。在矿床勘查的每个阶段，都要先设计，再根据设计进行施工，由设计指导施工。在施工程序上，一般应遵守由表及里、由浅而深、由稀而密，先行控制，后加密，重点深入的顺序进行布置。

循序渐进的目的是提高矿床勘查工作的成效，避免在资料依据不足或任务不明的情况下，进行盲目勘查和施工。但是，循序渐进原则不是消极地一件事跟着一件事的工作顺序，而应客观、科学地促使对矿床的认识过程加速进行。因此，在有条件的情况下，各阶段、各工程合理的平行交叉作业不是不可行的，而且有时是必要的。

### （三）全面研究原则

这个原则是由矿产勘查的目的决定的，它反映了对矿床进行地质、技术和经济全面工业评价的要求。其实质是避免勘查工作的片面性，要求必须对矿床地质条件、矿体外部形态和内部的结构和构造、矿石质量与数量、选冶加工技术条件、矿床开采技术条件和水文地质条件等进行全面的调查研究，以便全面地阐明矿床的工业价值。

必须指出，全面研究原则是一个从矿床实际情况和矿山建设的实际需要出发而得出的相对概念。因此，在具体矿床勘查工作中，要根据矿床地质的实际情况与矿山建设的实际需要，既要全面研究矿床、矿体、矿石各个方面的特点，又要区别主次、急缓，抓住主要矛盾，有重点地进行研究。

### （四）综合评价原则

这个原则是建立在自然界中的矿床几乎没有单矿物矿石存在，以及过去经验教训基础上确定的。大部分黑色及有色金属矿床和部分非金属矿床都含有多种有益组分，其中包括极为重要的稀有及分散元素。另外，在某种矿产的矿床范围内，会有其他矿产与其共生或伴生。它们或紧密相连，或赋存于围岩内而自成矿体。如果不对这些伴生有益组分和共生或伴生矿产进行综合勘查、综合研究与评价，势必导致对矿床全面评价的错误，且将影响到矿床的综合开发、综合利用，造成伴生有益组分和共生的矿产资源的损失与浪费；另外，伴生和共生矿产的存在，也会影响到矿床中主要矿产的选冶效果及产品质量与数量。如果对伴生组分或共生或伴生矿产不进行综合研究与评价，事后再进行补充勘查或重新采集样品，这不仅拖延了勘查时间，增加了勘查费用，而且也将严重影响矿山建设和生产。

因此，在勘查工作中，对矿床的主要矿产进行研究和评价的同时，必须对伴生有益组分和共生或伴生矿产进行综合研究、综合评价。实行综合评价，不仅可以提高矿产勘查成效，避免重复工作，而且可以提高矿床的工业价值，使单一开发的矿床变为综合开发利用的综合矿床，甚至会使原来认为无工业价值的贫矿变为可供综合开发利用的工业矿床。

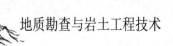

（五）经济合理原则

矿产勘查工作是一项涉及地质、技术、经济的综合性工作，必然受国民经济规律所制约。因此，在矿产勘查中必须讲究经济效益，切实贯彻经济合理原则。

这个原则的基本要求：

（1）研究市场的供求情况和国家近期或远期的建设规划，国际市场的动态，以及产品在工业利用方面的趋势。

（2）加强对矿床开发利用技术经济的分析，合理地确定工业指标，做好矿床的经济评价。

（3）重视勘查技术经济效果分析，保证必要、合理的勘查程度。

（4）勘查主要矿产时，要注意所需要的辅助矿产的勘查，以求资源的配套。

（5）采取合理措施，加强经济管理与技术管理，提高各项工作效率，降低勘查工程单位成本，降低探明单位储量的投资费用等。

总之，要在保证必要的勘查程度的前提下，力求用最合理的方法，以及最少的人、财、物的消耗，在最短的时间里，取得最多、最好的地质成果和最大的经济效益。

上述几个勘查原则，相互之间既有区别又有紧密联系，既有相互矛盾的一面又有彼此统一的一面。只有正确认识它们之间的相互矛盾和相互联系，全面贯彻，才能保证最合理地进行矿产勘查工作，取得勘查速度快、质量高、投资少、效益大的效果。

## 二、矿产勘查阶段划分

矿产勘查工作是一个由粗到细、由面到点、由表及里、由浅入深、由已知到未知，通过逐步缩小勘查靶区，最后找到矿床并对其进行工业评价的过程。

矿产勘查过程中一般需要遵守这种循序渐进原则，但不应作为教条。在有些情况下，由于认识上的飞跃，勘查目标被迅速定位，则可以跨阶段进行勘查；反之，如果认识不足，则可能会返回到上一个工作阶段进行补充勘查。

矿产勘查阶段的划分是由勘查对象的性质、特点和勘查实践需要决定的，或者说是由矿产勘查的认识规律和经济规律决定的。阶段划分的合理与否，将影响矿产勘查和矿山设计以及矿山建设的效率与效果。

### （一）勘查阶段划分

按联合国推荐的矿产资源量/储量分类框架中提出的勘查阶段划分如下。

1.预查

预查是依据区域地质和（或）物化探异常研究结果、初步野外观测、极少量工程验证结果、与地质特征相似的已知矿床类比、预测，提出可供普查的矿化潜力较大地区。有足够依据时可估算出预测的资源量，属于潜在矿产资源。

2.普查

普查是对可供普查的矿化潜力较大地区、物化探异常区，采用露头检查、地质填图、数量有限的取样工程及物化探方法，大致查明普查区内地质、构造概况；大致掌握矿体（层）的形态、产状、质量特征；大致了解矿床开采技术条件；矿产的加工选冶性能已进行了类比研究。最终应提出是否有进一步详查的价值，或圈定出详查区范围。

3.详查

详查是对普查圈出的详查区通过大比例尺地质填图及各种勘查方法和手段，比普查阶段密的系统取样，基本查明地质、构造、主要矿体形态、产状、大小和矿石质量；基本确定矿体的连续性；基本查明矿床开采技术条件；对矿石的加工选冶性能进行类比或实验室流程试验研究，作出是否具有工业价值的评价。必要时，圈出勘探范围，并可供预可行性研究、矿山总体规划和作矿山项目建议书使用。对直接提供开发利用的矿区，其加工选冶性能试验程度，应达到可供矿山建设设计的要求。

4.勘探

勘探是对已知具有工业价值的矿床或经详查圈出的勘探区，通过加密各种采样工程，其间距足以肯定矿体（层）的连续性，详细查明矿床地质特征，确定矿体的形态、产状、大小、空间位置和矿石质量特征，详细查明矿床开采技术条件，对矿产的加工选冶性能进行实验室流程试验或实验室扩大连续试验，必要时应进行半工业试验，为可行性研究或矿山建设设计提供依据。

## （二）矿产预查阶段

矿产预查阶段相当于过去的区域成矿预测阶段。预查工作比例尺随勘查工作要求不同而不同，可以在1：100万～1：5万之间变化。预查工作采用的勘查方法主要包括遥感图像的处理和解译、区域地质及地球物理与地球化学资料的处理，以及野外踏勘等。

预查阶段分为区域矿产资源远景评价和成矿远景区矿产资源评价两种类型。

1.区域矿产资源远景评价

区域矿产资源远景评价是指对工作程度较低地区，在系统收集和综合分析已有资料的基础上进行的野外踏勘、地球物理勘查、地球化学勘查、三级异常查证，圈定可供进一步工作的成矿远景区的预查工作。条件具备时，估算经济意义未定的预测资源量。其工作内容包括：

（1）全面收集预查区内各类地质资料，编制综合性基础图件；

（2）全面开展区域地质踏勘工作，测制区域性地质构造剖面，了解成矿地质条件；

（3）全面开展区域矿产踏勘工作，实地了解矿化特征，并开展区域类比工作；

（4）择优开展物探、化探异常三级查证工作；

（5）运用GIS技术开展综合研究工作，对区域矿产资源远景进行预测和总体评估，圈定成矿远景区；

（6）条件具备时对矿化地段估算资源量。

（7）编制区域和矿化地段的各类图件。

2.成矿远景区矿产资源评价

成矿远景区矿产资源评价是指对工作程度具有一定基础的地区或工作程度较高地区，运用新理论、新思路、新方法，在系统收集和综合分析已有资料的基础上，对成矿远景区所进行的野外地质调查、地球物理和地球化学勘查、三级至二级异常查证、重点地段的工程揭露，圈出可供普查的矿化潜力较大地区的预查工作。条件具备时，估算经济意义未定的预测资源量。其工作内容包括：

（1）全面收集成矿远景区内的各类资料，开展预测工作，初步提出成矿远景地段。

（2）全面开展野外踏勘工作，实际调查已知矿点、矿化线索、蚀变带以及物探、化探异常区，了解矿化特征、成矿地质背景，进行分析对比并对成矿远景区资源潜力进行总体评价。

（3）在全面开展野外踏勘工作的基础上，择优对物探、化探异常进行三级至二级查证工作，择优对矿化线索开展探矿工程揭露；

（4）提出成矿远景区资源潜力的总体评价结论；

（5）提出新发现的矿产地或可供普查的矿产地；

（6）估算矿产地、预测资源量；

（7）编制远景区及矿产地各类图件。

3.预查工作要求

本阶段的勘查程度要求为：收集并分析区内地质、矿产、物探、化探和遥感地质资料；对预查区内的找矿有利地段、物探和化探异常、矿点、矿化点进行野外调查工作；对有价值的异常和矿化蚀变体要选用极少量工程加以揭露；如发现矿体，应大致了解矿体长度、矿石有用矿物成分及品位、矿体厚度、产状等；大致了解矿石结构构造和自然类型，为进一步开展普查工作提供依据，并圈出矿化潜力较大的普查区范围。如有足够依据，可估算预测资源量。

（1）有关资料收集与综合分析工作。

①全面收集工作区内地质、物探、化探、遥感、矿产、专题研究等各类资料，编制研究程度图。对已往工作中存在的问题进行分析。

②对区域地质资料进行综合分析工作，根据不同矿产类型，编制区域岩相建造图、区

域构造岩浆图、区域火山岩性岩相图等各类基础图件。

③对区域物探资料进行重磁场数据处理工作，推断地质构造图件及异常分布图件。

④对区域化探资料进行数据分析工作，编制数理统计图件以及异常分布图件，开展地球化学块体谱系分析、编制地球化学块体分析图件。

⑤对区域遥感资料进行影像数据处理，编制地质构造推断解释图件。

⑥对矿产资料进行全面分析，编制矿产卡片以及区域矿产图件。

⑦运用GIS技术，对上述资料进行综合归纳，编制综合地质矿产图，作为部署野外调查工作的基础图件。

（2）野外调查工作。固体矿产预查工作，必须以野外调查工作为主，野外调查和室内研究相结合。野外调查工作包括：区域地质踏勘工作、区域矿产踏勘工作、地球物理与地球化学勘查、物探与化探异常查证、矿点检查工作；室内研究包括：已有地质资料分析、综合图件编制、成矿远景区圈定、预测资源量估算等工作。

①区域地质踏勘工作：区域地质踏勘工作是预查工作的重要基础工作，无论是否已经完成区调工作都要精心组织落实，一般情况下部署一批能全面控制区内区域地质条件的剖面进行踏勘工作，踏勘时应进行详细的路线观察编录，并绘制路线剖面图，对重要地质体布置专题路线进行观察。通过区域地质踏勘工作，实地了解主要地质构造特征、成矿地质背景条件。

②区域矿产踏勘工作：区域矿产踏勘工作是预查工作的关键基础工作，一般情况下，工作区内都有一定数量的矿化线索、矿化点、矿点、物探与化探异常区，因此必须全面开展踏勘工作。对有较多工作、程度较高矿产地的地区，应经过分类，对不同类型的代表性矿产地进行全面踏勘，详细了解矿化特征、成矿地质背景、工作程度、以往评价存在问题等情况，修订原有的矿产卡片。

对已有成型矿床远景区，必须开展典型矿床野外专题调查工作，通过实地观察，详细了解矿床成矿地质条件、矿化特征、找矿标志等资料，以便指导远景区总体评价工作。

③地球物理与地球化学勘查工作：一般情况下，区域矿产资源远景评价工作应当在已完成1∶50万～1∶20万地球物理（包括航空或地面）、地球化学勘查工作的基础上进行，如尚未开展，则应单独立项开展。

一般情况下，成矿远景区矿产资源评价工作应当在已完成1∶5万地球化学勘查工作的基础上进行，如尚未开展，则应单独立项开展，必要时应单独立项开展1∶5万地球物理勘查工作。

对重要矿化地段，重要物探、化探异常区，以及开展物探、化探异常二级查证的地区应部署大比例尺（一般为1∶2.5万～1∶1万）地球物理、地球化学勘查工作。

对部署钻探工程的地区，必须作地球物理精测剖面、地球化学加密剖面。对钻探工程在条件适宜的情况下，应开展井中物探工作。

地球物理和地球化学勘查方法应根据具体地质条件，选择有效方法。

④遥感地质调查工作：遥感地质调查工作应贯穿预查工作的全过程，收集资料及综合分析工作阶段，应选用合适的遥感影像数据，进行图像处理，制作同比例尺遥感影像地质解释图件。野外踏勘阶段，必须对遥感解释进行对照修正，最大限度地通过野外踏勘，提取地层、岩石、构造、矿产等与成矿有关的信息以及确定矿产远景地段。室内综合研究阶段，应利用遥感资料提供成矿远景区，优化普查区，提供矿化蚀变地段。

⑤矿产地检查和物探与化探异常查证工作：经过收集资料、综合分析、区域地质踏勘、区域矿产踏勘、物探、化探、遥感等资料综合分析及数据处理工作，对具有成矿远景的矿产地或矿化线索以及有意义的物探、化探异常开展检查工作，主要内容包括：草测大比例尺地质矿产图件，开展大比例尺物探、化探工作，布置少量探矿工程，了解远景地段的矿化特征，提出可供普查的矿化潜力较大地区，或者提出可供普查的矿产地。

对物探、化探异常查证工作，按照异常查证有关规定执行。

⑥探矿工程：预查阶段的探矿工程布置，要求达到揭露重要地质现象和矿化体的目的。槽井探、坑探和钻探等取样工程应布置在矿化条件好、致矿异常大或追索重要地质界线的地段。探矿工程布置需有实测或草测剖面，用钻探手段查证异常时，孔位的确定要有实际依据。一旦物性前提存在，则要用物探勘查方法的精测剖面反演成果确定孔位、孔斜和孔深；在围岩地层和矿层中的岩矿心采取率要符合有关规范、规定的要求。

⑦采样和化验工作：预查工作必须采集足够的与矿产资源潜力评价相关的各类分析样品，各类采样、化验工作技术要求参照有关规范、规定执行。

## （三）矿产普查阶段

矿产普查的工作比例尺一般在1：10万～1：1万之间，主要采用的方法包括相应比例尺的地球物理、地球化学、地质填图、稀疏的勘查工程等。

1.矿产普查的目的任务与工作程序

（1）矿产普查的目的。矿产普查的目的是对预查阶段提出的可供普查的矿化潜力较大地区和地球物理、地球化学异常区，通过开展面上的普查工作、已发现主要矿体（点）的稀疏工程控制、主要地球物理、地球化学异常及推断的含矿部位的工程验证，对普查区的地质特征、含矿性和矿体（点）作出评价，提出是否进一步详查的建议及依据。

（2）矿产普查的任务。在综合分析、系统研究普查区内已有的各种资料基础上，进行地质填图、露头检查，大致查明地质、构造概况，圈出矿化地段；对主要矿化地段采用有效的地球物理、地球化学勘查技术方法，用数量有限的取样工程揭露大致控制矿点或矿体的规模、形态、产状，大致查明矿石质量和加工利用可能性，顺便了解开采技术条件，进行概略研究，估算推断的内蕴经济资源量等。必要时圈出详查区范围。

（3）矿产普查的工作程序。普查勘查遵循立项、设计编审、野外施工、野外验收、普查报告编写、评审验收、资料汇交等程序。

2.矿产普查技术方法

（1）测量工作：必须按规定的质量要求提供测量成果。工程点、线的定位鼓励利用GPS技术，提高测量工作质量和效率。

（2）地质填图：地质填图尽可能使用符合质量要求的地形图，其比例尺应大于或等于地质图比例尺，无相应地形图时可使用简测地形图。地质填图方法要充分考虑区内地形、地貌、地质的综合特征及已知矿产展布特征，对成矿有利地段要有所侧重。对已有的不能满足普查工作要求的地质图，可据普查目的要求进行修测或收集资料进行修编。

（3）遥感地质：要充分运用各种遥感资料，对区内的地层、构造、岩体、地形、地貌、矿化、蚀变等进行解释，以求获得找矿信息，从而提高普查工作效率和地质填图质量。

（4）重砂测量：对适宜运用重砂测量方法找矿的矿种，应开展重砂测量工作，测量比例尺要与地质填图比例尺相适应。对圈定的重砂异常，根据需要择优进行检查验证，作出评价。

（5）地球物理、地球化学勘查：应配合地质调查先行部署，用于发现找矿信息，为工程布置、资源量估算提供依据，根据普查区的具体条件，本着高效经济的原则合理确定其主要方法和辅助方法。比例尺应与地质图一致，对发现的异常区应适当加密点、线，以确定异常是否存在和大致形态。

对有找矿意义的地球物理、地球化学异常，结合地质资料进行综合研究和筛选，择优进行大比例尺的地球物理和（或）地球化学勘查工作，进行二级至一级异常的查证。当利用物探资料进行资源量估算时，应进行定量计算。验证钻孔和普查钻孔应根据具体地球物理条件，进行井中物探测量，以发现或圈定井旁盲矿。

（6）探矿工程：根据已知矿体（点）的信息和地形、地貌条件，各类异常性质、形态、地质解释特征以及技术、经济等因素合理选用。

探矿工程布设应选择矿体和含矿构造及异常的最有利部位，钻探、坑道工程应在实测综合剖面的基础上布置。

（7）样品采集、加工：样品的采集要有明确的目的和足够的代表性。

普查阶段主要采集光谱样、基本分析样、岩矿鉴定样、重砂样、化探样及物性样等，有远景的矿体（点）还应采取组合分析样、小体重样等，必要时采集少量全分析样。

（8）编录：各种探矿工程都必须进行编录，探槽、浅井、钻孔、坑道要分别按规定的比例尺编制，有特殊意义的地质现象，可另外放大表示，文图要一致，并应采集有代表

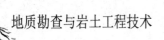

性的实物标本等。

地质编录必须认真细致，如实反映客观地质现象的细微变化，随施工进展在现场及时进行。应以有关规范、规程为依据，做到标准化、规范化。

（9）资料整理和综合研究：该工作要贯穿普查工作的全过程，对获得的第一性资料数据应利用计算机技术和GIS技术进行科学的处理，对获得的各类资料和取得的各种成果应及时综合分析研究，并结合区内或邻区已知矿床的成矿特征，总结区内成矿地质条件和控矿因素，进行成矿预测，指导普查工作。

普查工作中使用的各种方法和手段，其质量必须符合现行规范、规定的要求，没有规范、规定的，应在设计时或施工前提出质量要求，经项目委托单位同意后执行。各项工作的自检、互检、抽查、野外验收的记录、资料要齐全，检查结论要准确。为保证分析质量，普查工作中要由项目组按规定送内、外检样品到有资质的单位进行分析、检查。

3.普查阶段可行性评价工作要求

矿产普查阶段可行性评价工作要求为开展概略研究，一般由承担普查工作的勘查单位完成。概略研究，是对普查区推断的内蕴经济资源量提出矿产勘查开发的可行性及经济意义的初步评价。目的是研究有无投资机会，矿床能否转入详查等，从技术经济方面提供决策依据。

概略研究采用的矿床规模、矿石质量、矿石加工选冶性能、开采技术条件等指标可以是普查阶段实测的或有依据推测的；技术经济指标也可采用同类矿山的经验数据。

矿山建设外部条件、国内及地区内对该矿产资源供求情况，以及矿山建设规模、开采方式、产品方案、产品流向等，可根据我国同类矿山企业的经验数据及调研结果确定。

概略研究可采用类比方法或扩大指标，进行静态的经济分析。其指标包括总利润、投资利润率、投资偿还期等几项。

4.普查估算资源量的要求

矿产普查阶段探求的资源量属于推断的内蕴经济资源量，其估算参数一般应为实测的和有依据推测的参数，部分技术经济参数可采用常规数据或同类矿床类比的参数。当有预测的资源量需要估算时，其估算参数是有依据推测的参数。

矿体（矿点或矿化异常）的延展规模，应依据成矿地质背景、矿床成因特征和被验证为矿体的异常解释推断意见、矿体产状及有限工程控制的实际资料推断。

## （四）矿产详查阶段

矿产预查阶段发现的异常和矿点（或矿化区）并非都具有工业价值。经普查阶段的勘查工作后，其中大部分异常和矿点（或矿化区）由于成矿地质条件差、工业远景不大而被否定，只有少数矿点或矿化区被认为成矿远景良好，值得进一步研究。也只有通过揭露研究，肯定所勘查的靶区具有工业远景后，才能转入勘探。因此，勘探之前针对普查中发现的少数具有成矿远景的异常、矿点或矿化区进行的比较充分的地表工程揭露及一定程度的深部揭露，并配合一定程度的可行性研究的勘查工作阶段，称为详查。

详查阶段的工作比例尺一般在1∶2万～1∶1000之间，其目的是确认工作区内矿化的工业价值、圈定矿床范围。

1.详查工作的基本原则

详查阶段在矿床勘查过程中所处的地位决定了它在勘查工作上具有普查和勘探的双重性质，即在此阶段既要继续深入地进行普查找矿，尤其是深部找矿，又要按勘探工作的技术要求部署各项工作。在工作过程中应遵循如下原则。

（1）详查区的选择。在选择详查区时，目标矿床应为高质量矿床，即要选矿石品位高、矿体埋藏浅、易开采和加工、距离主要交通线近的矿点作为详查靶区。

详查区可以是经过普查工作圈定的成矿地质条件良好的异常区或矿化区，也可以是在已知矿区外围或深部，经大比例尺成矿预测圈出的可能赋存隐伏矿体的成矿远景地段，值得进行深部揭露。具体选区和部署工程时，可参考下面两种情况。

①经浅部工程揭露，矿石平均品位大于边界品位，已控制矿化带连续长度大于50m且成矿地质条件有利、矿化带在走向上有继续延伸、倾向上有变厚和变富趋势的地段；

②规模大的高异常区，且根据地质、地球物理、地球化学综合分析认为成矿条件很好的地区，有必要进行深部工程验证。

（2）由点到面、点面结合，由浅入深、深浅结合。这里的点是指详查揭露部位，一般范围不大，但所需揭露的部位并不是孤立的，其形成和分布与周围地质环境有着紧密的联系。因此，在详查工作中必须把点与周围的面结合起来，由点入手，利用从点上获得成矿规律的深入认识和勘查工作经验，指导面上的勘查研究工作，同时又要根据面上的研究成果，促进点上详查工作的深入发展。另外，详查工作应先充分进行地表和浅部揭露，然后利用地表和浅部工作所获得的认识指导深部工程的探索和研究。

采用地表与地下相结合、点上与外围相结合、宏观与微观相结合、地质与地球物理以及地球化学方法相结合的研究方式，形成一个完整的综合研究系统，各方面的研究成果互相补充、互相印证。

2.详查工作要求

（1）通过1∶1万～1∶2000地质填图，基本查明成矿地质条件，描述矿床地质特征。

（2）通过系统的取样工程、有效的地球物理和地球化学勘查工作、控制矿体的总体分布范围，基本控制主矿体的矿体特征、空间分布，基本确定矿体的连续性；基本查明矿石的物质成分、矿石质量；对可供综合利用的共生和伴生矿产进行了综合评价。

（3）对矿床开采可能影响的地区（矿山疏排水位下降区、地面变形破坏区、矿山废弃物堆放场及其可能的污染区），开展详细的水文地质、工程地质、环境地质调查，基本查明矿床的开采技术条件。选择代表性地段对矿床充水的主要含水层及矿体围岩的物理力学性质进行试验研究，初步确定矿床充水的主（次）要含水层及其水文地质参数、矿体围岩岩体质量和主要不良层位，估算矿坑涌水量，指出影响矿床开采的主要水文地质、工程地质以及环境地质问题；对矿床开采技术条件的复杂性作出评价。

（4）对矿石的加工选冶性能进行试验和研究，易选的矿石可与同类矿石进行类比，一般矿石进行可选性试验或实验室流程试验，难选矿石还应做实验室扩大连续试验。饰面石材还应有代表性的试采资料。直接提供开发利用时，试验程度应达到可供设计的要求。

（5）在详查区内，依据系统工程取样资料，有效的物探、化探资料以及实测的各种参数，用一般工业指标圈定矿体，选择合适的方法估算相应类型的资源量，或经预可行性研究，分别估算相应类型的储量、基础储量、资源量。为是否进行勘探决策、矿山总体设计、矿山建设项目建议书的编制提供依据。

## （五）矿产勘探阶段

勘探是对已知具有工业价值的矿床或经详查圈出的勘探区，通过加密各种采样工程（其间距足以肯定工业矿化的连续性），详细查明矿体的形态、产状、大小、空间位置和矿石质量特征；详细查明矿床开采技术条件，对矿石的加工选（冶）性能进行实验室流程试验或实验室扩大连续试验；为可行性研究和矿权转让以及矿山设计和建设提交地质勘探报告。

1.矿床勘探工作基本要求

通过1：5000～1：1000（必要时可采用1：500）比例尺地质填图，加密各种取样工程及相应的工作，详细查明成矿地质条件及内在规律，建立矿床的地质模型。

详细控制主要矿体的特征、空间分布；详细查明矿石物质组成、赋存状态、矿石类型、质量及其分布规律；对破坏矿体或划分井田等有较大影响的断层、破碎带，应有工程控制其产状及断距；对首采地段主矿体上、下盘具工业价值的小矿体应一并勘探，以便同时开采；对可供综合利用的共、伴生矿产应进行综合评价，共生矿产的勘查程度应视矿种的特征而定：即异体共生的应单独圈定矿体；同体共生的需要分采分选时也应分别圈定矿体或矿石类型。

对影响矿床开采的水文地质、工程地质、环境地质问题要详细查明。通过试验获取计算参数，结合矿山工程计算首采区、煤田第一开采水平的矿坑涌水量，预测下一水平的涌水量；预测不良工程地段和问题；对矿山排水、开采区地面变形破坏、矿山废水排放与矿渣堆放可能引起的环境地质问题作出评价；未开发过的新区，应对原生地质环境作出评价；老矿区则应针对已出现的环境地质问题（如放射性、有害气体、各种不良自然地质现象的展布及危害性）进行调研，找出产生和形成条件，预测其发展趋势，提出治理措施。

在矿区范围内，针对不同的矿石类型，采集具有代表性的样品，进行加工选冶性能试验。可类比的易选矿石应进行实验室流程试验；一般矿石在实验室流程试验基础上，进行实验室扩大连续试验；难选矿石和新类型矿石应进行实验室扩大连续试验，必要时进行半工业试验。

勘探时未进行可行性研究的，可依据系统工程及加密工程的取样资料及有效的物、化探资料及各种实测的参数，用一般工业指标圈定矿体，并选择合适的方法，详细估算相应类型的资源量。进行了预可行性研究或可行性研究的，可根据当时的市场价格论证后所确定的、由地质矿产主管部门下达的正式工业指标圈定矿体，详细估算相应类型的储量、基础储量，以及资源量，为矿山初步设计和矿山建设提供依据。探明的可采储量应满足矿山返本付息的需要。

2.矿床勘探类型划分及勘查工程布置的原则

正确划分矿床勘探类型是合理地选择勘查方法和布置工程的重要依据，应在充分研究以往矿床地质构造特征和地质勘查工作经验的基础上，根据矿体规模、矿体形态复杂程度、内部结构复杂程度、矿石有用组分分布均匀程度、构造复杂程度等主要地质因素加以确定。

勘查工程布置原则应根据矿床地质特征和矿山建设的需要具体确定。一般应在地质综合研究的基础上，并参考同类型矿床勘探工程布置的经验和典型实例，采取先行控制，由稀到密、稀密结合，由浅到深、深浅结合，典型解剖、区别对待的原则进行布置。为了便于储量计算和综合研究，勘查工程尽可能布置在勘查线上。

一般情况下，地表应以槽井探为主，浅钻工程为辅，深部应配合有效的地球物理和地球化学方法，以岩心钻探为主；在地质条件复杂，钻探不能满足地质要求时，应尽量采用部分坑道探矿，以便加深对矿体赋存规律和矿山开采技术条件的了解，坑道一般布置在矿体的浅部；当采集选矿大样时，也可动用坑探工程；对管条状和形态极复杂的矿体应以坑探为主。

加强综合研究掌握地质规律，是合理布置勘查工程、正确圈定矿体的重要依据。地质勘查程度的高低不仅取决于工程控制的多少，还取决于地质规律的综合研究程度。因此要充分发挥地质综合研究的作用，防止单纯依靠工程的倾向，努力做到正确反映矿床地质实际情况。各种金属矿床的勘查类型和勘查工程间距，应在总结过去矿床勘查经验的基础上加以研究确定。

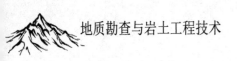
# 第三节  矿床勘查类型及控制程度

在进行矿体地质研究和总结以往矿床勘查经验的基础上，按照矿床的主要地质特点及其对勘查工作的影响（勘查的难易程度），将相似特点的矿床加以理论综合与概括而划分的类型，称矿床勘查类型。

划分矿床勘查类型的目的，在于总结矿床勘查的实践经验，以便指导与其相类似矿床的勘查工作，为合理地选择勘查技术手段，确定合理的勘查研究程度及勘查工程的合理布置提供依据。

划分矿床勘查类型的主要依据是：矿体规模的大小、主矿体形态的变化程度、主矿体厚度稳定性、矿体受构造和脉岩影响程度以及矿体中主要有用组分的分布均匀程度等。

## 一、矿床勘查类型确定的原则

### （一）追求最佳勘查效益的原则

勘查工程的布置应遵循矿床地质规律，从需要、可能、效益等多方面综合考虑，以最少的投入，获取最大的效益。

### （二）从实际出发的原则

每个矿床都有其自身的地质特征，影响矿床勘查难易程度的四个地质变量因素（矿体规模、矿体形态复杂程度、构造复杂程度、有用组分分布均匀程度）常因矿床而异，当出现变化不均衡时，应以其中增大矿床勘查难度的主导因素作为确定的主要依据。

### （三）以主矿体为主的原则

当矿床由多个矿体组成时，应以主矿体（占矿床资源/储量70%以上，由一个或几个主要矿体组成）为主；当矿床规模较大，其空间变化也较大时，可按不同地段的地质变量特征，分区（块）段或矿体确定勘查类型。

## （四）类型三分、允许过渡的原则

例如，铁、锰、铬矿床均按简单、中等和复杂三个等级划分为Ⅰ、Ⅱ、Ⅲ三个勘查类型。由于地质因素变化的复杂性，允许其间有过渡类型以及比第Ⅲ勘查类型更复杂的类型存在。

## （五）在实践中验证并及时修正的原则

对已确定的勘查类型，仍须在勘查实践中验证，如发现偏差，要及时研究并予以修正。

# 二、部分矿种的矿床勘查类型

## （一）岩金矿床勘查类型

1.确定矿床勘查类型的主要因素

矿床勘查类型根据矿体的规模、形态变化程度、厚度稳定程度、矿体受构造和脉岩影响程度和主要有用组分分布均匀程度等因素来划分，实践中以不同矿段中主矿体为主确定勘查类型。矿床勘查类型应随勘查进程和地质认识的不断深化而适时调整。

2.岩金矿床勘查类型

依据上述五种因素和我国岩金矿地质勘查实践，将我国岩金矿床划分为三个勘查类型，作为参照标准，供类比时使用。

（1）第Ⅰ勘查类型（简单型）：矿体规模大，形态简单，厚度稳定，构造、脉岩影响程度小，主要有用组分分布均匀的层状–似层状、板状–似板状的大脉体、大透镜体、大矿柱。属于该类型的矿床有山东焦家金矿床1号矿体、山东新城金矿床。

（2）第Ⅱ勘查类型（中等型）：矿体规模中等，产状变化中等，厚度较稳定，构造、脉岩影响程度中等，破坏不大，主要有用组分分布较均匀的脉体、透镜体、矿柱、矿囊。属于该类型的矿床有河北金厂峪金矿床Ⅱ–5号脉体群、河南文峪金矿床。

（3）第Ⅲ勘查类型（复杂型）：矿体规模小，形态复杂，厚度不稳定，构造、脉岩影响大，主要有用组分分布不均匀的脉状体、小脉状体、小矿柱、小矿囊。属于该类型的矿床有河北金厂峪金矿床Ⅱ–2号脉、山东九曲金矿床4号脉、广西古袍金矿床志隆1号脉等。

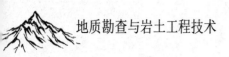

## （二）铜、铅、锌、银、镍、钼矿床勘查类型

**1.确定矿床勘查类型的主要因素**

铜、铅、锌、银、镍、钼矿床勘查类型的划分，应依据矿体规模、主要矿体形态及内部结构、矿床构造影响程度、主矿体厚度稳定程度和有用组分分布均匀程度五个主要地质因素来确定。为了量化这些因素的影响大小，提出类型系数的概念，每个因素都赋予一定的值，通过计算每个矿床相对应的上述五个地质因素类型系数值之和就可以确定是何种勘查类型。在影响勘查类型的五个因素中，主矿体之规模大小比较重要，所赋予的类型系数值要大些，约占30%；构造对矿体形状的影响与矿体规模有间接联系，所赋予的值要小些，约占10%；其他三个因素各占20%。

（1）矿体形态复杂程度分为三类。

简单：类型系数0.6。矿体形态为层状、似层状、大透镜状、大脉状、长柱状及筒状，内部无夹石或很少夹石，基本无分支复合或分支复合有规律。

中等：类型系数0.4。矿体形态为似层状、透镜状、脉状、柱状，内部有夹石，有分支复合。

复杂：类型系数0.2。矿体形态主要为不规整的脉状、复脉状、小透镜状、扁豆状、豆荚状、囊状、鞍状、钩状、小筒柱状，内部夹石多，分支复合多且无规律。

（2）构造影响程度分为三种。

小型：类型系数0.3。矿体基本无断层破坏或岩脉穿插；构造对矿体形状影响很小。

中型：类型系数0.2。有断层破坏或岩脉穿插，构造对矿体形状影响明显。

大型：类型系数0.1。有多条断层破坏或岩脉穿插，对矿体错动距离大，严重影响矿体形态。

矿体厚度稳定程度大致分为稳定、较稳定和不稳定三种。有用组分分布均匀程度，可根据主元素品位变化系数划分为均匀、较均匀、不均匀三种。

**2.铜、铅、锌、银、镍、钼矿床勘查类型**

依据矿体规模、主要矿体形态及内部结构、矿床构造影响程度、主矿本厚度稳定程度、有用组分分布均匀程度五种因素，将我国铜、铅、锌、银、镍、钼矿床划分为三种勘查类型，作为参照标准，供类比时使用。

## （三）铁、锰矿床勘查类型

**1.确定勘查类型的主要地质依据**

（1）矿体规模：

大型：铁矿、锰矿矿体沿走向长度大于1000m，沿倾向延深大于500m；表生风化型铁、锰矿体，连续展布面积大于1.0km²。

中型：铁矿、锰矿矿体沿走向长度500～1000m，沿倾向延深200～500m；表生风化型铁、锰矿体，连续展布面积0.1～1.0km²。

小型：铁矿、锰矿矿体沿走向长度小于500m，沿倾向延深小于200m；表生风化型铁、锰矿体，连续展布面积小于0.1km²。

（2）矿体形态复杂程度：

简单：矿体以层状或似层状产出；分支复合少，夹石很少见，厚度变化小。

中等：矿体多以似层状、脉状或大型透镜状产出，间有夹石；膨胀收缩和分支复合常见，厚度变化中等。

复杂：矿体以透镜状、扁豆状、脉状、囊状、筒柱状或羽毛状以及其他不规则形状断续产出；膨胀收缩和分支复合多且复杂，厚度变化大。

（3）构造复杂程度

简单：产状稳定，呈单斜或宽缓褶皱产出：一般没有较大断层或岩脉切割穿插，局部可能有小断层或小型岩脉，但对矿体的稳定程度无明显影响。

中等：产状较稳定，常呈波状褶皱产出；有为数不多，但具一定规模的断层或岩脉切割穿插，对矿体的稳定程度有一定影响。

复杂：产状不稳定，褶皱发育，断层多且断距大或岩脉切割穿插严重，矿体遭受到严重破坏，常以断块状产出。

（4）矿床有用组分分布均匀程度

均匀：矿化连续。品位分布均匀，品位变化曲线为平滑型。

较均匀：矿化基本连续，品位分布较均匀，品位变化曲线以波型为主，兼有尖峰型。

不均匀：矿化不连续或很不连续，品位分布不均匀或很不均匀，品位变化曲线为尖峰型或多峰型。

2.勘查类型的划分与确定

（1）勘查类型的划分：依据矿体规模、矿体形态复杂程度、构造复杂程度和矿石有用组分分布均匀程度，将勘查类型划分为三个类型。其中第Ⅰ勘查类型为简单型，矿体规模为大型，矿体形态和构造变化均简单，矿石有用组分分布均匀。矿床实例：南芬铁矿（铁山、黄柏峪矿段）、庞家堡铁矿和遵义锰矿（南翼矿体）等；第Ⅱ勘查类型为中等型，矿体规模中等，矿体形态和构造变化中等，矿石有用组分分布较均匀。矿床实例：梅山铁矿、石碌铁矿、白云鄂博铁矿（主矿体、东矿体）和龙头锰矿、斗南锰矿等；第Ⅲ类勘查类型为复杂型，矿体规模小型，矿体形态和构造变化复杂，矿石有用组分分布不均匀。矿床实例：大冶铁矿、凤凰山铁矿、大庙铁矿、大栗子铁矿和八一锰矿、湘潭锰矿、

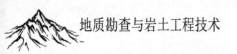

瓦房子锰矿等。

（2）勘查类型的确定。勘查类型的确定应遵循追求最佳效益的原则，从实际出发的原则，以主矿体为主的原则，类型三分、允许过渡的原则和在实践中验证并及时修正的原则。其中从实际出发的原则在勘查类型的确定中至关重要。由于每个矿床的地质变化特征往往不尽相同，甚至同一矿床的不同矿体或区段，其变化程度亦各有区别。大多数情况下，影响勘查类型确定的多种地质变量因素的变化并不一定向着同一方向发展，以致其间出现多种型式组合，因此勘查类型的确定一定要从实际出发。要以引起增大勘查难度最大的变量作为确定的主要依据。

## 三、勘查控制程度

勘查控制程度一般是指通过各类探矿手段、探矿工程、样品采集测试、矿石加工技术研究等，对勘查对象开展不同网度的工程控制和地质勘查工作。矿种不同、矿床类型不同、矿床的特征及开采条件不同，对矿产勘查的控制程度要求也不同。

矿床控制程度主要体现在矿床勘查类型的划分、勘查工程间距的确定，以及工程布置、施工原则、控制程度等方面。其中控制程度包括勘查范围内矿体分布范围和相互关系的控制，地表矿体露头、矿体边界的控制，破矿构造、盲矿体的控制，以及首采区资源/储量占查明的矿产资源量百分比的控制等。满足对主矿体控制程度的要求是勘查控制程度的核心。

# 第四节　勘查研究程度

## 一、勘查研究内容

不同矿种和不同勘查阶段对勘查研究程度有不同的要求。勘查研究内容主要有地质研究（勘查区地质矿床地质）、矿体特征研究、矿石质量研究、矿石加工选冶技术性能研究、矿床开采技术条件研究、矿产资源综合评价、矿床开发可行性评价等方面。

## 二、地质研究程度

地质研究指围绕勘查区、矿区的地层、构造、岩浆岩、变质岩、矿体、矿化及围岩蚀变等地质要素，进行产出特征、空间规律、相互关系等的综合研究。矿产勘查阶段不同，对地质研究程度的要求则不同，《固体矿产地质勘查规范总则》及各矿种勘查规范对各勘查阶段的地质研究程度均有规范性的要求，勘查者应认真贯彻执行。总体要求为。

（1）预查阶段：广泛收集资料，达到"初步了解"程度，即初步了解预查区地质特征和矿产资源远景，并作出潜力预测。

（2）普查阶段：达到"大致查明"程度，即大致查明地质、构造概况，大致掌握矿体形态、产状等。

（3）详查阶段：达到"基本查明"程度，即基本查明地质、构造及主要矿体形态、产状、大小等，基本确定矿体的连续性。

（4）勘探阶段：达到"详细查明"程度，即详细查明矿床地质特征、矿体的连续性及矿体形态，产状、大小、空间位置特征等。

## 三、矿石质量研究程度

对矿石质量的研究，主要是对矿石特征、物质组分、矿石的有益有害组分进行研究。矿种不同，勘查阶段不同，对矿石质量研究程度要求也不同，总的要求与地质研究程度类似，即预查阶段：广泛收集资料，开展类比研究，达到"初步了解"程度；普查阶段：达到"大致掌握"质量特征程度；详查阶段：达到"基本查明"矿石质量程度；勘探阶段：达到"详细查明"矿石质量特征程度。

## 四、矿石选冶和加工技术研究程度

对于矿石选冶工艺试验研究程度，不同矿种和不同勘查阶段要求不同，各单矿种勘查规范均有具体要求。总体要求为：

（1）预查阶段：要求做类比研究试验。

（2）普查阶段：对于工业利用技术已成熟的易选、易加工选冶矿石，可做类比研究试验；对于难选矿石要做可选（冶）性试验；对新类型矿石要做实验室流程试验；对于饰面石材要有试采资料。

（3）详查阶段：要做可选（冶）性试验、实验室流程试验；对于难选矿石要做实验室扩大连续试验。

（4）勘探阶段：对于不同类型矿石要做实验室流程试验、实验室扩大连续试验；对于大型矿山及新类型矿山要做半工业试验。

## 五、矿床开采技术条件研究

矿床开采技术条件研究，是评价矿床能否被开发利用和怎样开发利用的重要依据之一。矿产勘查，要根据矿床的开采技术条件，按照规范要求进行勘查。不同矿种、不同勘查阶段、不同矿床条件，矿床的开采技术条件研究程度要求各不相同，各类勘查规范均有明确规定。

矿床开采技术条件研究，主要围绕水文地质条件、工程地质条件、环境地质条件（以下简称水、工、环）研究展开。总体要求为：

（1）预查阶段：收集区域和矿区水、工、环资料。

（2）普查阶段：大致了解矿床开采技术条件。

（3）详查阶段：基本查明矿床开采技术条件。

（4）勘探阶段：详细查明矿体开采技术条件。

## 六、矿产资源综合勘查评价研究程度

矿产勘查在对主矿产进行勘查评价的同时，要对共伴生矿产进行勘查评价，即对共伴生矿产的赋存形式、分布规律、品位指标、可利用性、经济意义、资源/储量等进行研究评价，为矿山建设设计和矿山生产提供资源综合利用的地质资料。

# 第五节　勘查工作内容

## 一、固体矿产勘查技术方法

### （一）定义

固体矿产勘查技术方法，是指在矿产勘查活动中能直接获取区内有关矿产的形成与赋存的直接或间接的各种信息及各种技术参数的技术方法。

### （二）种类

固体矿产勘查方法的种类主要有地质测量法、重砂找矿法、地球化学测量法、地球物理测量法、遥感地质测量法、探矿工程法等。与其配套的方法还有地质采样及样品制备、实验测试等。

矿产勘查各种技术方法一般要联合使用，其中，地质测量法、探矿工程法是最基本的技术方法。各种方法技术将在本手册之后的各章中详细阐述。

## 二、影响勘查技术方法选择的因素

影响勘查技术方法选择的因素主要有勘查的阶段、工作区的地质条件、矿床类型及地质特征、工作区自然地理条件以及经济方面的因素等。

## 三、勘查技术方法的合理运用

要实现勘查技术方法的合理运用，就要对所勘查的矿产的有效性、经济效益、政策环境等"先决"条件有充分了解。勘查（设计）者应严格遵循效能、经济、环保、安全及政策许可原则，设计和实施各种勘查方法手段和探矿工程。例如：

（1）高山区前期工作可选航空物探、化探测量法，遥感地质测量法，水系沉积物测量法，重砂测量法和地质测量法。

（2）高寒区前期工作可选航空物探测量法、遥感地质测量法、地质测量法，配合水系沉积物测量法、重砂测量法及地面物探。

（3）林区前期工作可选遥感地质测量法，航空物探、化探测量法，水系沉积物测量法，生物地球化学测量法，重砂测量法和地质测量法。根据需要利用探矿工程揭露。

（4）大面积覆盖区前期工作可选遥感地质测量法查找隐伏构造，配合遥感资料解释进行地质填图，并利用物探测量法，水化学和气体地球化学测量法。根据需要利用探矿工程揭露。

（5）探矿工程应了解地表基岩地质界线及矿化信息，在浅土层林木稀疏区域可实施槽探、井探等工程，对勘查覆盖层较厚或氧化带较深的矿体，槽探、井探难以达到目的时须用浅钻代替。矿体系统揭露控制须用钻探或坑探工程。在生态脆弱区，应尽可能选择对地质生态环境影响小、易于环境恢复治理的方法手段。

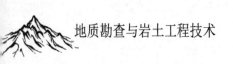

# 第六节　资源/储量估算

## 一、矿体的圈定、连接

按照相关规范的要求，圈定和合理连接矿体，是矿产勘查的核心工作之一。要在圈定矿体的基础上进行资源/储量估算，必须具备的前提是：有合理合法的工业指标，有用组分赋存状态已经查明，且达到工业指标，对矿体进行了合理的连接，参与计算的各探矿工程，样品采集加工、测试均符合有关规范、规程及规定的要求。

## 二、资源/储量分类及编码

### （一）分类

经勘查工作已发现的矿产资源的总和即固体矿产资源/储量，可分为查明的和潜在的矿产资源/储量。查明的矿产资源/储量又可分为储量、基础储量、资源量三类。只有达到边际经济及以上查明的矿产量才能称为储量，次边际经济及内蕴经济的矿产量只能叫作资源量。

### （二）编码

矿产资源/储量编码由3位阿拉伯数字组成。它包含矿床开发的经济意义、矿床开发的可行性研究程度、矿床的地质研究程度三重意义。它们的数字代号在资源/储量编码中位置分别为第1位、第2位、第3位。

## 三、资源/储量估算方法概述

固体矿产资源/储量估算，是指根据矿产勘查所获得的矿床（矿体）资料数据，运用矿床学理论及一定的方法，计算和确认矿产的数量、质量、空间分布等数据。自然界的矿体形态和矿石质量是千变万化的，资源/储量估算方法的实质是将矿体空间形态分割成简单的空间几何体，将矿石组分均一化，运用体积计算公式估算其体积和平均品位，并根据所测定的矿石体积、质量进行矿石量、金属量等的估算。

资源/储量估算方法主要有几何学法、地质统计学法、SD法等。最常用的是几何学法，其又可分为断面法、地质块段法、算术平均法、多角形法、等值线法等，其中断面法又可分为平行垂直断面法、水平断面法。

估算方法的选择，要根据矿床的特点结合勘查工作实际，以有效、准确、简便、能满足规范要求为依据。

# 第七节 固体矿产综合勘查和资源综合利用

## 一、概述

矿产资源是不可再生的资源。对共伴生的矿产，在勘查主矿产的同时应进行综合勘查评价，以综合利用矿产资源。

共伴生矿产可分为共生、伴生两类。共生矿产又可分为与主矿产同体共生和异体共生两种。各勘查阶段的共伴生矿产勘查工作的任务是不同的，如表1-1所示。

表1-1 各勘查阶段共伴生矿产综合勘查任务

| 勘查阶段 | 主要任务 |
|---|---|
| 预查阶段 | 全面收集资料，通过综合研究、类比、预测及初步的野外观测，极少量的工程验证，在勘查主矿产的同时，初步研究可能存在的共伴生矿产 |
| 普查阶段 | 通过地质、物探、化探工作，开展数量有限的取样工程，对已知矿化区初步评价，在大致查明主矿的同时，进行必要的可选性试验，大致了解共伴生矿产的物质组成、赋存状况及回收途径，对共伴生矿产综合开发利用作出初步评价 |
| 详查阶段 | 采用各种有效勘查方法和手段，通过系统的勘查工程和取样，控制矿体总体分布范围，在基本查明主矿产的同时，基本查明共生矿产，大致查明伴生矿产的地质特征、矿石质量，物资组分赋存状态，划分矿石类型，进行矿石加工选冶性能试验研究，对主矿产、共伴生矿产综合开发利用作出评价 |
| 勘探阶段 | 详细或基本查明共生矿产，基本查明伴生矿产的矿产地质特征，深入进行矿石物质组成、赋存状态、矿石类型、矿石质量，矿石加工选冶性能研究，对主矿产、共伴生矿产综合开发利用作出评价 |

## 二、综合勘查评价基本工作要求

综合勘查评价的基本原则是：根据社会需要和矿床实际，确定综合勘查评价的有用组分种类；在勘查主矿产的同时，勘查、评价共伴生矿产并估算资源/储量；具有多种用途的矿产，应根据需要按相应用途的工业要求进行研究评价；妥善处理经济效益、社会效益和环境效益之间的关系。共伴生矿产勘查的基本工作要求可归纳为表1-2。其中对矿石中的共伴生有用组分的加工技术选冶研究是工作的核心。

表1-2　共伴生矿产勘查基本工作要求

| 工作类别 | | 基本工作要求 |
|---|---|---|
| 勘查 | 共生矿 | 按相应矿种规范随主矿产同时进行综合勘查评价及提交资源/储量数据；当主矿产勘查程度达不到共生矿产勘查要求时，可根据实际需要按相应矿种规范适当增加勘查工程或专门安排勘查和评价工作；<br>共生矿产资源/储量规模达到中型及以上的，按该矿种的勘查规范要求勘查评价 |
| | 伴生矿 | 利用主矿产勘查工程同时勘查，一般不单独安排勘查工作量，通过组合分析查定矿石中伴生组分含量 |
| 采样 | | 共、伴生矿产取样按矿石类型、品级、结构、构造特征从主矿产样品正副样中抽取具有代表性的样品 |
| 测试 | 基本分析 | 对用于圈定矿体和参与综合工业指标计算的共生组分以及能在矿石加工选冶过程中单独回收利用的伴生组分，应作基本分析；<br>对矿体圈定、产品质量有严重影响的有害组分，须作基本分析；<br>当经过一定量的基本分析，表明某些有害组分含量变化不大时，可改作组合分析 |
| | 组合分析 | 依基本分析副样，按工程、分矿体、矿石类型、品级，按比例进行组合。一般可按主矿产的估算块段组合；对伴生组分分布均匀的零星小矿体，也可按矿体进行组合 |
| | 其他测试 | 化学全分析：每种矿石类型（或品级）取1～2件样品，从组合分析副样中采取或单独采取；<br>物相分析：与基本分析同时进行，在基本分析副样中抽取或专门采集；单矿物分析：每一种矿石类型应有代表性样品，样品中所包含的被选矿物应不少于90% |
| | 内外检 | 共生组分测试的内、外检样品比例与主组分相同；<br>有特殊要求的伴生组分测试的内、外检样品比例与主组分相同或适当降低； |
| 物质组成研究 | | 查证矿石中有用、有益和有害组分的矿物组成、粒度、结构构造特征及赋存状态，矿物之间的共生关系。对呈分散状态存在的组分，应查明载体矿物及赋存形式，加强工艺矿物学的研究，以指导选择合理的加工选冶方法和流程条件 |
| 矿石加工选冶试验研究 | | 研究共伴生组分综合回收利用的技术可行性和经济合理性。<br>查证呈独立矿物形式存在的共伴生组分其分离、富集、制备得到合格产品的可能性。<br>了解呈分散状态存在的共伴生组分富集规律和回收利用的途径。<br>按矿石类型、品级、结构特征和空间分布及各有用、有益、有害组分的代表性采取共伴生矿产的加工选冶样品。能分采、分选的要分类型采集，反之，可采混合样；采样应考虑开采时的矿石贫化并符合相关技术规程规范要求 |

# 第二章
# 矿床开采技术条件勘查

## 第一节 矿区水、工、环勘查工作概论

### 一、基本任务

（1）查明矿区水文地质条件及矿床充水因素，预测矿坑涌水量，对矿区水资源综合利用进行评价，指出供水水源方向，并提出排供结合、综合利用的建议。

（2）查明矿区的工程地质条件，评价露天采矿场岩体质量和边坡的稳定性，或井巷围岩的岩体质量和稳固性，预测可能发生的主要工程地质问题，为矿山开采设计提供依据。

（3）评价矿区的环境地质质量，对居民、道路建筑设施、瓦斯、煤矿等进行调查，找出对人体有害的因素等。预测矿床开发可能引起的主要环境地质问题，并提出防治建议；提出防止矿坑水对地表水、地下水的污染和环境影响的意见。

### 二、勘查范围及技术路线

（1）勘查范围宜包括一个完整的水文地质单元，当水文地质单元面积过大时，应包括疏干排水可能影响的范围。

（2）矿区环境地质调查评价是在地质、水文地质、工程地质勘查工作的基础上，对矿区的地质环境作出评价。

（3）矿区水文地质、工程地质勘查和环境地质调查评价，应与矿产地质勘查紧密结

合，将地质、水文地质、工程地质、环境地质作为一个整体，运用先进和综合手段进行。

（4）已确定具有工业利用价值的矿床，通过详查工作满足矿山总体建设规划需要，但矿区水文地质或工程地质条件直接影响矿山建设开发总体设计时，应超前进行水文地质、工程地质勘探。

（5）扩大延深勘探的矿区，应充分利用已有勘探报告和矿山生产中的资料，对矿区水文地质、工程地质、环境地质条件进行评价。当不能满足要求的，应根据实际需要，有针对性地进行补充勘查。

（6）矿区水文地质、工程地质勘查，应从实现综合效益出发，既要研究保障矿山生产安全、连续生产，又要研究矿山排水的综合利用以及对近水源地和地质环境可能的影响。

# 第二节　矿区水文地质勘查

## 一、勘查类型划分

### （一）按矿床主要充水含水层的容水空间特征划分

（1）第一类：以孔隙含水层充水为主的矿床，简称孔隙充水矿床。

（2）第二类：以裂隙含水层充水为主的矿床，简称裂隙充水矿床。

（3）第三类：以岩溶含水层充水为主的矿床，简称岩溶充水矿床。其中第三类矿床又可划分为三个亚类。

①第一亚类：以溶蚀裂隙为主的岩溶充水矿床。

②第二亚类：以溶洞为主的岩溶充水矿床。

③第三亚类：以暗河为主的岩溶充水矿床。

### （二）按矿体与主要含水层的空间关系划分

1.直接充水的矿床

矿床主要充水含水层（含冒落带和底板破坏厚度）与矿体直接接触，地下水直接进入矿坑。

2.顶板间接充水的矿床

矿床主要充水含水层位于矿层冒落带之上，矿层与主要充水含水层之间有隔水层（一般将钻孔单位涌水量小于0.001L/s·m的岩层视为隔水层）或弱透水层，地下水通过构造破碎带、导水裂隙带或弱透水层进入矿坑。

3.底板间接充水的矿床

矿床主要充水含水层位于矿层之下，矿层与主要充水含水层之间有隔水层或弱透水层。承压水通过底板薄弱地段、构造破碎带、弱透水层或导水的岩溶陷落柱进入矿坑。

## （三）按综合因素划分

依据主要矿体与当地侵蚀基准面的关系，地下水的补给条件，地表水与主要充水含水层水力联系密切程度，主要充水含水层和构造破碎带的富水性、导水性，第四系覆盖情况以及水文地质边界的复杂程度划分为如下三种类型。

1.水文地质条件简单的矿床

主要矿体位于当地侵蚀基准面以上，地形有利于自然排水，矿床主要充水含水层和构造破碎带富水性弱至中等；或主要矿体虽位于当地侵蚀基准面以下，但附近无地表水体，矿床主要充水含水层和构造破碎带富水性弱，地下水补给条件差，很少或无第四系覆盖，水文地质边界简单。

2.水文地质条件中等的矿床

主要矿体位于当地侵蚀基准面以上，地形有自然排水条件，主要充水含水层和构造破碎带富水性中等至强，地下水补给条件好；或主要矿体位于当地侵蚀基准面以下，但附近地表水不构成矿床的主要充水因素，主要充水含水层、构造破碎带富水性中等，地下水补给条件差，第四系覆盖面积小且薄，疏干排水可能产生少量塌陷，水文地质边界较复杂。

3.水文地质条件复杂的矿床

主要矿体位于当地侵蚀基准面以下，主要充水含水层富水性强，补给条件好，并具较高水压；构造破碎带发育，导水性强且沟通区域强，含水层或地表水体；第四系厚度大、分布广，疏干排水有产生大面积塌陷、沉降的可能，水文地质边界复杂。

## （四）矿床水文地质勘查类型的划分

按类（或亚类）充水方式、水文地质条件复杂程度命名。例如：以裂隙含水层充水为主、顶板间接进水、水文地质条件复杂的矿床，即第二类第三型。以裂隙含水层充水为主、顶板间接进水、水文地质条件简单的矿床，即第二类第一型。

## 二、勘查工程量

（1）各类型充水矿床勘查所需的基本工程量应结合矿区的具体情况确定，以满足相应的勘查程度要求为原则。

（2）抽水试验和动态观测孔的数量指控制矿区主要充水含水层的基本工程量，次要充水含水层及构造破碎带必须根据矿区的具体条件增加相应的工程量。

（3）矿区附近有水文地质条件相似的生产矿井资料可利用时，可适当减少抽水试验或其他工作量。

## 三、勘查技术要求

### （一）水文地质测绘

（1）水文地质测绘分为区域和矿区。区域水文地质测绘范围应包括一个完整的水文地质单元，以查明区域地下水的补给、径流、排泄条件为重点，水文地质条件简单的矿区可不进行区域水文地质测绘。矿区水文地质测绘应包括矿床疏干可能影响的范围及补给边界；调查矿山老窿的分布；对现有生产矿井或勘探坑道进行水文地质编录，系统收集生产矿井（或露天采矿场）的水文地质资料，以查明矿床充水因素及矿区水文地质边界条件为重点。

（2）水文地质测绘比例尺，区域一般采用1∶50000～1∶10000，矿区一般采用1∶10000～1∶2000。

（3）水文地质测绘一般在地质测绘的基础上进行，应全面收集和充分利用航（卫）片解释、区域水文地质普查和相邻矿区的资料。

（4）水文地质测绘应全面收集矿区及相邻地区历年的水文、气象资料；详细调查矿区地形地貌、地下水的天然和人工露头及其水化学特征、岩溶发育情况第四系松散层的形成与分布、地下水的补给、径流、排泄条件，圈定矿区水文地质边界。

（5）调查记录格式要求统一，点位准确，图文一致。各类观察点观察要仔细，描述要准确，记录内容尽可能详细，要有详细的照片或素描图。工作手图、清绘图、实际材料图应齐全，标绘内容及图式符合制图原则，标记准确，记录和图件相互一致。

### （二）水文地质钻探

（1）水文地质钻探是指抽水试验孔、压（注）水孔、动态观测孔、分层测水位孔和底板加深孔的施工。矿区抽水试验孔可单独设计抽水孔，也可利用地质勘查孔，尽量做到一孔多用，避免一孔多层抽水，确实要分层抽水，同一钻孔最多只能分两层抽水，分层过多施工难度大，质量难以控制。

（2）钻孔施工宜采用清水钻进，当地层破碎不能用清水钻进时，应在主要含水层或试验段（观测段）用清水钻进，当必须采用泥浆钻进时，应采取有效的洗井措施。

（3）钻孔揭露多个含水层时，应测定分层稳定水位；分层抽水试验和分层测水位的钻孔，必须严格止水，并检查止水效果，不合格时应重新进行。

（4）钻孔孔径视钻孔目的来确定，抽水试验孔试验段孔径以满足设计的抽水量和安装抽水设备为原则，一般不小于91mm，水位观测孔观测段孔径应满足止水和水位观测的要求。

（5）钻孔应取芯钻进。岩心采取率：岩石大于70%，破碎带大于60%，黏土大于70%，砂和砂砾层大于50%。当采用水文物探测井，能正确划分含（隔）水层位置和厚度时，可适当降低采取率。

## （三）钻孔简易水文地质观测

内容一般包括地下水水位、水温、冲洗液消耗量、钻孔涌水（漏水）量和位置、钻进情况等。具体要求：

（1）观测和详细记录钻进中涌（漏）水、掉块、塌孔、缩（扩）径、逸气、涌砂掉钻等现象发生的层位和深度。应测量涌（漏）水量，必要时进行简易放（注）水试验。

（2）孔内动水位观测：每班应观测1～2次钻进中动水位，每次分别在提钻后、下钻前各测一次孔内水位，时间间隔不小于5min。

（3）冲洗液消耗量观测：冲洗液消耗量系指纯钻进时间内钻孔中消耗的冲洗液。在正常钻进时，每1h观测一次。不足1h的回次，每回次观测一次。发现冲洗液漏失时，应每10～30min观测一次。冲洗液全部漏失时，应增大水泵出水量以测定其最大漏失量。对自然造浆的钻孔，每班必须测定一次泥浆的黏度。

（4）钻孔终孔后应测定终孔稳定水位（泥浆钻进的钻孔可不测），要求从停钻后开始观测，开始时可适当加密，逐渐放宽至每1h测一次水位，当连续4h水位变化不超过5cm时，视为稳定，可以停测。

（5）水温观测：一般在孔内水位和涌水量有很大变化时才进行观测，每个含水层最少测一次。涌水钻孔可在孔口观测水温。

## （四）水文物探测井

水文物探测井主要有视电阻率、自然电位、放射性、井径、井斜及井温测量。矿区勘查水文测井的主要目的是确定含（隔）水层位置和厚度，确定各涌、漏水部位及矿区地温场特征，应用较普遍的是视电阻率、自然电位及井温测量，具体技术要求《水文测井工作

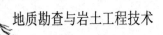

规范》（DZ/T 0181–1997）。

## （五）水文地质编录

水文地质编录与工程地质编录同时进行，其中水文地质部分主要描述内容为岩性、颜色（包括岩石褪色现象）结构构造、岩石的风化程度和深度、矿物蚀变情况等。孔隙水含水层还要描述湿度、成分（粒度成分及百分含量）磨圆度、分选性、结核、包裹体、结构层的相互关系及层理特征胶结类型、胶结程度、化石等；裂隙含水层要描述裂隙性质、密度、不同级别的断裂构造破碎带、上下盘裂隙发育程度及结构面透水性、裂隙开启程度、地下水作用痕迹等，必要时统计裂隙率；岩溶含水层要描述岩溶形态、大小、充填情况、发育深度、统计岩溶率。

编录要结合钻孔简易观测及水文测井资料，综合分析判别含水层、隔水层。

## （六）抽水试验

抽水试验是获取矿区水文地质参数的主要手段，在矿床勘查中广泛应用，但地下水位埋深较大时（100m以上），做抽水试验较困难，可选择注水试验或压水试验来取代抽水试验。

1.矿区抽水试验的目的、任务

（1）直接测定矿床充水岩层的富水程度。

（2）抽水试验是确定含水层水文地质参数的主要方法。

（3）抽水试验可为预测矿坑涌水量提供水文地质参数，为矿山开采设计提供依据。

（4）可以通过抽水试验查明某些其他手段难以查明的矿床水文地质条件，如地表水、地下水之间及含水层之间的水力联系，以及地下水补给通道等。

2.抽水试验的类型

（1）按所依据的井流理论划分：

①稳定流抽水试验：要求流量和水位降深都是相对稳定的，即不随时间而变。用稳定流理论和公式来分析计算，简便易行，但自然界大都是非稳定流，只有在补给水源充沛且相对稳定的地段抽水才能形成相对稳定的似稳定渗流场，所以它的应用受到限制。

②非稳定流抽水试验：只要求水位和流量其中一个稳定（另一个可以变化，一般是流量稳定，水位变化），用非稳定流理论和公式来分析计算。

（2）按抽水试验时所用井孔的数量划分：

①单孔抽水试验：只有一个抽水井而无观测井。它方法简便，成本低廉，但所能担负的任务有限，成果精度较低，一般多用于稳定流抽水试验。目前野外勘查队还多数使用单孔稳定流抽水试验。

②多孔抽水试验：是指在抽水孔附近还配有若干水位观测孔的抽水试验。它能完成抽水试验的各项任务，所得成果精度也较高，若专门布置的观测孔多，深度也较大，则花费成本较大。其用于水文地质条件较复杂的矿床详查和勘探阶段。

③干扰井群抽水试验：是指在多个抽水孔中同时抽水，造成降落漏斗相互重叠干扰的抽水试验。除抽水孔，还配有若干观测孔。

（3）按抽水井的类型划分。抽水试验段穿过整个含水层为完整井抽水试验，反之，为非完整井抽水试验。由于完整井的井流理论较完善，故一般尽量用完整井做试验。只有当含水层厚度很大又是均质层时，为了节省费用才进行非完整井抽水。

（4）按试验段所包含的含水层情况划分：

①分层抽水试验：以含水层为单位进行，除不同性质含水层（如潜水、承压水或孔隙水与裂隙水层）应进行分层抽水外，对参数、水质差异大的同类含水层也应分层抽水。

②混合抽水试验：在井中将不同含水层合为一个试验段进行抽水，它只能反映各层的混合平均状况。只有当各分层的参数已掌握，或只需了解各层总的平均参数，或难以分层抽水时才进行混合抽水试验。但由于混合抽水较简便，费用较低，所以也有一些用混合抽水试验资料计算出各分层参数的方法。

③分段抽水试验：是指在透水性各不相同的多层含水层组中，或在不同深度内透水性有差异的厚层含水层中，对各岩段分别进行抽水的试验，用以了解各段的透水性。有时可只对其中主要含水岩段抽水，如对岩溶化强烈的岩段或主要取水岩段等。这时，段间应止水，止水处应位于透水性弱的单层或岩段中。

3.稳定流单孔抽水试验主要技术要求

（1）对水位降深的要求。稳定流抽水试验水位降深应根据试验目的和含水层富水程度确定，应尽设备能力做一次最大降深，其值不宜小于10m；当采用涌水量与降深相关方程预测矿坑涌水量时，应进行三次水位降低，当进行三次不同水位降深抽水试验时，其余两次试验的水位降深，应分别约等于最大水位降深值的1/3和1/2。

对于富水性较差的含水层，可只做一次最大降深的抽水试验。

对松散孔隙含水层，为有助于在抽水孔周围形成天然的反滤层，抽水水位降深的次序可由小到大地安排（正向抽水）；对于裂隙含水层，为了使裂隙中充填的细粒物质（天然泥沙或钻进产生的岩粉）及早吸出，增加裂隙的导水性，抽水降深次序可由大到小地安排（反向抽水）。

（2）对水位、流量观测精度及稳定后延续时间的要求。稳定时段延续时间宜根据含水层的特征、补给条件确定。单孔抽水试验最低不少于8h，潜水层抽水、带有观测孔抽水和有越流以及潮汐影响的抽水，必须适当延长时间，一般卵石、圆砾和粗砂为8h，中砂细砂和粉砂为16h，基岩含水层为24h，根据抽水试验目的的不同可适当调整。当抽水试验带有专门的水位观测孔时，距主孔最远的水位观测孔的水位稳定延续时间应不少于2h；稳定时段内钻孔水位、流量稳定程度应结合区域地下水动态变化确定。水位波动相对误差：抽水孔不大于降深的1%；观测孔水位变化不大于2cm。涌水量波动相对误差：当单位涌水量大于0.1L/s·m时，不大于其平均值的3%；当单位涌水量小于或等于0.1L/s·m时，不大于其平均值的5%。

（3）水位和流量观测时间的要求。抽水主孔的水位和流量与观测孔的水位都应同时进行观测，不同步的观测资料可能会给水文地质参数的计算带来较大误差。水位和流量的观测时间间隔应由密到疏，如开始时间隔1、3.5、10、20、30min观测一次，以后则每30min观测一次。停抽后还应进行恢复水位的观测，恢复水位观测间隔1、3.5、10、20、30、60min观测一次，以后每1h观测一次，直到水位连续4h波动不超过2cm为止。

4.非稳定流抽水试验的主要技术要求

非稳定流抽水试验按泰斯（Theis）井流公式原理可分为两种：定流量抽水（水位降深随时间变化）、定降深抽水（流量随时间变化）。由于在抽水过程中流量比水位容易固定（因水泵出水量一定），因此在实际生产中一般多采用定流量的非稳定流抽水试验方法。

（1）对抽水流量值及降深值的选择。在定流量的非稳定流抽水中，水位降深是一个变量，水位降深应根据试验目的和含水层富水程度确定，应根据设备能力做一次最大降深，其值不宜小于10m。

在确定抽水流量值时，应考虑：对于主要目的在于求得水文地质参数的抽水试验，选定抽水流量时只需考虑以该流量抽水到抽水试验结束时，抽水井中的水位降深不致超过所使用水泵的吸程；可参考勘查井洗井试抽时的水位降深和出水量来确定抽水流量。

（2）对抽水流量和水位的观测要求。当进行定流量的非稳定流抽水时，要求抽水量从始至终均应保持定值，而不只是在参数计算取值段的流量为定值。

流量与水位观测同时进行，观测精度同稳定流抽水试验。

观测的时间间隔应比稳定流抽水小，并由密到疏，要求在开泵的前10~20min内尽可能准确记录较多的数据，一般观测频率为间隔1、2、3、4、6、8、10、15、20、25、30、40、50、60、80、100、120min观测一次，以后每30min观测一次。

停抽后恢复水位的观测，观测时间间距应按水位恢复速度确定，一般为间隔1、3、5、10、15、30min观测一次，直至完全恢复。由于利用恢复水位资料计算的水文地质参数常比利用抽水观测资料求得的可靠，故非稳定流抽水恢复水位观测工作更具有重要意义。

（3）抽水试验延续时间。抽水延续时间应根据试验目的参照水位降深-时间半对数曲线形态确定，当曲线出现固定斜率的渐近线时，观测时间需向后延续一个对数周期；当有越流补给时，观测时间则需曲线经过拐点后趋于水平时为止；当有观测孔时，应以代表性观测孔的降深–时间半对数曲线判定。一般抽水延续时间不超过24h。

当有越流补给时，如用拐点法计算参数，抽水至少应延续到能可靠判定拐点为止。

## （七）水样采集

1.采样要求

（1）测定铁和亚铁水样的采取。指定要求测定二价铁和三价铁时，须用聚乙烯塑料瓶或硬质玻璃瓶取水样250mL，加"1+1"硫酸溶液2.5mL，硫酸铵0.5～1.0g，用石蜡密封瓶口，送实验室检测。

（2）侵蚀性二氧化碳水样的采取。测定水中侵蚀性二氧化碳的取样，应在采取简分析或全分析样品的同时，另取一瓶250mL的水样，加入2g大理石粉末，瓶内应留有10～20mL容积的空间，密封送检。

（3）测定硫化物水样的采取。在500mL的玻璃瓶中，先加入10mL 200g/L醋酸锌溶液和1mL 1mol/L氢氧化钠溶液，然后将瓶装满水样，盖好瓶盖，反复振摇数次，再以石蜡密封瓶口，贴好标签，注明加入醋酸锌溶液的体积，送检。

（4）测定溶解氧水样的采取。最好进行原位测试，对于不具备条件者，可用下述方法采取：应用碘量法测定水中溶解氧，水样需直接采集到样品瓶中。在采集水样时，要注意不使水样曝气或有气泡残存在采样瓶中。当样品不是用溶解氧瓶直接采集，而需要从采样器（或采样瓶）分装时，溶解氧样品必须最先采集，而且应在采样器从水中提出后立即进行。即用乳胶管一端连接采水器的放水嘴或用虹吸法与采样瓶连接，乳胶管的另一端插入溶解氧瓶底。注入水样时，先慢速注至小半瓶，然后迅速充满，在保持溢流状态下，缓慢地撤出管子，迅速塞好瓶塞。

在取样前先准备一个容积为200～300mL的磨口玻璃瓶，先用欲取水样洗涤2～3次，然后将虹吸管直接通入瓶底取样。待水样从瓶口溢出片刻，再慢慢将虹吸管从瓶中抽出，用移液管加入1mL碱性碘化钾溶液（如水的硬度大于7mol/L，可再多加2mL），然后加入3mL氯化锰溶液。应注意的是，加入碱性碘化钾和氯化锰溶液时，应将移液管插入瓶底后再放出溶液；然后迅速塞好瓶塞（不留空间），摇匀后密封，记下加入试剂的总体积及水温。

（5）测定有机农药残留量的水样。取水样3～5L于硬质玻璃瓶中（不能用塑料瓶），加酸酸化，使水样pH≤2，摇匀，密封，低温保存。

## 四、矿区水资源综合利用评价和矿区供水方向

矿床地下水作为一种资源，可用于工业、生活用水和农田灌溉，进行综合利用是很有前途的。矿床地下水绝大部分是淡水，如果不考虑综合利用是不合理的。矿区水资源利用

评价中，结合矿山及周边实际需要就水压水量进行综合评价。矿坑水在未经污染的条件下可用作居民生活用水，一般采用专用供水洞室和涌水钻孔，用专门的泵站和管路排至地面泵站及水塔。矿坑水用作凿岩、压气、充填、选矿等工业用水已较普遍，用作农田灌溉要与水利工程配套，避免盲目性和出现无组织状态，防止灌溉时争水，非灌溉季节让水白白流走。开展人工回灌也是提高地下水位、合理利用地下水的措施之一。

矿区内有可供利用的供水水源时，应根据现有资料作出评价；矿区内无可供利用的供水水源时，应在区域上指出供水方向。地下开采的矿山，在地下水符合生活供水水质标准时，采用坑下揭露含水层作为供水水源使用，技术经济合理，服务年限长，稳定可靠。

查明揭露的含水层的水质水量是否符合供水要求，选择合理的标高和地点在井下打专门的供水孔，或利用疏干孔和人工控制的出水点作为供水水源，设置专门的泵站和供水管路排至地面供水系统。利用矿坑排水系统排至地面后，导入过滤设施，经过净化过滤处理、沉淀和化学处理，达到饮用水水质标准。

工业用水可以利用矿内排水系统排出的地下水作为供水水源，如选矿用水、冷却用水等。

# 第三节　矿区工程地质勘查

## 一、勘查类型及复杂程度划分

### （一）勘查类型

依据矿体及围岩工程地质特征、主要工程地质问题出现层位，将矿区工程地质勘查划分为如下四类。

第一类：松散、软弱岩类。指以第四系砂、砂砾石及黏性土，或第三系弱胶结的砂质、黏土质岩石为主的岩类。此类岩体稳定性取决于岩性、岩层结构和饱水情况，稳定性差。勘查中应着重查明岩（土）的岩性、结构及其物理力学特征，尤其是含水粉细砂层、粉土及淤泥质黏土层对土层的稳定性影响极大。

第二类：块状岩类。指以火成岩、结晶变质岩为主的岩类。块状结构，岩体稳定性取决于构造破碎带、蚀变带及风化带的发育程度，一般岩体稳定性好。勘查中应着重查明

Ⅱ、Ⅲ级结构面的分布、产状，延伸情况、充填物、粗糙度及其组合关系，蚀变带的宽度、破碎程度、风化带深度及风化程度。

第三类：层状岩类。指以碎屑岩、沉积变质岩、火山沉积岩为主的岩类。层状结构，岩体各向异性、强度变化大。岩体稳定性主要取决于层间软弱面、软弱夹层、构造破碎及岩体风化程度。勘查中应着重查明岩层组合特征，软弱夹层分布位置、数量、黏土矿物成分、厚度及其水理、物理力学性质。

第四类：可溶盐岩类。指以碳酸盐岩为主，其次为硫酸盐岩、盐岩等岩类。工程地质条件一般较复杂。勘查中应着重查明岩溶和蚀变带在空间的分布和发育程度，可溶岩的溶解性，第四系松散层和软弱层的分布、厚度、岩性、结构和物理力学性质。

## （二）复杂程度

根据地形、地貌、地层岩性、地质构造、岩体风化及岩溶发育程度、第四系覆盖厚度、地下水静水压力等因素，将工程地质勘查的复杂程度划分为如下三类。

（1）简单型：地形地貌条件简单，地形有利于自然排水，地层岩性单一，地质构造简单，岩溶不发育，岩体结构以整块或厚层状结构为主，岩石强度高，稳定性好，不易发生矿山工程地质问题。

（2）中等型：地层岩性较复杂，地质构造发育程度中等，风化及岩溶作用中等或有软弱夹层及局部破碎带和饱水砂层影响岩体稳定，局部地段易发生矿山工程地质问题。

（3）复杂型：地层岩性复杂，岩石风化、岩溶作用强，构造破碎带发育，岩石破碎，新构造活动强烈或松散软弱层厚，含水砂层多、分布广，地下水具有较大的静水压力，矿山工程地质问题发生比较普遍。

## 二、勘查程度要求

（1）在研究矿区地层岩性、厚度及分布规律的基础上，划分岩（土）体的工程地质岩组，查明对矿床开采不利的软弱岩组的性质、产状与分布。

（2）详细查明矿区所处构造部位，主要构造线方向，各级结构面的分布、产状、规模及充填、充水情况，确定结构面的级别及主要不良优势结构面，指出其对矿床开采的影响。

（3）对可溶岩类矿床，应详细查明岩溶发育主要层位、深度、发育程度和主要特征、充水、充填情况及表部覆盖层的厚度、岩性、结构特征。

（4）详细查明岩体的风化程度强弱风化带界面及标高、强风化带的物理力学性质。对强蚀变矿区，应确定主要蚀变作用，圈定蚀变范围。

（5）系统、完整地测定露采和井采影响范围内各种岩石（土）的物理力学参数。矿

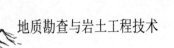

层及其围岩含黏土的矿区，应查明黏土的成分、分布、厚度及其变化。多年冻土区还需查明冻土类型、分布范围、温度（地温）、含冰率，测定多年冻土最大融化深度，季融层及覆盖层剥离后多年冻土融化速度，冻土层的上、下限。

（6）船采砂矿区，还应查明松散层砾卵石的粒级、含量及分布，底板纵向和横向坡度，岩石硬度，岸坡的岩石组成及坡度，测量砂层水上、水下安息角。

（7）扩大延深勘查矿区，应详细调查矿床开采中已发生的各种工程地质问题，查明其产生的条件和原因，并针对扩大延深可能产生的工程地质问题进行相应的工作。

（8）在构造活动强烈的高地应力地区，有条件时应专门进行地应力测量，确定最大主应力方向及大小。

# 三、勘查技术要求

## （一）工程地质测绘

### 1.测绘范围
测绘范围以达到采矿工程可能影响的边界外200～300m，比例尺为1∶10000～1∶2000。

### 2.测绘内容
（1）划分工程地质岩组，详细调查软弱岩组的性质、产状、分布及其工程地质特征。

（2）调查矿区内软弱夹层及各类结构面的分布、物质组成，胶结程度、结构面的特征及组合关系，按相关规范要求进行分级。

（3）按岩组和不同构造部位进行节理裂隙统计，测量其产状、宽度及延伸长度，编制玫瑰花图或极射赤平投影图，确定优势节理裂隙发育方向。

（4）对矿体主要围岩的风化特征进行研究。

（5）对自然斜坡和人工边坡进行实地测定，研究边坡坡高、坡面形态与岩体结构的关系；调查各种物理地质现象。

（6）对矿区工程地质条件有影响的地下水露头点、含水岩层与隔水层接触界面特征、构造破碎带的水理性质进行重点调查研究。

（7）详细调查生产矿井及相邻矿山的各类工程地质问题；调查露采边坡变形特征、变形类型、形成条件和影响因素，井巷变形破坏特征、支护情况，变形破坏与软弱层、破碎带、节理裂隙发育带等结构面的关系。

### 3.工程地质测绘方法
工程地质测绘方法与一般地质测绘相近，主要是沿一定观察路线作沿途观察，在关键地点（或露头点）上进行详细观察描述。选择的观察路线应当以最短的线路观测到最多的工程地质条件和现象为标准。在进行区域较大的中比例尺工程地质测绘时，一般穿越岩层走向或横穿地貌、自然地质现象单元来布置观测路线。大比例尺工程地质测绘路线以穿越构造走向为主布置，但须配以部分追索界线的路线，以圈定重要单元的边界。在用大比例尺详细测绘时，应追索走向和追索单元边界来布置路线。还应在路线测绘过程中将实际资料、各种界线反映在外业图上，并逐日清绘在室内底图上，及时整理、及时发现问题和进行必要的补充观测。

（1）工程地质测绘和调查的基本方法：路线穿越法、追索法、布点法。

（2）观测记录，素描与采集标本。观测记录在野外记录本上进行，应注明工作日期、天气、工作人员、工作路线、观测点编号与位置、类型。

对露头点的工程地质、水文地质条件、地貌和不良地质作用进行描述，对地层、构造产状及节理、裂隙进行测量与统计，对有代表性的地质现象进行素描或摄影，并标注有关说明。

采集各类岩、土样品和化石标本进行分类编号，注明产地、层位及有关说明，并妥善保管。

对天然露头不能满足观测要求而又对工程评价有重要意义的地段，应进行人工露头或必要的槽井探工作。

## （二）钻孔工程地质编录

钻孔工程地质编录内容包括：统计与描述岩心块度，绘制岩心块度柱状图；统计节理裂隙；确定钻孔中流砂层、破碎带、裂隙密集带、风化带与软弱夹层、岩溶发育带、蚀变带的位置和深度，并可按工程地质岩组用点荷载仪测定岩石力学指标。

## （三）坑探工程地质编录

对矿区的勘查坑道应全部进行工程地质编录，工程地质条件简单的矿区可适当减少，有生产坑道时可选择典型坑道进行。

坑探工程地质编录内容包括：对坑道所揭示的岩层划分岩组，重点观察描述软弱夹层，风化带、构造破碎带、蚀变带、岩溶发育带的特征、分布、产状、溶蚀现象；系统采取岩（矿）石物理力学试验样；统计节理裂隙；详细描述地下水活动对井巷围岩稳固性的影响及发生工程地质问题的位置，不稳定地段掘进与支护方法。坑道变形地段必要时设置工程地质观测点，进行长期观测。

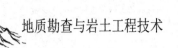

### （四）岩土样品采集

岩土样品测试的目的是了解岩土成分、结构及物理力学性质，为矿床工程地质评价和确定矿山开采设计指标提供依据。勘查矿区应选取代表性岩、土室内试样，测定其物理力学性质。工程地质条件中等及复杂的矿区，除选取代表性室内试样，还可应用点荷载仪、携带式剪切仪进行钻孔及野外现场测试。

（1）岩（土）样一般应按不同岩性分层取样，坚硬、半坚硬岩层可按岩性适当并层采样。松散软弱岩层岩性较均一，厚度大于10m时，每10m取一组试样；岩性不均一时，应根据岩性结构特征进行分层采样。

（2）一般矿体及顶底板均需采样。坑采矿区还应对主要井巷通过的岩层采样，样品应主要集中于第一开采水平或首期开采地段内。露采矿区应着重在边坡地段自上而下进行系统分层采样。

（3）坚硬、半坚硬岩层可直接从岩心采样；松散软弱岩层除尽可能利用坑探工程采样外，钻孔采样要采取适当的钻进措施和专门的取样钻具。砂砾卵石扰动样尽可能保持原级配。

（4）要求：采样位置定准，样品规格应先与实验室商定，通常抗压试样每组3块，抗拉和抗剪试样每组4~6块。

### （五）矿区工程地质评价

矿区工程地质评价应在查明矿区工程地质条件的基础上结合开采方式，对边坡稳定性或井巷围岩岩体质量给予定性和半定量的预测评价。

1.露采边坡稳定性评价

（1）坚硬、半坚硬岩类边坡稳定性评价：根据边坡与各类结构面的组合关系、软弱夹层情况，分别判断并预测边坡可能滑动变形的地段、范围，变形的性质，滑动面、切割面的可能位置，根据需要以类比法、经验数据法建议最终边坡角。

（2）松散软岩类边坡稳定性评价：一般将拟建采场划分为不同的工程地质区，并分区进行稳定性评价，建议最终边坡角；对具有饱水砂层的边坡，应根据需要进行专门性的预先疏干试验及饱水抗剪试验，在试验的基础上建议边坡角。

2.井巷围岩岩体质量评价

宜采用两种方法对比评价，常用的方法为岩体质量系数法和岩体质量指标法。

3.地下水溶开采的矿床评价

根据顶、底板岩（矿）石夹层的物理力学性质、溶解性、膨胀性和液柱压力大小，结合开采方案综合分析，初步评价溶腔的稳固性。

# 第四节　矿区环境地质勘查

## 一、矿区地质环境保护

固体矿产勘查会对矿区土壤、含水层、景观等造成一定程度的破坏，勘查过程中须采取有效措施最大限度地降低对矿区环境的不利影响，做到以生态环境保护促进矿产资源勘查开发，以矿产资源勘查开发实现更高水平的生态环境保护，实现矿产资源勘查开发与生态环境保护的协调发展。

### （一）科学部署，推进绿色勘查

在勘查初期要制定"绿色勘查实施方案"，建立并完善制度，坚决贯彻落实生态文明建设新要求，按照"生态优先、保护优先"的原则，调整优化勘查开发总体布局，调整对生态环境影响较大的勘查技术方法，大力推进绿色勘查。

### （二）机台建设标准化

在平整机台时，应将表土收集存放，用于复垦；要求泥浆池、沉淀池、循环槽、废浆池必须用水泥或防水材料做防渗处理；施工现场使用防滑防渗布铺垫，防止油污、泥浆渗入土中；机台周边需挖排水沟；油料摆放远离火源，油桶底部垫防渗布；生活废料及废弃物按指定位置集中放置等。

### （三）优化勘查手段

在山区矿产勘查，槽、井探等坑探工程是常用的勘查手段，对生态环境、地貌景观破坏很大，可采用浅孔锤钻机或便携式浅钻代替传统的山地工程，使扰动面积由过去的一条大沟变成若干个钻孔，不但能对覆盖层较厚地段找矿效果好，而且能最大限度地降低对生态环境的扰动。

### （四）采用新技术新方法

技术创新是绿色勘查之本，应不断推广"一基多孔、一孔多枝"定向钻探技术，无公害泥浆排放及净化、固化处置技术等勘查新技术和新方法，以有效减少对生态环境的扰动。

## 二、环境地质调查

环境地质调查是指在水文地质、工程地质调查的基础上，进行补充调查。

### （一）区域环境地质调查

区域稳定性调查，收集矿区附近历史地震资料，调查新构造活动情况，分析其是否有活动性断裂存在。调查矿区所处社会环境（建筑物的类型、密度）和自然地理环境（旅游区、文物保护区、自然保护区等）。

### （二）勘查矿区环境地质调查

（1）调查、收集地表水、地下水的环境背景值（污染起始值）或对照值。

（2）对矿区开发影响范围的滑坡、崩塌、山洪泥石流等物理地质现象进行野外调查。

（3）调查地质体中可能成为污染源的物质的赋存状态、含量及分布规律。

（4）当调查区有热（气）水时，应查明其分布、控制因素、水温、流量、水中气体及化学组分，了解热（气）水补给、径流、排泄条件。

（5）当矿体埋深较大（垂深大于500m）时，应在不同构造部位选择代表性钻孔进行地温测量，确定恒温带深度、温度及地温梯度。

（6）当矿区放射性调查发现有放射性元素，但确认无工业价值时，应对其影响安全生产和环境污染作出评价。在铀矿区应对有水钻孔和地下水露头取样，测试水中放射性元素含量、同位素比值和化学组分、水文地球化学指标，研究其在水平与垂直方向的分布规律。

### （三）扩大延深勘查矿区环境地质调查内容

（1）调查由于矿坑排水而引起的区域地下水位下降，井、泉枯竭对当地用水的影响和地下水补给、径流排泄条件的变化。

（2）地表水污染调查，包括污染位置及废水，废渣中排出的主要污染物的浓度、年排放量、排放方式、排放途径和去向、处理和综合利用状况。

（3）矿坑水污染调查，着重调查硫化矿床（如黄铁矿、黄铜矿、闪锌矿等），高硫煤矿床，放射性、汞、砷等矿床中对人体有害有毒元素的矿坑排水及废弃的尾矿和废石堆在降水淋滤作用下对水体的污染。调查矿坑排放的高悬浮物（大于400mg/L）和高矿化水的排放浓度、分布范围以及对环境的危害程度。

（4）调查矿山开采中引起的岩溶塌陷、山体失稳、崩落、地裂、沉降等对地质环境的破坏范围、破坏程度。

（5）收集矿山不同开采中段（水平）的井巷温度，确定其地温梯度。

（6）调查尾矿和废石堆放场的稳定性，根据地形、地貌、水文、气象等因素，分析形成山洪泥石流的可能性以及复垦还田的情况。

## （四）环境地质野外一般调查方法

（1）野外调查工作手图应采用1∶50000～1∶10000或更大比例尺的地形图；矿山地质环境问题集中发育区危害较严重以上程度的区域，宜采用不小于1∶10000比例尺的地形图。

（2）地面调查应采用路线穿越与追踪法相结合的方法。对于重要的调查对象，宜采用路线追踪法调查，圈定其范围。

（3）调查路线间距及控制点密度应依据调查区地质环境条件复杂程度、矿山地质环境问题类型确定。调查路线间距一般为300～500m，控制性调查点布置数量不少于2点/km²，不得漏查重要的矿山地质环境问题。

（4）野外调查应填表，并采用野外记录本进行补充描述。对于同一地点存在多种类型的矿山地质环境问题，应围绕主要矿山地质环境问题调查填表，同时做好对其他类型矿山地质环境问题的记录。

（5）野外调查表应按规定格式填写，不得遗漏主要调查要素，并附必要的示意性平面图、剖面图或素描图，标记现场照片和录像编号。

## （五）矿区主要环境地质问题调查方法

### 1.滑坡调查

勘查矿区主要调查已有滑坡发生的时间、地点、规模、致灾程度、形成原因、处置情况等。扩大延深勘查矿区需调查高陡的矿山工业场地边坡、山区道路边坡、露天采矿场边坡、采空区山体边部、高陡废渣石堆及排土场等可能产生滑坡的斜坡体特征、致灾范围、威胁对象、潜在危害程度及防治措施等。

野外调查要点：

（1）调查的范围应包括滑坡区及其附近地段，一般包括滑坡后壁外一定距离，滑坡体两侧自然沟谷和滑坡舌前缘一定距离或江、河、湖边。

（2）注意查明滑坡的发生与地层结构、岩性、断裂构造（岩体滑坡尤为重要）、地貌及其演变情况、水文地质条件、地震和人为活动因素的关系，找出引起滑坡或滑坡复活

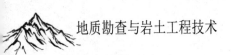

的主导因素。

（3）调查滑坡体上各种裂缝的分布，发生的先后顺序、切割关系，分清裂缝的力学属性，如拉张、剪切、鼓胀裂缝等，借以作为滑坡体平面上分块、分条和纵剖面分段的依据。

（4）通过裂缝的调查，借以分析判断滑动的深度和倾角的大小。滑坡体上裂缝纵横往往是滑动面埋藏不深的反映；裂缝单一或仅见边界裂缝，则滑动埋深可能较大；如果基础不大的挡土墙开裂，则滑动面往往不会很深；如果斜坡已有明显位移，而挡土墙等依然完好，则滑动面埋深较深；滑坡壁上平缓擦痕的倾角与该处滑动面倾角接近一致；滑坡体的差速造成裂缝两壁也会出现缓倾角擦痕，这同样是下部滑动面倾角的反映。

（5）对岩体滑坡应注意调查缓倾角的层理面、层间错动面、不整合面、断层面、节理面和片理面等，若这些结构面的倾向与坡向一致，且其倾角小于斜坡前缘临空面倾角，则很可能发展成为滑动面。对土体滑坡，则首先应注意土层与岩层的接触面，其次应注意土体内部岩性差界面。

2.崩塌调查

勘查矿区主要调查已有的崩塌发生的时间、地点、规模、致灾程度、形成原因、处置情况等。扩大延深勘查矿区需调查高陡的矿山工业场地边坡、山区道路边坡、露天采矿场边坡、采空区山体边部等可能产生崩塌的危岩体特征、致灾范围、威胁对象、潜在危害及防治措施等。

3.泥石流调查

调查矿区潜在泥石流物源的类型、规模、形态特征及占据行洪通道程度等，泥石流沟的沟谷形态特征、可能的致灾范围、威胁对象、潜在危害程度及防治措施等。矿业活动导致的泥石流的发生时间、地点、规模、致灾程度、触发因素、处置情况等。

泥石流调查要点如下。

（1）地层岩性、地质构造、不良地质现象，松散堆积物的物质组成、分布和储量。

（2）沟谷的地形地貌特征，包括沟谷的发育程度、切割情况坡度、弯曲粗糙程度。划分泥石流的形成区、流通区和堆积区，圈绘整个沟谷的汇水面积。

（3）形成区的水源类型水量、汇水条件、山坡坡度、岩层性质及风化程度，断裂、滑坡、崩塌、岩堆等不良地质现象的发育情况及可能形成泥石流固体物质的分布范围、储量。

（4）流通区的沟床纵横坡度、跌水、急弯等特征，沟床两侧山坡坡度、稳定程度，沟床的冲淤变化和泥石流的痕迹。

（5）堆积区的堆积扇分布范围、表面形态、纵坡、植被、沟道变迁和冲淤情况；堆积物的性质、层次、厚度、一般和最大粒径及分布规律。判定堆积区的形成历史、堆积速度，估算一次最大堆积量。

（6）泥石流沟谷的历史。历次泥石流发生的时间、频数、规模、形成过程、暴发前的降水情况和暴发后产生的灾害情况。区分正常沟谷与低频率泥石流沟谷。

（7）开矿弃渣、修路切坡、砍伐森林、陡坡开荒及过度放牧等人类活动情况。

（8）当地防治泥石流的措施和建筑经验。

4.地面塌陷（地裂缝）调查

调查矿区地面塌陷（地裂缝）的发生时间、地点、规模、形态特征、影响范围、危害对象、致灾程度、处置情况等。扩大延深勘查的矿区应调查采空区的形成时间、地点、形态、范围、可能的影响范围、威胁对象、防治措施等。

5.含水层破坏调查

扩大延深勘查的矿区应对含水层破坏情况进行调查，主要调查矿山开采对主要含水层影响的范围、方式、程度等；含水层破坏范围内地下水位、泉水流量、水源地供水变化情况等；矿坑排水量、疏排水去向及综合利用量等；地下水中矿业活动特征污染物的种类、污染程度、污染范围及污染途径等。

6.矿区自然社会环境调查

调查内容包括地表植被、人口、建筑物类型、密度与分布情况，已有的工业对环境的污染情况，有无旅游区、文物保护区、自然保护区等。

# 第五节　矿床开采技术条件勘查类型及原始资料质量检查

## 一、矿床开采技术条件勘查类型

固体矿产开采技术条件勘查类型划分为三类。

开采技术条件简单的矿床（Ⅰ）。

开采技术条件中等的矿床（Ⅱ）。

开采技术条件复杂的矿床（Ⅲ）。

（1）Ⅱ类可进一步分为四个亚类。

①以水文地质问题为主的矿床（Ⅱ-1）。

②以工程地质问题为主的矿床（Ⅱ-2）。

③以环境地质问题为主的矿床（Ⅱ-3）。

④存在复合问题的矿床（Ⅱ-4）。

（2）Ⅲ类可进一步分为四个亚类。

①以水文地质问题为主的矿床（Ⅲ-1）。

②以工程地质问题为主的矿床（Ⅲ-2）。

③以环境地质问题为主的矿床（Ⅲ-3）。

④存在复合问题的矿床（Ⅲ-4）。

## 二、原始资料质量检查

为保证水、工、环原始资料真实、可靠，提高成果报告的质量，应建立定期检查、及时汇报的地质工作质量管理制度，建立项目组（包括作业班组和个人）项目实施单位（分队）勘查单位管理体系。对各项目实行逐级质量监控，明确职责，明确任务。

### （一）项目组（人）日常检查

1.工程施工单位提供原始资料

（1）简易水文观测。简易水文观测原始资料包括钻进中孔内水位测量记录、冲洗液消耗量测量记录、孔内情况记录。这些工作均要求钻机上的工作人员承担，现在钻机上的工作人员多数为进城务工人员，没经过正规培训，责任心不强，随意编造简易水文观测资料较为常见，矿区水文地质人员必须不定期、不定时地对其进行检查。检查内容包括观测数据是否真实、观测方法是否正确、观测工具是否齐全等。

（2）抽水孔施工检查。抽水孔施工质量是抽水试验能否取得符合实际的水文地质参数的关键，水文地质技术人员要全过程跟踪检查，检查所使用的冲洗液种类是否符合要求，滤水管下入位置与设计书是否吻合，滤料及填砾是否符合要求，重点检查止水效果是否符合要求，常用的方法为压力差检查法和食盐扩散检查法。

（3）抽水试验现场检查。检查试验方法是否正确，观测工具是否符合要求，水位及水量观测是否满足要求，检查观测数据是否满足稳定流的稳定时段要求等。

（4）野外调查检查。检查野外调查方法是否正确、合理，现场检查定点点位与手图是否吻合，描述内容是否齐全、准确等。

2.项目组对原始资料自检、互检

水、工、环项目组及作业人员应对所获取资料的客观性、真实性和准确性负责，对工程质量的合格性负责。

对所获得资料进行经常性和阶段性自检、互检工作，自检、互检率要达到100%。检查内容主要为第一手资料认识上的一致性，原始水、工、环地质编录的及时性，文字记录和素描的准确性，野外与室内认识的转承以及过渡性或综合性图件连图的合理性，文，图、表之间的相符性。

## （二）项目实施单位（分队）检查

项目实施单位（分队）应对设计的执行情况负责，对所获资料的系统性及其完备程度负责。质量检查分为不定期检查、定期检查和阶段性检查。质量检查内容主要包括原始资料的管理是否规范，原始资料的日常整理是否及时，原始资料的收集是否真实可靠、是否符合规范要求和野外实际情况，各类样品的布置、采集及其原始编录质量情况，项目组的自检和互检情况等。

具体检查资料包括钻孔简易水文观测资料、岩心水文与工程地质编录资料、抽水试验资料。如安排有面积性的水、工、环调查工作，应有水、工、环调查手图，实际材料图及成果图件，野外调查相关记录，水样登记表、送样单与分析结果，并有水、工、环地质调查总结等。

对于所获资料，室内抽查20%～30%，野外实地抽查5%～10%。检查和修改应有记录，检查者对修改情况应予以确认，并予以保存。

## （三）勘查单位职能管理部门（总工办）检查

应对工作部署和工作量使用的合理性、工作手段的有效性负责。对项目质量一般实行阶段性检查和野外验收。

质量检查内容包括：

执行设计情况，工作量完成情况，执行规范情况，质量活动的开展情况，综合整理和综合研究情况，实现预期成果的可行性，现有成果的可靠性以及水文钻探工程的质量。

对于所获资料，室内抽查10%～15%，野外实地抽查2%。检查和修改应有记录，检查者对修改情况应予以确认，并予以保存。

对检查情况进行阶段性评议，野外验收提交勘查单位验收报告。

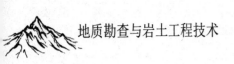

# 第六节　水、工、环勘查工程质量评估及报告编写

## 一、水、工、环勘查工作程度的质量评估

### （一）普查阶段

普查阶段水、工、环勘查结合地质勘查工作来做，不需要设计专门的水文地质工作，主要评述钻孔简易水文观测工作、完成比例、水文地质、工程地质编录情况。评价能否大致了解开采技术条件，包括区域和矿区范围内的水文地质、工程地质、环境地质条件。

### （二）详查阶段

评述水文地质测绘、工程地质测绘、环境地质调查工作范围、比例尺是否符合规范要求，能否基本查明矿区地下水补、径、排条件和边界条件；地下水动态长期监测能否初步掌握地下水动态规律；根据矿床充水类型和复杂程度判定水文地质钻孔数量是否达到规范要求；能否控制主要充水含水层和大的充水构造破碎带；工作量布置是否满足设计要求，评估总体能否基本查明矿区水文地质、工程地质和环境地质条件。

### （三）勘探阶段

勘探阶段工作是对详查阶段的补充，评估水、工、环调查能否查明矿区地下水补、径、排条件和边界条件；地下水动态长期监测点能否控制矿区地下水补、径、排区及不同类型含水层，能否达到查明地下水动态年内变化规律；根据水文地质勘查类型和矿床水文地质条件的复杂程度评述水文孔数量是否达到规范要求，能否查明充水岩层的富水性和充水通道；完成的各项勘查工作能否详细查明矿区水文地质、工程地质条件，评价地质环境，为矿床的技术经济评价及矿山建设可行性研究和设计提供依据。

## 二、勘查工程质量评述

### （一）水文地质试验工作

简述矿区哪些钻孔进行了水文地质试验（抽水试验、分层观测）及试验层位、目的等。

## （二）水文地质钻探

### 1.钻孔口径和冲洗液的选择

评述试验段口径和冲洗液的选择是否与含水层的富水性和水文地质条件的复杂程度相适应，根据规范要求抽水试段口径不得小于91mm，评述其是否满足要求。评述使用的冲洗液种类对抽水试验是否有不利影响。

### 2.止水工作

为了使分层分段抽水试验（或分层观测）取得可靠的水文地质参数，严格封闭试验段顶底板地下水的人为通道。简述止水方法、止水材料，以及止水效果检查方法、程序、结果等。

### 3.洗孔

采用活塞与压风机自下而上交替拉洗与试抽，经过多次往返洗孔，直到孔内出水达到水清砂净时，才转为正式抽水试验。

经过较长时间的试验过程，各试验段未发现水位与流量有系统增大现象，或曲线不正常等弊病，才能说明洗孔质量较好，能满足试验要求，否则质量较差，不符合要求。

## （三）抽水试验

### 1.使用工具、试验方法

说明出水管、风管、测水管规格，水位、流量、水温观测采用的工具；采用稳定流还是非稳定流；观测频次是否符合要求。

### 2.水位降低

凡矿区抽水试验钻孔，均按机械最大能力做大降深的抽水试验。稳定流抽水一般采取三次降深，当水量不满足三次降深时只进行一次最大降深，降深值不得小于10m。评述矿床勘查抽水试验降深次数和降深值是否满足矿区水文地质、工程地质勘探规范要求。

### 3.抽水延续、稳定时间与水位、流量的变幅

列表统计矿床各孔抽水试验延续时间、稳定时间、水位恢复时间及水位、水量在稳定时间段内的变幅，评述稳定时间和水位、水量变幅是否满足规范要求。评述涌水量与水位降低的关系曲线、单位涌水量与水位降低的关系曲线是否正常。

## （四）地下水、地表水动态长期观测

简述地下水、地表水观测方法、观测工具、观测频次，评述观测精度能否达到要求，统计漏测次数、漏测率。

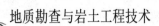

### （五）样品采集

评述地表水样、地下水样、土壤样（颗粒分析、化学分析）、岩石物理力学样等样品采集方法，取样工具、样品规格、添加保护剂情况，样品测试承担单位资质情况，分析误差等。

### （六）简易水文观测

简述钻孔简易水文观测方法、频次、使用工具，钻进过程中的漏水、坍塌、掉块、落钻等现象记录完整程度，说明未进行简易水文观钻孔的原因。

### （七）封孔

简述封孔要求、封孔方法、封孔材料等，了解矿区是否存在未封钻孔或封孔质量差的钻孔，如存在，评价其未来矿坑充水的影响。评述封孔质量、取样验证情况（取样孔段百分比、验证合格率）。

## 三、报告编写

矿区水文地质、工程地质勘查报告一般应作为矿产地质勘查报告中的一章，当矿区水文地质、工程地质内容多，或进行了专门性勘查时，可根据具体情况单独编写，与矿产地质报告同时提交。

### （一）文字报告编写要求

1.工作概况

简述矿区水文地质、工程地质勘查和环境地质调查评价的目的、任务、工作时间、完成的工作量和采用的工作方法以及其他必须说明的问题。

2.水文地质

（1）区域水文地质。简述区域地形、地貌、水文、气象特征；含（隔）水层的岩性、厚度、产状与分布；含水层的富水性及地下水的补给、径流、排泄条件。

（2）矿区水文地质。矿区在水文地质单元的位置，矿区地形地貌，最低侵蚀基准面标高和矿坑水自然排泄面标高，首采地段或开拓水平和储量计算底界的标高；矿区的水文地质边界。

含水层的岩性、厚度、产状、分布、埋藏条件单位涌水量，渗透系数或导水系数，给水度或弹性释水系数，裂隙、岩溶发育程度、分布规律，控制裂隙及岩溶发育的因素；地下水的水位（水压）水温、水质以及补给、径流、排泄条件；隔水层的岩性、分布、产状、稳定性及隔水性；确定矿床充水主要含水层的依据及其与矿层之间的关系。

主要构造破碎带对矿床充水的影响：构造破碎带的位置、性质、规模、产状、埋藏条件及其在平面和剖面上的形态特征，充填物的成分、胶结程度、溶蚀和风化特征，构造破碎带的导水性、富水性及其变化规律，与其他构造破碎带的组合关系以及沟通各含水层和地表水的情况。

地表水对矿床充水的影响：地表水的汇水范围，河水的流量，水位及其变化，历年最高洪水位的标高、洪峰流量及淹没的最大范围，地表水与地下水的水力联系情况及其对矿床开采的影响。对船采砂矿床，还应阐明河流枯、平、丰水期的河床宽度、深度、流速及河水位标高，采矿船过河地段的最小、一般和最大流速。

（3）矿坑涌水量预测。论证并确定矿区水文地质边界，建立水文地质模型、数学模型并论证其合理性；阐明各计算参数的来源，并论证其可靠性和代表性；对各种计算方法计算的结果进行分析对比，推荐可供矿山建设设计利用的矿坑涌水量，并分析涌水量可能偏大、偏小的原因。

（4）矿区水资源综合利用评价

对矿坑水的供排结合及矿区作为供水水源的地下水、地表水、矿泉水和地下热水的水质、水量及其利用条件进行初步评价，如矿区内无可作供水的水源，则应指出供水方向，并提出进一步工作的意见。对盐类矿床上、下可能存在的卤水资源也应进行评价。

3.矿区工程地质

（1）矿区工程地质特征。论述矿体（层）围岩的岩性特征、结构类型、风化蚀变程度、物理力学性质，着重阐明较弱层的分布、岩性、厚度，水理和物理力学性质及其对矿床开采的影响。

阐明矿区所在地的构造部位、主要构造线方向，划分各级结构面并阐述各级结构面的特征、分布、产状、规模、充填情况组合关系及优势结构面对矿床开采的影响。论述风化带深度和岩溶发育带的发育深度，蚀变带的性质、结构类型和分布范围，矿区内各类不良自然现象及工程地质问题。

（2）矿区工程地质评价：

①露天边坡的稳定性评价。根据构成边坡岩体的岩性、物理力学性质和结构面发育程度、组合关系确定边坡类型；阐明软弱夹层的分布、产状、岩性、厚度、水理性质、物理力学性质及其对边坡稳定性的影响；着重说明首期开采地段中的长久性边坡地段的边坡特征；提出建议的最终边坡角，对各边坡的稳定性作出评价，并对评价方法的合理性进行论证；根据边坡和结构面的组合关系，预测可能出现滑动变形的地段，当有不稳定滑动块体存在时，根据需要进行边坡稳定性计算，并提出建议的最终边坡角。

②井巷围岩稳固性评价。根据矿体及井巷围岩的工程地质特征，评述岩（矿）体的质

量，对其稳固性作出评价，指出不稳定的因素、可能产生的工程地质问题及其部位，提出建议。

4.矿区环境地质

（1）评述矿区及其附近地区的地震历史，了解历年来地震的次数、位置及烈度，指出历史上出现的最高烈度，对区域稳定性作出评价。评述矿区目前存在的崩塌、滑坡、泥石流等地质灾害和环境污染问题。

（2）预测矿坑水和其他污染源可能对地下水、地表水的水质造成污染的情况，提出保护地下水、地表水的建议；论述地表变形（地裂、塌陷、露采坑、废石堆）对地质环境的影响，论述矿山环保和复垦情况。

评述地下水、地表水的环境质量，确定水环境质量等级。

预测因矿山长期排水所产生的地下水位下降的深度、疏干漏斗的扩展范围及邻海矿区引起海水倒灌的情况，评述对当地居民生活用水、工农业用水的影响程度和影响范围。

（3）预测疏干排水后可能引起的地面塌陷、沉降、开裂的范围和深度，对位于旅游风景点、著名热矿水点附近的矿区，还应评述其影响程度；对位于高山、陡崖、深谷的矿区，应预测矿床开采可能引起的山体开裂、危岩崩落、滑坡复活的范围和影响程度，提出防治地质灾害的建议。

（4）对矿体（层）埋藏深度大于500m的矿区，应阐明矿区内不同深度和各构造部位的地温变化和地温梯度，指出高温区的分布范围，并分析其产生的原因。

（5）放射性本底值较高的矿床，应对放射性背景值及其变化规律进行论述，画出对人体有危害的高背景值区。

5.结论

论述矿区水文地质、工程地质和地质环境的类型，论述勘查成果能否满足规范的要求，能否作为矿山建设的依据；简述矿区主要水文地质、工程地质环境地质问题的结论；指出勘查工作中存在的主要问题和开采过程中可能出现的问题，提出下一步工作的意见及防治的建议。

（二）附图

1.基本图件

（1）区域水文地质图（含水文地质剖面图及柱状图）。

（2）矿区水文地质图（含柱状图）及水文地质剖面图。

（3）矿区工程地质图（含柱状图）及工程地质剖面图。

（4）井巷水文地质工程地质图。

（5）钻孔抽水试验综合成果图。

（6）矿床主要充水含水层地下水等水位（水压）线图。

（7）地下水、地表水、矿坑水动态与降水量关系曲线图。

（8）矿坑涌水量计算图（附剖面图）。

（9）钻孔工程地质综合柱状图（或典型钻孔工程地质编录柱状图）。

（10）代表性照片。

2.根据实际需要编制的图件

（1）直接顶板（或直接底板）隔水层厚度等值线图。

（2）底板含水层地下水等压线图。

（3）地貌和第四纪地质图。

（4）中段岩体稳固性预测图。

（5）露天采矿场边坡稳定性预测图。

（6）岩石强风化带厚度等值线图

（7）地热异常区等温线图。

（8）矿区地质环境现状评价及发展趋势预测图。

（9）岩溶发育程度图。

3.矿区勘查主要水、工、环图件的编制

（1）区域水文地质图。裂隙充水矿床的水文地质单元不大，一般不需要提供区域水文地质图；孔隙充水矿床和岩溶充水矿床的水文地质单元较大，一般需要提供区域水文地质图。

区域水文地质图在区域地质图的基础上编制，所采用的区域地质图比例尺、范围和图上表示的地质内容与区域地质图相同，可适当简化。通过表示在区域水文地质图上的地质构造、含（隔）水层情况，来了解区域内有关地下水的综合情况。

图上表示的内容有：

①专门性的水文地质工程或与水文地质有关的探矿工程的位置和水文地质试验、观测、分析结果等。

②各种天然地下水露头和水文地质观测的实际材料。

③各含水层和隔水层的分布和埋藏条件。

④水文地质单元分区。

⑤代表性的水文地质剖面应能反映区域内含水层的分布与产状，地下水的埋藏、补给及排泄条件、地表水与地下水的关系等。

⑥在复杂的水文地质条件下，可分别编制区域岩层含水性图、地下水的埋藏深度图（或地下水等水位线图、等水压线图）等。

（2）矿区水文地质图（含柱状图）及水文地质剖面图。矿区水文地质图包括水文地质平面图、水文地质柱状图、水文地质剖面图。水文地质柱状图放在水文地质平面图左侧，主要反映含水层、隔水层的上、下关系，并用文字表述各含水层和隔水层的岩性、厚度、导水性、水位、水质等。图例放在水文地质平面图的右侧。剖面图一般单独编制。

①矿区水文地质图是在相应的矿区地质图上编制的，应指出当地侵蚀基准面、洪水位的标高和位置。说明含水层和隔水层的分布、岩石含水性及其变化、供水边界、补给条件、地表水对开采的影响及矿床充水的主要控制因素。图上主要内容有：

a.矿体（层）的露头范围，隐伏矿体（层）的界线。

b.含水层和隔水层的分布及其有关地质、水文地质特征。

c.矿坑充水有关因素，如地表水体、老窿积水分布范围、岩溶发育带、地表岩溶塌陷区、地下水等水位线、等水压线、矿体（层）主要隔水层的等厚线、水文地质分区、底板突水危险性分区等。

d.视勘查程度增附工程地质、环境地质相应内容。

②矿区水文地质剖面图比例尺一般与地质剖面比例尺相同，图上主要内容有：

a.各含水层和隔水层的地质时代，岩性、埋藏深度、厚度。

b.含水层的构造裂隙、破碎带、溶洞及岩溶发育带、流砂层等位置。

c.含水层的水位标高、水头压力、地表水体位置、泉水出露位置及标高。

d.各探矿工程（钻孔及坑道）位置、标高、深度，水文地质观测（钻孔涌水、漏水）及试验资料（包括抽水试验和水质资料）。

用黄、棕、蓝，红四种颜色分别表示四种不同类型的含水层，图面颜色总体色调应清淡。黄色表示松散岩类孔隙含水层，如砂层、砂砾石层等；棕色表示碎屑岩类孔隙裂隙含水层，如砂岩、砂砾岩等；蓝色表示碳酸盐岩类岩溶裂隙含水层，如石灰岩、白云岩等；红色表示结晶岩类裂隙含水层，如花岗岩、片麻岩等。有颜色的层位表示有地下水，颜色的深浅反映富水程度，富水程度较低的含水层颜色较浅；没有颜色的层位表示没有地下水，隔水层和第一层潜水水位以上不着色。

水文地质平面图和水文地质柱状图保持一致。

（3）矿区工程地质图（含柱状图）及工程地质剖面图。矿区工程地质图是综合反映矿区工程地质条件并给予综合评价的图面资料。矿区工程地质图的编绘内容、形式、原则、方法等目前还不统一。

图上内容通常有地形地貌、地层岩性、地质构造、水文地质、物理地质现象等，并提出工作地质条件总体评价。

①地形地貌：图上反映出地貌单元和地貌形态等级，大比例尺图上应对小型地貌形态甚至微地貌单元进行划分。

②岩土类型：岩土类型单元划分及其工程地质特征、厚度变化的表示，先划分基岩和

松散层。基岩按时代、岩相、岩性等划分，大比例尺图上可按岩体结构类型划分。松散土层按成因类型和工程地质类型划分。

③地质构造：应把地层产状、褶曲和断层分别用产状符号、褶曲轴线、断层线表示，尤其是活动性断层应特别表示。小比例尺图上应划出构造单元，大比例尺图上应标明实际位置和延伸长度、典型地点裂隙率、裂隙玫瑰花图等。

④物理地质现象：标明地震烈度、特殊岩土、岩溶发育带，以及坍塌、滑坡、塌陷、泥石流等不良地质作用的位置和范围。

⑤工程地质分区：有条件的矿区可按工程地质条件及其对矿山工程的适宜性，划分为不同的区段，表示在图上。

⑥工程地质柱状图：工程地质图是由一套图组成的，除以上主图，还有工程地质柱状图，放在工程地质图左侧，该图与地质图上综合柱状图基本相同，不同之处是不按地层划分，而是按工程地质单元划分，各单元的物理力学性质指标应在图边列表说明。

⑦工程地质剖面图：工程地质条件中等和复杂的矿床，应编制工程地质剖面图。工程地质剖面图应表示工程地质勘查线上的工程地质孔，必要时可进行投影表示。图上要表示地层时代及其代号、岩性，地层产状、断层、陷落柱、岩浆岩，矿层及采空区等。岩性用黑色花纹表示在地质孔和工程地质孔的左侧。

（4）井巷水文地质、工程地质图。一般在井巷地质图基础上编制，并标明构造破碎带、岩溶发育带、围岩蚀变带范围，滴水区、渗水区范围，以及出水点位置、长期观测点位置，水量、水温和水化学资料，绘制裂隙统计玫瑰花图等。

各种类型的出（突）水点应统一编号，并标明出水日期、涌水量、水位（水压）水温及涌水特征。标明古井、废弃井巷、采空区老硐等积水范围和积水量。标注井下防水闸门、放水孔、防隔水岩（矿）层、泵房、水仓等。

（5）矿床主要充水含水层地下水等水位（水压）线图。矿床主要充水含水层地下水等水位（水压）线图是根据同一含水层中一定数量的井、孔在同一时间内测得的静止水位数据绘制而成的。

矿床主要充水含水层地下水等水位（水压）线图主要反映地下水流场特征，主要内容有：含水层、矿层露头线、断层线，水文地质孔、观测孔、井、泉的地面标高和地下水位（水压）标高。河、渠、塘、水库、塌陷积水区等地表水体观测点位置、地面标高和同期水面标高，地下水位（压）等值线各地下水流向，井下涌（突）水点位置及涌水量。一般在图中附有地形等高线和含水层顶板等高线，并利用它们了解承压水流向及其补给、排泄条件，以及计算地下水埋深和水头值。

（6）钻孔抽水试验综合成果图。抽水试验综合图表应包括水文地质钻孔柱状图、基本数据和计算成果表，不同条件下的抽水试验水位、水量历时曲线，还要选用以下图表。

①抽水试验平面图。

②抽水孔与观测施工技术剖面图。

③多孔抽水试验稳定或相对稳定时段的地下水等水位线图。

④绘制导水系数分区图。

群孔抽水试验和试验性开采抽水试验还应提交抽水孔和观测孔的平面位置图、勘查区初始水位等水位线图、水位下降漏斗发展趋势图、水位下降漏斗剖面图、水位恢复后的等水位线图。

（7）地下水、地表水、矿坑水动态与降水量关系曲线图：

①资料要求：地表水监测频率为每月不少于3次，地下水位监测频率为每月不少于6次，泉水流量监测频率为每月不少于6次，矿坑水排水量统计频率为每月不少于6次。

②曲线图要求：横轴表示时间，纵轴表示监测要素，比例尺应能反映监测内容的动态变化。

（8）矿坑涌水量计算图。矿坑涌水量计算图在矿区水文地质图的基础上编制，一般应标明先期开采地段范围，预测矿坑涌水量不同开采水平的范围，注明其标高。在水文地质条件简单的矿区，评价全矿区的正常涌水量和最大涌水量，应标明计算边界。

附表种类主要有：

①钻孔静水位一览表。

②钻孔（井）抽水试验成果汇总表。

③钻孔简易水文地质工程地质综合编录一览表。

④地下水、地表水、矿坑水动态观测成果表。

⑤气象要素统计表。

⑥风化带、构造破碎带及含水层厚度统计表。

⑦矿坑涌水量计算表。

⑧井（泉）、生产矿井和老窿调查资料综合表。

⑨水质分析成果表。

⑩岩（土）样试验成果汇总表。

⑪工程地质动态观测资料汇总表。

⑫矿区环境地质调查资料汇总表。

上述文字报告的编写内容和附图、附表适用于大中型矿床及水文地质、工程地质条件中等至复杂的矿区；水文地质、工程地质条件简单的矿区以及小型矿床可根据实际情况进行精简或合并。

# 第三章
# 水文地质基础理论

## 第一节　含水层

### 一、含水层与隔水层

地下水赋存于岩层的空隙之中。松散岩层中的空隙为孔隙；坚硬岩石中的空隙一般为裂隙；可溶岩内的空隙一般为溶洞和溶蚀裂隙。空隙中的地下水一般有三种形式，即结合水、毛细水和重力水。结合水为受岩层的固体颗粒表面力约束的水，它的运动不受重力所控制。毛细水是受岩石中空隙壁的吸引力和重力影响的水，它可以被植物吸收，但运动也不受重力作用控制。重力水是能够在重力作用下自由运动的水，它们从水位高的地方向水位低的地方运动。流入矿井、水井和钻孔中的水即为重力水。在坚硬岩石及可溶性岩石中，结合水和毛细水是微不足道的，主要是重力水。矿床水文地质及供水水文地质工作中研究的对象是重力水，但是毛细水和结合水有时也作为一个内容，特别是当它们和矿床开采的工程地质条件密切相关时。

地下水广泛存在于各种岩层之中，但是各种岩层的透水能力不同。例如黏土层颗粒间孔隙很小，多为结合水所充填。尽管含水量可能很大，但却取不出来，而且又不能让其他水通过，故透水能力很差，一般称为隔水层。当然，那些既不含水又不透水的岩层也是隔水层。对于既有贮存地下水的能力，又有透水能力（让地下水顺利通过的能力）的含水岩层，我们称为含水层。含水层和隔水层是个相对概念，在自然界绝对的隔水层是很少见的，一些岩层在水位差较小的情况下可能是不透水的，但在水位差较大时却表现为透水的；在小范围内通过某些岩层渗透的水量可能是很小的，但在大范围内这种渗透水量却是不可忽视的；某些岩层在总体上是隔水的，可是当局部受构造破坏或者在裂隙发育部位却又是透水的；某些岩层在天然状态下是隔水的，可是在煤层开采影响下可变成导水的。总之，含水层和隔水层的划分不是绝对的，而是根据具体的水文地质条件和研究目的而定。

所谓相对隔水层是指水量较小、透水能力弱的含水层，当它们位于煤层或其他矿层的顶、底部时，能阻止或限制其上或其下的强含水层向矿坑充水，这是根据它们在矿坑充水中的作用而定的。

## 二、含水层的分类

### （一）根据含水空隙的特征

1.空隙含水层

含水层一般为未胶结的松散堆积物，地下水赋存和运动于孔隙之中。

2.裂隙含水层

含水层一般为比较坚硬的岩层，地下水主要赋存和运动于裂隙之中。按照裂隙的成因，又可进一步划分为风化裂隙和构造裂隙含水层或含水带。

3.岩溶含水层

此类含水层主要为碳酸盐岩层或其他可溶性岩层。地下水赋存和运动于由溶蚀作用改造、形成的各种通道之中，这些通道包括溶洞、暗河等。

### （二）根据含水层的均质程度

1.均质含水层

含水层的透水性在平面上和剖面上都比较均一，不同地点的渗透性能相同。它又可以进一步划分为：

（1）各向同性的均质含水层。地下水在各个不同的运动方向上具有大体相同的渗透性能。

（2）各向异性的均质含水层。在地下水同一流动方向上具有均一性，而不同的渗透方向上透水能力不同。例如，垂直节理发育的黄土、黄土状土及具有垂直节理的玄武岩等，它们在垂直方向上的渗透性要比水平方向上强得多，并且各处的垂直渗透性能都可能大体相同。

2.非均质含水层

含水层的渗透性在平面上或者在剖面上不均一，相差甚大。自然界所存在的含水层多为非均质含水层，但是根据实际情况，某种非均质含水层在作为均质含水层处理时，其结果不会造成生产建设所不能允许的误差的话，一般可以把它们作为相对的均质含水层。

在水文地质勘探中，也常将含水层按富水性划分为均一的、比较均一的、非均一的、极不均一的各个级别。均一与否往往是对一定的范围而言，一个平面上分布不均一的含水层往往可以划分为若干个相对均一的块段。一般来说，岩溶含水层的非均一性最强，裂隙含水层次之，孔隙含水层则相对比较均一。但是，同一类型含水层的均一性也大不相同。例如南方裸露型的岩溶发育区往往形成地下暗河系，其非均一性一般要比北方埋藏型的奥陶系灰岩强得多。

### （三）根据含水层的埋藏条件

#### 1.承压含水层

承压含水层的顶、底板为隔水层，且含水层的水位高于顶部隔水层的底板。当钻孔揭露含水层以后，水位将上升至含水层顶板以上。如果承压含水层的顶板或底板为弱透水的半隔水层，其上或其下又有另一含水层存在，当两含水层的水位有明显差别时，它们之间将会通过半隔水层相互补给，这种承压含水层称为半承压含水层，这种现象称为越流。顶板或底板或二者均为半隔水层的承压含水层称为漏承压含水层。漏承压含水层是承压含水层的一种，这种划分主要应用于越流研究。在承压含水层中仍然存在非承压区段。非承压区一般为补给区，可以接受各种水源的直接补给。而承压区一般不能直接得到大气降水和地表水的补给，只能通过断裂带得到局部补给或通过半隔水层获得越流补给，在天然状态下，这种补给的强度是很弱的。由于补给区与排泄区不一致，所以承压含水层的承压区动态变化相对于潜水含水层的动态变化一般可能要小一些。至于承压含水层的排泄区则可能承压，亦可能不承压。

#### 2.潜水含水层

潜水含水层的顶面为自由表面，该表面只受大气压力作用。当钻孔揭露该含水层后，水位将仍停留在初见水位，不会上升。

潜水含水层的补给区往往和含水层的分布范围相一致，其动态受补给水源的种类及强度控制，潜水位常在降雨或河水上涨后很快上升。

#### 3.上层滞水层

上层滞水层是暂时滞留于包气带中的局部隔水层以上的潜水含水层，它与下部潜水含水层脱节。这种含水层分布不广，水量很小且多为季节性存在，一般较少研究。

## 三、含水层的边界条件

含水层的分布有一定的范围，它在平面上和剖面上与其他含水层、隔水层及地表水体间具有一定的组合关系，形成了一些自然边界。这些边界的性质往往决定该含水层与其他

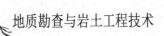

含水层及地表水体间的关系，构成边界关系的其他含水层、隔水层、断层以及地表水体，必须和本含水层具有水力联系。

含水层的边界，按其性质可以划分为补给边界、泄水边界和隔水边界。补给边界指的是从边界的外侧能获得补给的，形成补给边界的是其他含水层或地表水体及某些导水的断裂；泄水边界是含水层内的地下水向外部排泄的边界，在矿山疏排和大量开采地下水以后，泄水边界往往可能转化为补给边界；隔水边界是含水层与隔水层或阻水断层的分界线，在这些分界线上，含水层既不会得到补给，也不能向外排泄。

当补给边界外侧含水层的富水性较差，渗透性能较所研究的含水层要弱时，又可称为弱透水边界；当补给边界外侧为水量很大的河流或其他地表水体，在疏干或开采地下水时，边界外侧的水位不产生明显的降低，此种边界称为定水头补给边界；如补给边界的外侧为其他含水层，而且富水性远较所研究的含水层要强时，也有可能形成定水头边界；当补给边界外侧的地表水体或其他含水层与本含水层的水力联系不很畅通时，则形成渗漏补给边界。

在补给边界上，如果流量在研究的时间段内保持不变，可称为定流量补给边界，它常出现在边界内侧的水位已降低至外侧含水层的底板以下。渗漏补给边界也可作为一种定流量补给边界。

# 第二节　含水层的水文地质性质

无论是在矿床水文地质还是在供水水文地质工作中，含水层都是最重要的研究对象。矿床水文地质工作主要研究和矿产开采有关的含水层；供水水文地质工作是研究具有供水可能的含水层。不同的含水层有不同的水文地质特征，且不同水文地质特征的含水层在勘探中占据着不同的地位，应采用不同的方法、手段和工程量去研究它们。含水层的特征可以用各种水文地质性质和参数指标来表示，各种参数是定量研究含水层水文地质特征所必不可少的。

## 一、含水层的富水性

含水层的富水性即含水层水量的大小，它是由含水层的贮水能力和透水能力决定的。一般情况下，含水层的贮水能力和透水能力愈强，其富水性也愈强。

含水层的富水性通常用钻孔的单位涌水量来表示，即$q=Q/s$。$Q$是抽水钻孔的流量，$s$是抽水流量为$Q$时，抽水孔的水位降低值（m）。

单位涌水量$q$，即水位降低1m时，从钻孔中抽出的水量，一般用稳定流抽水的方法测定，要求$Q$和$s$均应达到相对稳定，且能延续一定的时间（通常在8h以上）。单位涌水量的影响因素比较多，主要是钻孔孔径、抽水时降深值的大小和含水层的非均质状况。钻孔的孔径增大，单位涌水量一般会随之增大（当孔径足够大后，单位涌水量不会再继续随之增大）；抽水时的降深增大，单位涌水量往往会随之减小；打在富水地段的钻孔，其单位涌水量显然比打在其他地段上大。此外，单位涌水量还与钻孔结构、施工方法、抽水季节、抽水延续时间等有关，但这些因素一般影响不大或者可以尽量地减少影响，故一般不予考虑。

尽管影响钻孔单位涌水量的因素较多，但$q$仍不失为衡量含水层富水性的最好指标，首先它简单直观，能较客观地反映含水层在抽水地段的富水性；同时它是含水层各种参数计算的基础资料，如果改用其他参数表示含水层的富水性，不仅增加计算麻烦，而且也不直观，另外还会由于计算方法、公式的选择不当造成更多问题。因此，长期以来，一直用$q$作为评价含水层富水性的主要指标，并以此作为研究含水层及含水层各区段富水性变化的依据。为了取得能够代表含水层富水性的单位涌水量$q$值，抽水钻孔应尽量布置在含水层的各富水地段。裂隙含水层非均质性可视实际情况选择具代表性的$q$值，一般习惯于选取含水层中比较大的$q$值作为代表。在抽水试验中，一般孔径较大的钻孔其$q$值准确程度较高，但是作为各个含水层富水性的对比来说，还是取孔径一致的钻孔为宜，必要时可按照已知的$q$值与孔径的关系进行概略的折算。在选取$q$值时，还应注意对应的降深，习惯上用流量或降深相同（接近）的$q$值进行孔间对比，必要时注明与所选用$q$值对应的降深或流量。

单位涌水量$q$是确定煤田水文地质勘探类型中"型"的主要依据，是确定水文地质条件复杂程度的重要条件。在煤田水文地质工作中，无论含水层与煤层的开采关系如何密切，本身的情况又如何复杂，只要其单位涌水量均小于0.1L/s·m，则可认为它对煤层的开采影响很小。

在水文地质勘探中，不仅要查明含水层的富水性，而且还需了解富水性的变化状况。只有在了解富水性变化状况的基础上，才能选择有代表性的$q$值。含水层富水性的变化状况，可以在地质——区域水文地质的基础上，用水文地质条件分析及水文地质测绘、地面物探、简易水文地质观测等手段，进行概略的定性调查。

含水层的富水性评价，除了利用单位涌水量$q$，尚应结合含水层的厚度、岩性、分布范围、水位（压）及补给条件等，进行综合考虑。

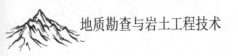

## 二、含水层的透水性

含水层能让水在其中产生渗透流动的性质称为透水性。过水断面垂直于水流方向，过水断面面积既包括空隙的面积，也包括岩石颗粒占据的面积。

渗透系数是表示含水层透水性的指标，是含水层最重要的水文地质参数之一，当水力坡度等于1时，渗透系数在数值上等于渗透速度，一般用地下水每天在含水层中的渗流距离表示，单位为m/d。值得注意的是，渗透速度并非为地下水的实际流速，它是在假设流量不变、整个过水断面像水管一样全部为地下水充满时的水流速度，它比断面上地下水的实际平均流速小得多。

渗透系数主要取决于含水层空隙的性质、大小、多少及连通情况等。

## 三、含水层的贮水性

含水层能够贮藏一定数量地下水的性质称为贮水性。潜水含水层在地下水位降低以后，其空隙中的地下水会在重力作用下排出，这种现象称为给水性，给水性是含水层贮水性的另一种表现。

在承压含水层中抽水，通常只是水头压力下降，并未形成含水层的疏干，过去认为这些水完全来自远方的补给，但是，经积累的大量资料表明，从承压含水层中抽出的水，除了来自含水层的补给，还有一部分是含水层本身贮存的水的释放，在抽水刚开始时或者在某些深层承压含水层中，含水层自身释放的水量在抽水流量中占据相当多的数量。承压含水层中的这种因水头压力下降而造成自身贮水的释放现象，称为弹性释放，以区别于非承压含水层的重力释放现象。弹性释放水量主要来自以下两个方面。

第一，原来由水头压力和含水层的骨架所共同负担的上覆岩层的荷重，在水头压力降低后，必然有一部分要转嫁到含水层的骨架上，使作用在含水层骨架上的力相应地增加了，导致含水层空隙空间的压缩，将原来贮存在含水层空隙中的一部分水挤了出来。

第二，水头压力的下降，引起了水的弹性膨胀（虽然很小），水体积的增加，导致一部分水从含水层中释放出来。

弹性释放发生在水头压力下降的条件下，当水头压力上升时，则发生相反的现象，即产生地下水的弹性贮存。弹性贮存和弹性释放是承压含水层的重要水文地质特征，具有重要的水文地质意义。

# 第三节　地下水的循环与运动

地下水赋存于含水层中，而且在补给和排泄作用下不断地运动，从水位高的地方流向水位低的地方。在地下水的运动过程中，含水层的水位、水温、水质等也会随之变化，这种变化过程称为地下水的动态。在一般情况下，地下水的动态常表现为周期性变化，如日变化、季节变化或多年变化等。

在自然界的不同条件下，地下水运动性质有很大差别，其运动状态可以分为层流和紊流两种。地下水的各个运动部分（流束）互不混杂的流动称为层流；地下水的各个运动部分（流束）相互混杂、无规则的运动称为紊流。地下水缓慢运动时，做层流运动，但当流速逐渐加大到一定程度时，就转变为紊流运动。因为地下水的流速一般是很缓慢的，故地下水的运动也一般表现为层流运动。地下水常根据它的运动特征分为稳定运动和非稳定运动。所谓地下水的非稳定运动，是指其运动要素（如水头、渗透速度、渗透量等）随时间而变化。反之，则为稳定运动。地下水的运动一般均属于非稳定的过程，但当其变化范围很小或包含相对稳定的阶段时，往往可以简化为稳定流，使研究和计算起来比较简单。在承压含水层中，可以比较明显地分为补给区、径流区和排泄区，而在潜水含水层中，补给区和径流区往往是统一的，不易明确划分。地下水的运动总是由补给区，经径流区，流向排泄区，而水位也逐渐从高变低。在补给区，地下水的运动方向常以垂直向下为主；而在径流区则以水平运动为主；排泄区地下水的运动方向视其排泄方式及部位而定，可能有几个不同的方向。地下水在径流区，如果流量没有发生变化时，则渗透性能较好的地段，其水位梯度也缓，反之，亦然。

地下水有多种排泄方式。钻孔抽水、矿山排水、开采地下水等均是地下水的排泄。在天然条件下，地下水主要以泉或越流的形式以及直接通过对口部位向其他含水层排泄。潜水含水层或承压含水层的非承压区，还可以地下水面蒸发的形式进行排泄，某些情况下植物的蒸腾作用也是潜水含水层的一种重要排泄方式。

泉是自然界地下水排泄的一种重要的方式，是地质、水文地质和地形条件的综合产物。泉水一般可作为供水水源，矿泉水有相当的医疗价值，而盐泉或含有某些稀有元素的矿泉水还可用来提取盐和稀有元素。泉水的调查研究在水文地质工作中有着重要的意义，它可以判断各种含水层的富水性，分析它们的补给、径流、排泄条件，了解含水层的动态变化，判断地质构造、断层的导水性以及含水层间、含水层与地表水间的关系。

泉水一般可以按水质、水量大小、水量的变化程度、水温等进行各种分类。这些分类往往是从泉水的使用角度考虑的，在水文地质调查中，一般沿用下述两种分类。

**1.按形成泉水的含水层性质**

（1）上升泉，由承压含水层补给，在泉口附近，水一般自下而上运动。

（2）下降泉，由潜水含水层或上层滞水层补给，泉口附近的地下水自上而下地运动。

下降泉受潜水含水层补给，潜水含水层的分布区和补给区一致。当补给条件发生变化时，其影响便迅速传递到泉口，故下降泉的季节变化显著，动态多与气象要素变化一致。上升泉受承压含水层补给，当补给条件发生变化时，尚要通过径流区传递到泉口，其间往往得到调节致使影响减小，故动态常比较稳定，受降水的影响要经过较长的时间才能表现出来。上升泉常是承压含水层的集中排泄方式，水量大，重要性也大。

**2.按泉的成因**

（1）侵蚀泉，当河谷、冲沟切割到含水层顶部时，地下水涌出地表成泉，称为侵蚀泉。有时河谷、冲沟切割到含水层下伏的涌水层中，地下水在含水层底板处形成较多的泉，这时又可称为接触泉。

（2）溢流泉，在含水层透水性变弱或隔水层底板隆起时，潜水因流动受阻而上溢成泉，称为溢流泉。

（3）断层泉，即地下水沿断层带上升形成的泉。断层泉常沿断层线呈带状分布。

自然界中泉的成因是比较复杂的，可以根据研究目的来确定分类方法。泉的成因分类和补给泉水的含水层的性质分类有时可以合并使用。例如，上升侵蚀泉、下降侵蚀泉等。分类只能反映泉的一般特征，同类泉可能具有相当不同的性质，而不同类型的泉也可以具有许多类似的性质，在使用时要注意结合本区的特点选择合适的划分原则和标准，突出泉的主要特征。

有补给就会有排泄。在长期的动态过程中，补给与排泄量大体平衡，即多年的平均补给值大约和多年的平均排泄值相当。当补给量大于同时期的排泄量时，含水层内贮存的水量增加，补给区至排泄区的水力坡度增大，从而使地下水的流速增大，最终导致排泄量增大。反之，当补给量较小时，含水层的水位下降，贮存水量减少，从而补给区至排泄区的水力坡度减小，导致排泄量减少。在天然条件下，补给量控制着排泄量及其变化过程，居于主导地位，含水层的贮存水量在其间起调节、缓冲作用。在矿山疏排或开采地下水后，将破坏以上这种自然状态下的平衡。

地下水不仅在补给——径流——排泄这个过程中不断地循环、运动、交替，而且也参与自然界水的循环。大气降水一般是地下水的最主要来源。大气降水到达地面以后，一部分成为地表径流；一部分渗入地下形成地下水；另一部分以地表水面蒸发、地面蒸发和植物蒸腾等方式重新回到大气中。以上三个部分的水量分配与地形条件、植被条件、岩层的透水性、潜水位的埋深、降雨的大小和频率及延续时间等许多因素有关。除了形成地表径流和渗入地下形成地下水的这两部分以外，许多地区，特别是松散沉积物地区，降雨之后，很多水停留在地下水位以上的包气带中，一般为地表下不深的地方。包气带中的水如果得不到持续的补给，则往往不会继续向下渗透，在蒸发、蒸腾作用下，重新回到大气之中，这种现象可在雨后持续较长的时间。由降水形成的地下水，在条件适宜时可以泉的形式出水于地面；也可直接泄入地表水体如河流、湖泊之中，成为地表水体的一部分；还可通过潜水面蒸发等方式部分回到大气中。同样，地表水也以水面蒸发等形式，部分回到大气中；在条件适宜处，部分地表水也可能补给地下水，成为地下水的组成部分。在某些情况下，河流在枯水期可能得到地下水的补给，而在丰水期又可能反过来补给地下水。从地表水、地下水中回到大气的这部分水，可能在某些时候重新形成大气降水落到地面，也可能运动离开这个地区。以上情况说明地下水、地表水、大气降水之间存在密切的循环、转化关系，在研究地下水的补给、排泄、径流条件、动态特征，以及评价水资源时，都要注意研究和利用它们之间的转化关系，这也是在水资源评价时，要在同一个水文地质单元内，将大气降水、地表水和地下水统一考虑的一个重要原因。

# 第四节　地下水的化学性质与物理性质

无论把地下水作为资源看待还是作为水害处理，都必须研究它的水质、物理性质和化学成分。不同的水质有不同的用途，而不同的用途对水质又有不同的要求。生活用水、锅炉用水、造纸工业和纺织工业用水，以及灌溉用水等，凡是需要用水的行业、部门都有对水质的不同要求，必要时，还应进行水质处理。单纯的矿山排水对水质的要求很低，但一般也要评价地下水对铁及混凝土的侵蚀性，以选择抗侵蚀的水泥及设备，减少对建筑和排水设备造成的损失。在采矿过程中，如果发生突水等事故，水质分析往往能有效地判别突水水源，提供矿井恢复所需要的资料。

地下水的化学成分和物理性质，反映地下水的形成过程、交替运动强度、补给水源状况及含水层之间的关系等。研究地下水的物理性质和化学成分，是分析水文地质条件的一条重要途径。

## 一、地下水的化学成分

地下水是一种化学成分相当复杂的溶液，它含有各种离子、化合物、分子及游离气体。但是，各种地下水的成分又千差万别。在地下水中分布最广的离子只有七种。虽然氯在地壳中的含量较少，但氯化物的溶解度却很大，故地下水中氯离子仍不失为一种最主要的离子成分。地下水中阳离子与阴离子有着对应的伴生关系，$K^+$ 一般与 $Cl^-$ 伴存，但有时也与 $SO_4^{2-}$、$HCO_3^-$ 伴存，这是K的盐酸盐、硫酸盐、重碳酸盐均具有较大的溶解度的缘故；$Ca^{2+}$ 则主要与 $HCO_3^-$、$SO_4^{2-}$ 伴存；$Mg^{2+}$ 主要与 $HCO_3^-$ 伴存。

地下水中各种离子、分子及化合物的总量称为水的矿化度，以g/L表示，通常以110℃水干涸时残余物的数量来衡量。矿化度低的地下水，阴离子一般以 $HCO_3^-$ 为主要成分，矿化度中等的常以 $SO_4^{2-}$ 为主要成分，矿化度很高的，则以 $Cl^-$ 为主要成分。

地下水还含有各种气体成分，主要是 $O_2$、$N_2$、$CO_2$、$H_2S$ 等。$O_2$、$N_2$ 主要来源于大气，$H_2S$ 一般是还原环境下生物作用的产物，$CO_2$ 的来源为大气、生物化学作用及碳酸盐岩石的遇热分解（在火山活动区）。在浅层地下水中常富含 $O_2$、$N_2$，而深层的或赋存于还原条件下的地下水，则 $H_2S$ 的含量往往较高，在多数情况下，浅层地下水中的含量要比深层地下水高。地下水中还常含有一些胶体状态的物质，如 $Fe_2O_3$、$Al_2O_3$、$HSiO_3$ 等。

## 二、地下水的某些化学性质

### （一）硬度

钙镁离子的含量构成地下水的硬度，它是评价水质的主要指标。地下水中 $Ca^{2+}$、$Mg^{2+}$ 的总量称为总硬度。将水煮沸时能够形成碳酸盐沉淀的这部分的含量称为暂时硬度。暂时硬度又称为重碳酸盐硬度，这部分 $Ca^{2+}$、$Mg^{2+}$ 与 $HCO_3^-$ 有伴生关系，加热时发生以下化学反应而沉淀。

总硬度与暂时硬度之差，称为永久硬度，即煮沸后仍留在水中的 $Ca^{2+}$、$Mg^{2+}$ 含量。根据 $Ca^{2+}$、$Mg^{2+}$、$HCO_3^-$ 的含量情况，我们可以大致判断地下水是否具有永久硬度。如果水中 $Ca^{2+}$ 与 $Mg^{2+}$ 的当量数等于或小于 $HCO_3^-$ 的当量数，则水中仅有暂时硬度，而无永久硬度。如果水中 $Ca^{2+}$ 与 $Mg^{2+}$ 的当量数大于 $HCO_3^-$ 的当量数，则水不仅具有暂时硬度，而且具有永久硬度。

硬度的表示方法较多。它可以直接用化学分析所得 $Ca^{2+}$ 与 $Mg^{2+}$ 的毫克当量总数来表示，也可以用德国度来表示。一个德国度相当于一升水中含有10毫克的CaO之量。德国度可以用 $Ca^{2+}$ 与 $Mg^{2+}$ 的毫克当量总数乘以2.8求得。

## （二）pH值

地下水的pH值用以指示它的酸、碱性质。地下水的酸、碱性决定于其中所含$H^+$与$OH^-$的量。在一定温度下，纯水或稀溶液中$H^+$和$OH^-$的离子浓度的乘积为一常数。因此，只要知道其中一个离子浓度就可求得另一个离子的浓度。

在室温下，纯水中$H^+$与$OH^-$的浓度相等，均为$10^{-7}$，呈中性反应。自然界中的地下水不是纯水，由于强酸弱碱盐或弱酸强碱盐的离解，甚至游离酸或碱的存在，常会打破$H^+$与$OH^-$之间的平衡关系。当水中$H^+$浓度大于$OH^-$的浓度时，呈酸性，反之呈碱性。水的酸碱度用水中氢离子$H^+$的浓度的负对数值表示，即pH值。当$H^+$浓度等于$10^{-7}$，即相当于纯水中$H^+$的含量时，pH=7，水呈中性；$H^+<10^{-7}$时，pH>7，水呈碱性；$H^+>10^{-7}$时，pH<7，水呈酸性。地下水的酸碱度根据其pH值可分为五个等级。

## （三）侵蚀性$CO_2$

侵蚀性$CO_2$对混凝土和金属均有破坏作用，在工业用水的水质评价中是一项重要指标。同时，侵蚀性$CO_2$的存在，也是碳酸盐岩形成岩溶的必不可少的条件，它促使碳酸钙溶解。

这个反应是可逆反应，生成物与反应物之间存在动平衡关系，水中有一定数量的$HCO_3^-$就必须有一定量的游离性$CO_2$与之平衡，如果水中游离性$CO_2$的含量超过了与$HCO_3^-$含量相平衡的需要时，这种地下水就具有对混凝土的侵蚀性，超过需要的那一部分游离$CO_2$，则称为侵蚀性$CO_2$，它具有继续溶解碳酸钙的能力。

# 三、形成地下水化学成分的主要作用

地下水的化学成分决定于地下水的来源和以后的形成过程。形成地下水化学成分的主要作用有溶滤作用、浓缩作用、混合作用、交换吸附作用和脱碳酸作用等。

## （一）溶滤作用

溶滤作用是地下水化学成分形成中最广泛、最重要的作用，它指的是赋存并运动于岩层空隙中的地下水，溶解岩石中的某些组成部分，并使其进入水中的作用。经溶滤作用的地下水，其化学成分与岩性密切相关，溶滤食盐的地下水富含$Na^+$、$Cl^-$；溶滤含石膏岩层的地下水，其$SO_4^{2-}$、$Ca^{2+}$含量相对较高；酸性火成岩中的地下水$K^+$、$Na^+$较多；基性火成岩中的地下水$Mg^{2+}$含量较多。各种起源和演变过程不同的地下水，其化学成分的形成往往和溶滤作用有关。溶滤作用除了与岩性有关，还与地下水的补给条件、交替循环强度有关。

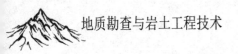

## （二）浓缩作用

浓缩作用是指地下水在蒸发作用下水分不断消失，其中一些化学成分相对或绝对的集聚，使盐分不断增高的作用。在浓缩过程中，溶解度较小的盐类往往发生沉淀，使水中各种化学成分的比例产生变化，重碳酸盐型低矿化水可变为硫酸盐、氧化物型高矿化水。浓缩作用对潜水，特别是对分布于干旱、半干旱地区，埋藏较浅、径流不畅的地下水的化学成分形成起重要作用。

## （三）混合作用

使化学成分不同的地下水相互混合，形成与混合前的每种地下水的化学成分均有所不同的地下水的作用为混合作用。混合作用在自然界亦比较广泛，大气降水、地表水、地下水及各种地下水之间经常发生混合作用。两种地下水混合后的矿化度和各种离子的含量一般介于混合前的二者之间。

## （四）交换吸附作用

岩石颗粒表面通常带有负电，吸附着某些阳离子。在一定条件下，水中的阳离子会与被岩石颗粒表面吸附的其他阳离子产生交换，使被吸附的某些阳离子进入水中，从而改变了地下水的某些成分。阳离子的这种交换吸附作用，在粗颗粒含水层、裂隙及岩溶含水层中均不会产生大的影响，即使是在细颗粒含水层中，也往往因为地下水早已在其中赋存、运动，只要水质不发生明显的变化，这种作用也不会显著。由于地下水的补给、排泄和径流强度在时间、空间上的变化，以及溶滤、混合、浓缩等作用的存在，使得地下水的矿化度和水中阳离子的含量及比例发生改变，致使较广泛地产生离子交换吸附作用，这往往是某些含水层中水质动态变化的主要因素。

## （五）脱碳酸作用

脱碳酸作用通常是指由于温度升高、压力减小、水中游离$CO_2$含量减少，从而使得$HCO_3^-$和$Ca^{2+}$形成沉淀的作用。脱碳酸作用常在一些温泉处形成石灰华沉积。

# 四、各种化学成分含量的表示方法

地下水中各种化学成分的含量通常用下面三种方法表示。这三种方法均属于离子表示法。

### （一）离子毫克数表示法

离子毫克数表示法即以每升水中所含离子的实际重量（毫克数）来表示该种离子的含量，单位mg/L。它只能给人一个绝对含量的概念，不能说明该种成分在水中所占地位。

### （二）离子毫克当量数表示法

当量是元素与一个氢原子化合时所消耗的原子量。各种离子的当量可用下式计算：

$$离子当量=离子量（原子量）÷离子价。$$

知道某种离子的毫克数后，可用下式求其毫克当量数：

$$离子毫克当量=离子量÷离子价。$$

元素化合时，皆以当量为准。水中的离子均系化合物离解而成，故其阴离子的毫克当量总数必须与其阳离子的毫克当量总数相等。用此原理可以检验水质分析结果的正确与否，在一些地下水的概略分析中，往往也利用这个原理去计算$K^+$+$Na^+$的毫克当量（因为$K^+$、$Na^+$的分析比较困难）。毫克当量数表示法可以反映水中各种离子成分所占的地位。

### （三）离子毫克当量百分数表示法

这种表示方法能给人以某种离子在水中所占相对含量的明确概念，但无绝对含量的概念，单独使用本法时，一般要同时注明地下水的矿化度。

在地下水水质研究中，往往以水中主要的阴、阳离子成分来分类，称为地下水的矿化类型。例如，地下水中阴离子以$HCO_3^-$为主，阳离子以$Ca^{2+}$为主，则其矿化类型为重碳酸钙型。如果水中主要的阴、阳离子不止一种，且含量接近时，也可以用两种甚至三种阴离子或阳离子来进行矿化类型的命名，但这些阴、阳离子的毫克当量百分数，一般均须在25%以上才予以考虑。例如，水中阴离子$HCO_3^-$为主，而阳离子$Ca^{2+}$、$Mg^{2+}$的毫克当量百分数均大于25%，且$Ca^{2+}>Mg^{2+}$时，其矿化类型可表示为$HCO_3^-$——$Ca^{2+}$——$Mg^{2+}$型，必要时，同时注明矿化度。

## 五、地下水的物理性质

地下水的物理性质主要包括比重、温度、颜色、透明度、气味、味道、导电性及放射性等，它们主要决定于地下水的成分和赋存特征。

地下水的比重由水中溶解的盐分多少所决定。淡水的比重通常作为1，随着所含盐分的增多，其比重也增大，有时甚至可达1.2～1.3。

地下水的温度随其埋藏深度的增加做有规律的变化。浅部地下水的水温，由于受气温的影响，呈现周期性的日变化和季节变化。水温的日变化带在日常温带以上，其深度一般为3～5m。水温的季节变化带在年常温带以上，深度一般为30～50m。年常温带以下，随着深度的增加，水温亦随之增加，其变化情况受地热增温率控制，多数情况下，地下水的埋藏深度每增加33m，水温增高一度。研究地下水水温及其变化，对矿床开采具有重要意义，地下热水往往是造成井下热害的重要原因之一，当矿井出现热害时，应对热水进行专门性工作。同样，水温资料对于分析水文地质条件也是很有用处的。

地下水的颜色决定于它的化学成分及悬浮物。含硫化氢气体的水，在氧化后有硫黄胶体产生，常呈翠绿色；含氧化亚铁的水呈浅蓝绿色；含腐殖质的水多呈暗黄绿色；含氧化铁的水呈褐红色。

地下水的透明度取决于水中固体及胶体悬浮物的含量，一般分为透明、半透明、微透明及不透明四级。常见的地下水一般是透明的。

地下水的气味决定于它所含的气体成分和有机物质。例如，含硫化氢的地下水有臭鸡蛋气味。在低温下，地下水的气味不易辨别，而在40℃左右时，气味最明显。

地下水的味道决定于它的化学成分。含食盐的水有咸味，含硫酸钠的水有涩味，含氧化铁的水有锈味，含重碳酸钙、镁的水味美适口，矿化度很低的水淡而无味。地下水的味道以在20℃～30℃时最明显。

地下水的导电性主要取决于矿化度。放射性则由水中放射性元素的数量所决定。

## 六、水质分析的种类

煤田水文地质工作中的水质分析一般有四个目的。

一是了解水文地质条件（包括井下突水水源分析）；

二是进行供水水质评价和综合利用矿床地下水多；

三是疏排、开采地下水的设备、建筑材料及管材的选择；

四是了解水质污染，进行环境保护。

根据水质分析的目的及项目的多少，水质分析工作大体上分为三种，其水质分析项目可视实际需要酌情增减。

1.简分析

在大面积普查、了解水质的平面分布、变化特征，或者对某些地表水体及含水层的水质进行概略了解时，多采取简分析。简分析项目较少，仅对水中的主要离子及有重要作用的某些离子进行分析。一般包括$K^+ + Na^+$、$Mg^{2+}$、$HCO_3^-$、$Ca^{2+}$、$SO_4^{-2}$、$Cl^-$、干涸残渣、pH值等，结合本地区的水质特点还可增加少量的项目。

2.全分析

分析项目比较齐全，一般在对地下水水质进行较详细了解时采用。分析项目包括

$K^++Na^+$、$Ca^{2+}$、$Mg^{2+}$、$NH_4^+$、$Fe^{2+}$、$Fe^{3+}$、$HCO_3^-$、$SO_4^{-2}$、$Cl^-$、$CO_3^{2-}$、$NO_3^-$、$SiO_3^{-2}$、$PO_4^{3-}$、$NO_3^-$、$H_2SiO_3$、$N_2$、$O_2$、$CO_2$、$CH_4$、$H_2S$、Rn、干涸残渣、耗氧量、氧化还原电位、pH值等。$CO_2$的分析包括游离性$CO_2$和侵蚀性$CO_2$。此外，全分析还可以包括各种重金属离子、有机污染物和有害元素等。例如，铜、铅、锌、氟、汞、砷。

3.专门分析

为某种水文地质目的而选取的一些专门项目的分析。通常应在概略了解地下水水质的基础上进行，必要时配合水质的动态观测工作，用以解决以下问题。

（1）水源的污染问题。

（2）开采和疏排过程中水质的变化规律。

（3）配合水文地质勘探分析水文地质条件，如连通试验、给水度试验等。

（4）研究水中影响水使用的某些有害离子成分在平面上及剖面上的变化规律。

（5）对地下水中某些有用成分，包括可用于医疗或者可用作提取某些有用物质的原料的成分，必须进行专门性分析。

# 第四章
# 水文地质环境分析

## 第一节 地下水的概念及类型

### 一、地下水的形成以及水循环的过程

#### （一）地下水的概念以及应用

地下水是存在于地表以下岩（土）层空隙中各种不同形式的水的统称。地下水是地表水资源的重要补充。虽然地下水资源量在我国各大流域基本小于地表水资源量，但由于地下水对维持水平衡具有重大作用，同时地下水具有难以再生性的特点，因此人们对地下水资源量的勘查是极为重要的。

我们要根据地下水的补给、径流与排泄形式及其资源总量来确定其可以利用的量，从而保证水资源的可持续发展。地下水的基本规律是根据地下水水文学这一学科进行研究的，地下水水文学的发展经历了以下过程。

1.萌芽时期

由先民的逐水而居到逐渐凿井取水，人们才开始认识并积累地下水知识。同时我们也可以认为，正是由于正确掌握了地下水的有关知识，人们才可以成功地凿井取水，从而不必过分依赖河流，使人类的居住范围得到了大范围的增加。

2.奠基时期

从1856年开始，法国水力工程师达西通过试验及计算分析后，提出了著名的"达西定

律"，这也为地下水从定性到半定量计算提供了理论依据，使得人类对地下水的利用可以达到一种可控状态。

从20世纪90年代开始，泰斯非稳定流理论的提出是该阶段的主要标志，同时计算机技术的应用为求解这些较复杂的公式也提供了快捷的方式。

20世纪90年代以后，人们主要致力地下水与环境可持续发展，数值模拟的方法与软件的出现为这种大范围复杂的定量计算提供了可能。

3.可持续发展时期

2018年3月31日上午，《地下水科学》专著首发式暨水文地质学科发展战略研究项目启动会在长春举办。会议由中国地质大学校长王焰新主持。会上，李元元强调以地下水为主要研究对象的水文地质学科的重要性与日俱增，在支持党的十九大提出的生态文明建设发展战略和满足国家需求中具有不可或缺的战略地位，水文地质学科迎来了重要的发展机遇。学校应高度重视此学科的建设和发展，并且将为新一轮项目的顺利实施提供各种支持。侯增谦在致辞中说，2017年，国家自然科学基金委和中科院联合资助了包括水文地质学科在内的10项学科发展战略研究项目，其主要宗旨就是在面向世界科学前沿，结合国家战略需求，分析各学科领域的发展阶段、历史和特色，从而评估我国相关学科发展态势，提炼重大科学问题，并且提出优先领域和前沿方向，形成优化我国科技布局、保持学科均衡协调可持续发展、促进人才培养等方面的对策建议。

## （二）自然界中的水循环与地下水的形成过程

1.水循环的形成过程与理解

水在地球的状态包括固态、液态和气态，而地球上的水多数存在于大气层、地面、地底、湖泊、河流及海洋中。水会通过一些物理作用（如蒸发、降水、渗透、表面的流动和地底流动等），由一个地方移动到另一个地方，水由河川流动至海洋。水循环是指自然界的水在水圈、大气圈、岩石圈、生物圈四大圈层中通过各个环节连续运动的过程，它也是自然环境中主要的物质运动和能量交换的基本过程之一。也可以说，水循环是指地球上不同地方的水，它通过吸收太阳的能量，改变状态到地球上另外一个地方。例如，地面的水分被太阳蒸发成为空气中的水蒸气，水蒸气又在一定的地方形成降雨落在地上。

地下水是自然界水的一个组成部分，并参与自然界水的总循环。地下水循环从水文地质角度而言，是指地下水一个完整的补给、径流、排泄的全过程。其中，补给是指地下水形成，地下水形成是由地表水或大气降水入渗地下形成地下水的过程；径流则是指地下水形成后在地下含水层系统中的运移；排泄则是指地下水通过各种方式又转化为地表水或大气水的一个过程。

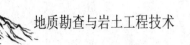

2.自然界中水循环的概念及其分类

自然界中各部分水都是处于动态平衡的状态中，它们在各种自然因素和人为因素的综合影响下，不断地进行着循环和变化。也就是说，自然界中的大气水、地表水和地下水并不是彼此孤立存在的，它们是一个互相联系的整体。即大气水、地表水和地下水三者之间实际处于不断运动以及相互转换的过程之中，这一过程被称为自然界的水循环。自然界中的水循环按其循环范围与途径的不同，可以分为大循环和小循环两大类。

（1）自然界中水的大循环

在太阳辐射热的作用下，水从海洋面蒸发变成水汽上升进入大气圈中，并随气流运动移至陆地上空。在适宜的条件下，水重新凝结成液态或固态水，以雨、雪、雹、露、霜等形式降落到地面。降落到地面上的水，一部分就地再度蒸发返回大气中；一部分则沿着地面流动，最后汇集成为河流、湖泊等地表水；一部分渗入地下成为地下水，其余部分最终流入海洋。大循环的具体过程：海洋水—蒸发—水汽输送—降水至陆地—径流（包括地表径流与地下径流）—大海。

（2）自然界中水的小循环

自然界中水的小循环是指陆地或海洋本身的内部水循环。这当中有两种情形：一种是从海洋面蒸发的水分重新降落回到海洋面；另一种是陆地表面的河、湖、岩土表面、植物叶面蒸发的水分又复降落到陆地表面上来。这就是自然界水的小循环，又名内循环，它也称为局部性的水循环。小循环的具体过程：一是陆地循环：陆地—蒸发（蒸腾）—降水至陆地；二是海上循环：海洋—蒸发—降水至海洋。

3.地下水的形成与地下水循环的特点

地下水的形成必须具备两个条件：一是有水分来源；二是要有贮存水的空间。它们均直接或间接受气象、水文、地质、地貌和人类活动的影响。其中，水分的来源与前述的自然界中的水循环有关，而贮存水的空间对地下水而言，如砂岩、石灰岩、砂卵石层等在条件合适时，就可以成为良好的贮水空间，这部分岩土体也就被称为含水层。在野外进行找水钻探工作时，人们要特别注意条件合适的问题，条件不同时，哪怕是类似的附近岩层，其水质与水量也可能差别很大。所以在钻探时，"差之毫厘，谬以千里"的问题经常出现，因此研究人员不要随意移动钻孔位置，更不要减少水文试验与观察，仅凭想当然推论孔内水位情况。

地下水循环指地下水一个完整的补、径、排过程。地下水循环分成浅循环、深循环及不循环。浅循环一般是指一个水文地质单元中流速快、百年内就可将含水层中（通常指浅层地下水含水层）地下水更新一次的地下水循环；深循环则是指成百上千年或更长时间才会更新一次的地下水循环；不循环则是指不具有稳定补给源的地下水含水层的地下水循环。

## （三）影响地下水形成及地下水循环的重要因素

### 1.自然地理条件因素

自然地理条件中，气象、水文、地貌等对地下水的影响最为明显。大气降水是地下水的主要补给来源，降水的多少与过程直接影响到一个地区地下水的丰富程度。例如，在湿润地区，降雨量大，地表水丰富，对地下水的补给量也大，一般地下水也比较丰富；在干旱地区，降雨量小，地表水贫乏，对地下水的补给有限，地下水量一般也较小。另外，干旱地区蒸发强烈，浅层地下水浓缩，再加上补给少、循环差，多形成高矿化度的地下水。而在其他条件尤其是总的降水量相同的情况下，在山区，特大暴雨由于降水太快，水落入地表来不及渗入，就形成地表径流排到地表水中了，它对地下水的贡献有时还不如中雨的贡献大。

地表水与地下水同处于自然界的水循环中，它们相互转化，两者之间有着密切的联系。在地表水补给地下水的地区，除了降水对地下水的补给，地表水对地下水也能起到补给作用。但这主要集中在地表水分布区，如河流沿岸、湖泊的周边。所以有地表水的地区，地下水既可得到降水补给，又可得到地表水补给，水量比较丰富，水质一般也较好。在不同的地形地貌条件下，形成的地下水也存在很大差异。

第一，在地形平坦的平原和盆地区。这一类型地区松散沉积物厚，地面坡度小，降水形成的地表径流流速慢。它易于渗入地下补给地下水，特别是降水多的沿海地带和南方。所以，平原和盆地中地下水分布广而且非常丰富。

第二，在沙漠地区。尽管该地区地面物质粗糙，水分易于下渗到地下。但因为气候干旱，降水少，地下水很难得到补给，同时蒸发又强烈。因此，许多岩层都是能透水而不含水的干岩层。

第三，在黄土高原。由于该地区组成物质较细，且地面切割剧烈，这并不利于地下水的形成。再加上黄土高原位于干旱半干旱气候区，地下水极其贫乏，因此，它也是中国有名的贫水区。

另外，水的流动是从水位高的地方流向水位低的地方。地形的不同也就导致地下水渗透路径的不同。

### 2.地质条件因素

影响地下水形成及循环的地质条件主要是岩石性质和地质构造。岩石性质决定了地下水的贮存空间，它也是地下水形成的主要条件。

除了一些结晶致密的岩石外，绝大部分岩石具有一定的空隙。坚硬岩石中，地下水存在于各种内、外动力地质作用形成的裂隙之中，它们的分布极不均匀；松散岩层中，地下水存在于松散岩土颗粒形成的孔隙之中，它们的分布则相对较为均匀。在一些构造发育、

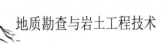

断层分布集中的地区，岩层破碎，各种裂隙密布，地下水大多以脉状、带状集中分布在大断层及其附近。地质条件的影响主要包括以下几个方面。

（1）岩土体的空隙特性

人们通常把岩土空隙的大小、多少、形状、连通程度以及分布状况等性质统称为岩土体的空隙特性。岩土体空隙特性决定着地下水在其中存在的形式、分布规律和运动性质等特点。

（2）岩土体地质构造

地下水的水量、水质、埋藏条件、补给、径流和排泄，以及地下水的类型都受到地质构造的直接控制。如大的向斜盆地构造和大断裂形成的地堑中，在岩性合理展布的情况下，它可以形成大的贮水盆地，其往往分布在范围广、厚度大的含水层中，地下水资源非常丰富。

（3）地貌条件

地貌形成的动力是内外地质营力相互作用的结果。地形形态直接影响降水的渗入量，在补给面积和岩性相同的条件下，平缓地形比陡倾地形更容易接受降水的渗入，这样非常有利于地下水的形成。

3.人为因素的影响

对于地下水的形成和变化，我们不能只注意研究自然界条件下地下水的形成和变化，还要研究人为因素的影响。例如开采地下水、兴修水利、矿井排水、农业灌溉或人工回灌等造成的影响。例如坎儿井引水工程，该工程是干旱地区利用地下渠道截引砾石层中的地下水，然后引至地面的水利工程。施工人员在开挖时，先打一眼竖井，将其称为定位井。施工人员在发现地下水后，沿拟定渠线向上、下游分别开挖竖井，以此作为水平暗渠定位、出渣、通风和日后维修孔道。暗渠首段是集水部分，中间是输水部分，出地面后有一段明渠和一些附属工程。这种工程可以减小引水过程的蒸发损失，避免风沙，减少危害。

上述这些与地下水形成有密切联系的各种自然因素和人为因素统称为地下水的形成条件或地下水循环影响因素。由地下水形成条件所决定的地下水的补给、径流、排泄、埋藏、分布、运动、水动力特性、物理性质、化学成分以及动态变化等规律总称为水文地质条件。

# 二、地下水的主要类型

## （一）不同岩土空隙的地下水类型

在地壳浅部有较多的空隙，空隙是地下水的储存空间和运移通道，其大小、多少、连通程度对地下水的分布规律都有影响。

1.岩土的主要空隙类型

岩土的空隙类型分为三种：一是松散岩土中的孔隙、坚硬岩石中的裂隙和可溶岩石中的溶穴。松散岩土体主要指未固结体，如崩坍、滑坡体、岩石风化脱落体等。二是坚硬岩石，主要指岩浆岩、变质岩和沉积岩，几乎不存在颗粒孔隙，但常见面状的开裂空间（裂隙），裂隙按成因分成成岩裂隙、构造裂隙和风化裂隙。三是可溶性岩石，主要指石灰岩、白云岩等。

2.不同岩土空隙中的地下水的含义

"地下水"这一名词有广义与狭义之分。广义的地下水是指赋存于地面以下岩土空隙中的水，这其中包括气态水、固体水与液态水；狭义的地下水仅指赋存于地下能自由移动或具有自由水面的地下水体。根据地质体中含水介质类型的不同，即不同岩土空隙对应着不同空隙的水。例如，松散岩土中的孔隙水、坚硬岩石中的裂隙水和可溶岩石中的溶穴水（可溶岩水）。

## （二）不同运动形式的地下水类型

地下水的运动是指地下水在岩土空隙中的渗流特征和规律。地下水在岩土空隙中运动时，由于受到岩土颗粒的阻挡，其水流的运动形态是不同的。具体可以分为三种基本形态：层流、紊流和混合流。

1.层流

层流就是当岩土空隙较小且均匀，并且水运动速度比较缓慢时，地下水流动相对有序的一种状态。

2.紊流

紊流就是当岩土空隙较大而且不均匀，并且水运动速度比较快时，地下水流动相对杂乱的一种旋涡状态。

3.混合流

混合流就是当岩土空隙极不均匀，空隙大小和形状极为复杂时，地下水流动所呈现的水流状态。一般情况下，在大空隙中，它呈紊流运动，而在小空隙中，它呈层流运动。

## （三）不同埋藏条件的地下水类型

地下水的埋藏条件是指含水层在地下所处的部位及受隔水层（弱透水层）限制的情况。根据地下水的埋藏条件，人们将地下水分为三类：上层滞水、潜水及承压水。

1.上层滞水的特点

上层滞水是指存在于包气带中局部隔水层之上的具有自由水面的重力水。上层滞水的成因：上层滞水是由大气降水或地表水的下渗水流受包气带中的局部隔水透镜体或弱透水层的阻隔而形成的。

上层滞水的特点：上层滞水分布范围一般不广，最接近地表，具有季节性，它在雨季水量较大，在干旱季节水量则会减少，甚至枯竭。

2.潜水的特点

潜水是埋藏在地表以下第一个稳定隔水层以上且具有自由水面的重力水。潜水的成因：潜水是由大气降水、凝结水或地表水在包气带下渗中受局部地表下第一个稳定隔水层或弱透水层的阻隔而形成的。

潜水的特点：一是潜水通过包气带与地面连通，它可接受通过包气带的大气降水、凝结水、地表水的直接补给；潜水面是自由水面，因而潜水一般是无压的。二是潜水在重力作用下，从高水位向低水位流动。山区沟谷底部和平原区的河床常是潜水流出地面的排泄口。潜水天然露头为下降泉。三是潜水与大气圈、地表水圈联系密切，并且积极参与水循环。它易受气象、水文因素的影响，因而潜水水位、水量、水温、水质动态具有明显的季节性变化。

潜水相关的概念：潜水面指的是潜水的自由水面；潜水水位埋深指的是潜水面至地面的距离，人们把这段距离称为潜水的水位埋藏深度，简称潜水水位埋深；潜水含水层厚度是指潜水面至隔水底板的距离；潜水位是指潜水面任意一点至基准面的绝对标高。注意：潜水含水层厚度与潜水位埋深随潜水面的升降而发生相应的变化。

3.承压水的特点

承压水是指充满两个隔水层之间的含水层中的地下水。承压水由于顶部有隔水层，因此一般具有三区，即补给区、承压区与排泄区（特殊情况下，补给区与排泄区可出现在同一处）。它的补给区小于分布区，动态变化不大，因此不容易受到污染。它承受静水压力。在适宜的地形条件下，当钻孔打到含水层时，水便喷出地表，形成自喷水流，因此它又被称为自流水。人们利用这种自流水作为供水水源和农田灌溉。承压水的成因：承压水是因为地下水处于隔水顶层与底层的阻挡，进而产生的具有压力的水体。

承压水的特点：一是承压水具有承压性，并不存在自由水面。二是承压含水层埋藏于上下隔水层之间，承压水的分布区与补给区不一致。其原因是承压水具有稳定的隔水顶板，使承压含水层不能从其上部直接接受大气降水和地表水的补给所致。三是承压水的动态受水文、气象因素的影响不及潜水显著。四是承压含水层的厚度不受降水与地表水季节变化的支配。五是承压水的水质不易受地表污染。其原因是承压水的埋藏区、分布区与补给区并不一致。

承压水相关的概念：承压水的静止水位是指当承压含水层的顶板被打穿时，地下水在静水压力作用下，水位上升到顶板以上某一高度静止时水面的高程，它也称为承压含水层的稳定水位；承压水头是指承压水的静止水位高出含水层顶板的距离，它也被称为水头高度；正水头指的是承压水静止水位高出地表的承压水头；负水头指的是承压水静止水位低于地表的承压水头；承压水初见水位指的是当钻孔打至承压含水层时所见水位。一般来说，承压含水层的静止水位高于初见水位，承压水从高水位涌向低水位，它具有初见水位和稳定水位是承压水的主要特征之一，也是鉴别承压水的一种方法；自流水指的是承压含水层经钻孔等打穿顶板，使得地下水涌出地表而露出地表的水。在地表某一具有自流现象的区域，称为自溢区。

# 第二节　环境水文地质分析

## 一、环境的理解与类型

环境与人类有着密切的关系，人类有能力改变环境。当人们对环境及其发展规律认识不足时，人类对环境的影响就带有极大的盲目性，这就会导致环境污染、破坏环境等问题。这些环境问题反过来又会影响人们的生产和生活环境。对环境的利用与保护的研究已引起人们的高度重视。

### （一）环境理解的主要内容

环境是指影响人类生存和发展的各种天然和经过人工改造的自然因素的总体。这其中包括大气、水、土地、矿藏、森林、草原、野生生物、自然遗迹、自然保护区、风景名胜区、城市和乡村等。人们通常把这些构成自然环境的因素划分为大气圈、水圈、生物圈、土圈、岩石圈五个部分，这些都是人类赖以生存的物质基础。

生物在自然界中并不是孤立生存，而是结合生物群落而生存的。生物群落和非生物环境之间互相作用，它们之间进行着物质和能量的交换，这种群落和环境的综合体简称为生态系统。在一定条件下，每个小的生态系统内，各种生物之间都保持着自然的平衡关系，人们把这种关系称为生态平衡。各个生态系统对于进入其中的有害物质都有一定的净化能力，当进入的有害物质数量较少时，生态系统能通过物理、化学和生物净化作用降低其浓度或使之完全消除而不致造成危害，这就是生态系统的自净能力。但当有害物质进入生态系统的数量超过了生态系统能够降解它们的能力时，就会打破生态平衡，使人类赖以生存的环境发生恶化，这就是环境污染。

环境中大多数污染物含量极微，但它们通过食物链，可以成千上万倍地在生物体中富集，然后进入处于食物链顶端的人体中，进而使危害加剧。人类的生产和生活活动对环境产生的不良影响继而引发了环境问题。人们为了解决环境问题，便产生了一门正在蓬勃发展的新学科——环境科学。环境科学就是在保持和维护自然资源及干净环境，与污染环境做斗争中发展起来的。环境科学包括若干个分支：环境化学、环境地学、环境生物学、环境医学、环境物理学、环境工程学等。

## （二）环境的主要类型

环境依据其要素、性质、功能以及人类对环境的利用情况不同，可分为若干类型。人们依据环境要素，把环境分为自然环境与社会环境两大类。

1.自然环境类型

自然环境是指人类赖以生存的、围绕人类周围的生态环境，也就是环绕人类社会的自然界。它包括大气环境、水环境、土壤环境、生物环境、地质环境以及宇宙环境等。

2.社会环境类型

社会环境是人类诞生以后才逐渐形成的。它包括聚落环境（院落、村落、乡镇、城市等）、生产环境（工厂、农场、矿山等）、交通环境（机场、车站、码头等）、文化环境（学校、文物古迹、风景游览区、自然保护区等）。

## （三）我国的主要环境问题及原因

随着国民经济总量不断攀升，目前我国经济总量已位居世界第二，但生态环境也遭受了污染与破坏。不利于人类生产和生活的问题突出表现在以下几个方面：一是自然资源遭到严重破坏并在延续，如水土流失、土壤盐碱化和沙漠化等。二是水资源短缺，水污染普遍，缺水成为我国城市的普遍问题。三是煤烟型大气污染严重，我国以煤为主的能源结构，加之技术、管理水平还相对落后，这也就导致我国煤烟型大气污染严重。四是工业废物问题严重，我国工业废弃物堆放占地近100万亩，且逐年加大，每年有1000多万吨城市垃圾产生，无害处理仅占5%。五是农业环境污染由点到面遍及全国。六是噪声与汽车尾气污染也日益严重。

我国环境问题产生的主要原因：一是在处理经济建设与环境建设关系时，人们只偏重经济效益。二是在工业生产布局时，人们未能全面考虑环境容量及不同环境的要求。三是生产相关技术和装备落后，能源、资源浪费大。四是环境意识淡薄。

## 二、水体与水体污染的具体分析

地球上约有$1.36 \times 10^9 \, m^3$的水。人类各种用水基本上都是淡水，而淡水量仅占地球总水量的0.63%。由于工、农业生产的发展，人类用水量剧增，加之水的污染使可用水量减少。因此，人类必须合理使用地球上的这一宝贵资源。

### （一）水体的具体概念

在环境科学中，水与水体是两个不同的概念。水是指水的聚集体，即江、河、湖、海及地下水等。水体不仅指这些聚集体中的水，还包括水中的悬浮物、溶解物质、底泥和水生生物等，它们是一个完整的生态系统。许多污染物例如重金属易从水中转移到底泥中，水中的重金属含量一般不会太高。从水来看，它似乎未受到污染，但这样的水对人体来说却是有害的。

### （二）水体污染的种类

天然水的化学成分极为复杂，在不同地区、不同条件下，水体的化学成分和含量差别很大。水体污染是指排入水体的污染物超过水体的自净作用而引起水质恶化，破坏了水体原有的用途。水的污染源分为自然污染和人为污染两大类，且后者是主要的。污染物的种类也很多，它可分为无机污染物和有机污染物两大类，也可分为不溶性污染物和可溶性污染物等。

1.酸、碱、盐等无机污染物的来源

污染水体的酸主要来自矿山排水及许多工业废水，例如酸洗废水、人造纤维工业废水、酸法造纸工业废水，以及雨水淋洗含二氧化碳、二氧化硫的空气后汇入等。碱法造纸、制碱、制革、石油炼制等工业废水则是水体碱污染的主要来源。水体经酸碱污染后，会改变水的pH值。当水的pH值小于6.5或大于8.5时，就会腐蚀水下设备及船舶，抑制水中微生物的生长，阻碍水体的自净能。它还会增加水的无机盐含量，增大水的硬度，继而导致对生态系统的破坏，使水生生物种群变化、鱼类减产等。

2.氰化物污染和重金属污染的来源

水体中的氰化物污染主要来自工业排放的电镀废水、焦炉和高炉的煤气洗涤冷却水、化工厂的含氰废水及选矿废水等。含氰废水对鱼类和水生生物都具有很大的毒性，但大多数氰化物在水中极不稳定，都能够较快分解。水对氰化物有较强的自净能力。污染水体的重金属主要有汞、镉、铅、铬、钒、钴、铜、镍、钼等。其中以汞毒性最大，镉次之，铅、铬也有相当的毒性。此外，砷虽不是重金属，但其毒性与重金属相似。重金属不能被微生物降解，当重金属流入水体后，它就具有化学性质稳定和能在生物体内积累的特点。重金属主要通过食物和饮水进入人体，且人体代谢不易排出，致使在人体的一定部位积累，这就会使人慢性中毒。

铬虽是人体必需的微量元素，但来自电镀、金属酸洗、化工、皮革等工业的含铬废水将对人体产生严重的危害。Cr（I）毒性较大，Cr（Ⅳ）化合物如铬酸钾、铬酸钠、重铬酸钠、重铬酸钾等都能溶于水，其毒性更大。铬盐进入人体后，积蓄于肝、肺及红细胞内，继而造成肺泡充血或坏死。铬进入血液后，可夺取血液中的部分氧形成氧化铬，从而使血液缺氧，导致内窒息、脑缺氧、脑出血等。低浓度的Cr（V）也有致敏、致癌等作用。

3.有机污染物的分类

（1）耗氧有机物的污染

城市生活污水和食品、造纸工业废水中含有大量的碳氢化合物、蛋白质、脂肪、纤维素等有机物。这些有机物在经微生物和化学作用分解过程中，都要消耗大量的氧，故称这些有机物为耗氧有机物。其污染程度可用溶解氧、生化需氧量、化学耗氧量、总有机碳、总需氧量等指标来表示。溶解氧反映水体中存在氧的数量，其他四种指标反映水体中有机物所消耗的氧量。如果水中溶解氧耗尽，有机物就会被厌氧微生物分解，从而产生甲烷、硫化氢、氨等恶臭物质，使水发臭、腐败变质。

（2）含氮有机物的污染

含氮有机物污染主要与生物的生命活动有关，故也称生物生成物。一些有机氮化合物在微生物作用下，转变成无机态的硝酸盐。在这个过程中，它也可能伴随水体大量耗氧而出现脱氧过程和氨态氮、硝态氮的累积。硝态氮生成的亚硝酸盐和硝酸盐对人类毒害更大。通常人们可以用氨氮、亚硝酸盐氮、硝酸盐氮含量的多少来评价水质是否受到污染及判定污染变化的趋势。

（3）植物的营养物

流入水体的城市生活污水和食品工业废水之中常含有磷、氮等水生植物生长、繁殖所必需的营养元素。若排入过多，水体中的营养物质会促使藻类大量繁殖，耗去水中大量的溶解氧，从而影响鱼类的生存。甚至还可能出现由几种高度繁殖密集在一起的藻类，使水体出现粉红色或红褐色的"赤潮"现象。严重时，湖泊可被某些繁殖植物及其残骸淤塞，从而使湖泊成为沼泽。这类污染称为水体营养污染或水体富营养化。

（4）难降解有机物的污染

有机氯农药如DDT、六六六、多氯联苯，有机磷农药如甲拌磷、马拉硫磷，合成洗涤剂、多环芳烃等，这些物质难被微生物分解，它们甚至可以通过食物链，逐步浓缩至水中含量的几十至数百万倍，从而对人类及动物造成危害。DDT、六六六等农药早已被禁用。

（5）热的污染

发电厂及其他工厂中排出的冷却水是主要的热污染源。大量有一定热量的冷却水排入水体，就会引起水体水温增高，使水中的溶解氧含量降低，从而使鱼类和水生生物的生存条件变差。

## （三）水体污染的类型及其主要来源

### 1.地下水污染的意义

在人类活动的影响下，地下水水质朝着恶化方向发展的现象，称为地下水污染。不管此种现象是否使水质恶化达到影响使用的程度，只要这种现象一发生，我们就应视其为污染。天然水文地质环境中出现不宜使用的水质现象，我们则不应视为污染，而应称为天然异常。实际工作中，对于污染的判断，我们一般应使用背景值或者对照值。背景值（或本底值）：地下水各种组分的天然含量范围。不是单值，而是区间值。对照值：某历史时期地下水中有关组分的含量范围，或者地表环境污染相对较轻地区地下水有关组分的含量范围。

### 2.地下水污染物的主要类型

地下水污染物可分为化学污染物、放射性污染物、生物污染物三类。第一，化学污染物是这三类污染物中污染物种类最多、污染最为普遍的一类，我们可以进一步将其细分为无机污染物和有机污染物。而无机污染物又包括各种无机盐类的污染及微量金属和非金属污染。目前，最常见的是$NO_3^- - N$污染，其次是$Cl^-$、硬度、$SO_4^{2-}$、TDS等。它们的特点是大面积污染多，局部污染少，常见于城市地区地下水中。微量金属污染物和非金属污染相对比较少，多见于金属、非金属矿床的开采、冶炼和加工过程。第二，放射性污染物。第三，生物污染物。地下水中的生物污染物主要包括细菌、病毒等，它们主要是由于人类和牲畜的粪便等排泄物以及死亡尸体等引起，大多出现在农村卫生条件比较差的地区。

### 3.地下水污染的主要来源

地下水污染按成因，可分为人为污染源、天然污染源。

（1）人为污染源

人为污染源是指人在生产、生活过程中产生的各种污染物，包括液体废弃物，如生活污水、工业废水、地表径流等；固体废弃物，如生活垃圾、工业垃圾；农业生产过程中化肥农药的使用等。

（2）天然污染源

天然污染源是指那些天然存在的，但它只是在人类活动的影响下才进入地下水环境。例如，地下水过量开采，继而引起的海水入侵或含水层中的咸水进入淡水含水层而污染地下水；采矿活动的矿坑疏干，使某些矿物氧化形成更易溶解的化合物而成为地下水的

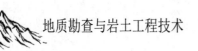

污染源。

## （四）地下水污染的相关途径与主要特点

1.地下水的污染途径

（1）间歇入渗型

这种类型大多是污染源在降水的间歇淋滤下，非连续地入渗到地下水中。例如，在农田、垃圾填埋场、矿山等。

（2）连续入渗型

这种类型大多是遭受污染的地表水体长期连续入渗，从而造成地下水污染。例如，在排污渠、污水渗坑等。

（3）越流型

越流型是指已污染的浅层地下水经过弱透水层、岩性"天窗"及井管等向邻近的含水层越流，从而造成邻近含水层污染。

（4）径流型

径流型是指在地下水水力梯度的影响下，污染的地下水从某一地点流到未遭受污染的地下水中。例如，海水入侵、污水通过岩溶管道的渗流。

2.地下水的污染特点

（1）隐蔽性

污染浓度低，往往无色无味，很难发现。还有些不具有污染源特征的间接污染则更加难以发现。

（2）长期性

地下水流动缓慢，污染物的迁移则更加缓慢，有的时候几十年才会迁移几公里。

（3）难恢复性

由于含水层的水交替缓慢，人们即使截断污染源，污染的地下水也很难依靠自身的能力更新或净化。因此，地下水深埋地下，很难治理。

## （五）水体污染的防治方法

工业废水种类繁杂，水量很大，人们应尽可能回收利用。对必须排放的污水，人们要进行适当处理，直到达到规定标准，才能实施排放。污水处理的方法有以下几种。

1.最常用的物理方法

物理法对水中的悬浮物质主要采用物理的方法进行处理。物理法最常用的有重力分离法、过滤法、吸附法、萃取法及反渗透法等。

2.最常用的化学方法

（1）中和法

中和法是利用石灰、电石渣等中和酸性废水。碱性废水可通入烟道气（含二氧化碳、二氧化硫等酸性氧化物的气体）进行中和，使之生成难溶的氢氧化物或难溶盐，从而达到中和酸碱性。

（2）氧化还原法

氧化还原法是利用氧化还原反应，使溶解于水的有毒物质转化为无毒或毒性小的物质。

（3）沉淀法

沉淀法是利用生成难溶物沉淀的化学反应，从而降低水中有害物质的含量。

（4）化学凝聚法（混凝法）

化学凝聚法常用的凝聚剂有硫酸铝、聚氯化铝、硫酸铁等无机凝聚剂或有机高分子凝聚剂。

（5）离子交换法

离子交换法是利用离子交换树脂的离子交换作用交换出有害离子，它可用于给水处理及回收有价值的金属。

3.最常用的生物方法

生物法是利用微生物的生物化学作用，将复杂的有机物分解为简单的物质，再将有毒物质转化为无毒物质。生物法可分为需氧处理和厌氧处理两大类。

（1）需氧处理法

需氧处理法，又称好气处理法，此法是在空气存在、充分供氧和适宜温度及营养的条件下，使需氧微生物大量繁殖，并利用它特有的生命过程，将废水中的有机物氧化分解为二氧化碳、水、硝酸盐、磷酸盐、硫酸盐等，使废水净化。需氧处理法常用的方法有活性污泥法、生物滤池法和氧化塘等。

（2）厌氧处理法

厌氧处理法，又称嫌气处理法、消化法、甲烷发酵法。此法是在水中没有空气、缺乏溶解氧的情况下，利用厌氧微生物的生命活动分解处理废水中有机物的方法。它分解的最终产物是甲烷、二氧化碳、氮气、硫化氢和氨等。其中甲烷含量较高时，它分解出来的产物可以收集利用作为燃料。在废水中若有机物含量很高，生化耗氧量在 $5000 \sim 10000 \, mg \cdot dm^{-3}$ 时，人们可用这种方法进行处理。

人类在改造自然的过程中，长期以来都是以高投入、高消耗为其发展手段，人类对自然资源重开发、轻保护，重产品质量和产品效应，轻社会效应和长远利益，违背了自然规律，忽视对污染的治理，从而造成了生态危机。因此人类也遭到了自然界的频繁报复，例如臭氧空洞的出现、厄尔尼诺现象的加剧、全球性气候反常、土地沙漠化、水资源的污染、生物物种锐减等。事实迫使我们做出选择，必须抛弃传统的发展思想，使资源与人口、环境与发展相协调，并且实行可持续发展战略，以建立更为安全与繁荣、良性循环的美好未来。可持续发展就是指社会、经济、人口、资源和环境的协调发展。它的核心思想是在经济发展的同时，注意保护资源和改善环境，使经济发展能持续进行下去。这样的发展不能以损害后代人的发展能力为代价，也不能以损害别的地区和国家的发展能力为代价。这样的发展既可达到发展目的，又保证了发展的可持续性。

我国的环境保护绝不能走其他工业发达国家走过的"先污染，后治理"的老路，也不能选择当前发达国家高投入、高技术控制环境问题的方法，更不能照搬发达国家环境保护的模式。我国已确定了"城乡建设、经济建设、环境建设同步规划、同步实施、同步发展，实现经济效益和环境效益相统一"的环境保护战略方针，从而达到向科学协调、稳定、持续发展的模式转化。加强环境保护，实行可持续发展战略已成为越来越多人的共识。人类只有一个地球，保护我们人类共同的家园是每个人义不容辞的神圣职责。

随着时代的发展，化学同样也取得了显著的进展。但化学工业实践的主要原理基本上没有发生变化。大批量的反应是依赖调节化学反应的温度、压力及加入一种催化剂。这一方法的效率往往很低，人们除了生产出有用的产品，也会生产出大量无用的副产品和大量的污染物。加强对工业污染物的无害化处理曾经是人们防治污染、保护环境的主要措施。但这种方针不符合可持续发展的方向。一方面是生产过程中对资源和能源的浪费；另一方面是为了使这种生产产生的废弃物无害化而消耗更多的资源和能源。从废弃物的末端治理改变为对生产全过程的控制，这才是符合可持续发展方向的一个战略性转变。具体分为以下几点：一是要从资源消耗型变为资源节约型；二是要从损害环境型变为协调环境型；三是要从技术落后型变为技术先进型；四是从经营粗放型变为科学管理型。绿色化学、清洁生产和绿色制造就是在这种形势下产生的先进技术。

## 三、环境地质与水文地质的相关介绍

环境地质学是最近才发展起来的一门环境科学与地质学相互渗透的边缘学科，是研究人类活动与地质环境相互作用的一门科学。

### （一）环境地质研究的相关内容

1.自然因素引起的环境地质问题

自然因素引起的环境地质问题主要是指火山爆发、地震、山崩、泥石流等地质灾害问题。另外，地球表面化学元素的迁移和分配不均可以使某些地区、某些元素严重不足或过剩引起的地方病等，这也属于自然因素引起的环境问题。

2.人为因素引起的环境问题

人为因素引起的环境问题同人类生产、生活活动直接相关。例如工业、农业与城市发展，它们会导致大量废弃物的排放而形成环境污染；大型工程和资源的开发还会导致地形地貌的改变，以及水系的变化等。

## （二）环境地质探究的具体方法

野外调查组在充分收集前人成果资料的基础上，进行野外环境地质调查、试验、采样分析和综合研究等工作。

地质环境监测是环境地质评价的基础。所以在环境地质调查的同时，调查组应建立健全地质环境监测工作机制，并且根据不同的环境地质问题制定监测项目和监测方法。

由于环境地质问题所处的环境条件及其形成因素比较复杂，在研究环境地质问题时，调查组应综合利用其他学科的研究方法，例如综合法、类比分析法等。在获得大量资料的基础上，调查组还可采用编图法来编制各种环境地质图件。

# 第三节　人类活动影响下的地下水环境分析

## 一、人类活动对地下水环境的影响

人类活动对地下水环境的影响主要表现在三个方面：过量开采或排泄地下水、过量补充地下水和污染地下水。

过量开采或排泄地下水是目前比较普遍的一个现象，尤其在干旱、半干旱地区，以开发利用地下水为主，地下水长期处于开采状态，诱发了一系列生态环境地质问题。此外，该现象还常见于各类矿区。由于矿山开发过程中，为避免发生矿坑涌水等生产灾害，需要进行矿坑排水。这部分地下水只有很小的一部分得到了利用，大部分都被浪费掉了。并且矿坑水水质一般较差，不加处理地排泄矿坑水极有可能导致淡水含水层遭到污染破坏。

过量补充地下水现象主要发生在北方各大灌区。这些灌区引用大量的地表水作为灌溉用水，如银川平原、河套平原等毗邻黄河的灌区平原，每年要用掉几十亿甚至上百亿的地表水用于农业灌溉。如此大的地表水引用量，除一部分蒸发散失掉外，很大一部分都渗入了含水层，补给地下水。

人类污染地下水现象在全国各地均很普遍，在干旱半干旱地区，地下水污染问题尤其严重。这主要是由于干旱、半干旱地区地表水资源少、地下水开发利用程度高以及国家发展战略的导向。国家西部大开发战略使得西北干旱、半干旱地区经济发展迅速，同时也使得该地区资源开发和污染加剧，如矿山开发导致的地下水水质污染、工业废水排放和工业废渣堆放造成的地下水污染、污水灌溉造成的地下水污染。地下水高度的开发也促使地下水污染形势越来越严重，如地下水开采导致不同含水层之间交叉污染。人类生活污水和垃圾、农用肥料和农药也是地下水污染的重要污染源之一。人类的这些活动改变了原来地下水的成分、地下水的循环条件和应力状态，进而造成一系列地下水环境问题。

从总体上看，上述三个方面的人类活动对地下水环境的影响可分为两种类型：直接影响和间接影响。直接影响就是指那些对地下水环境直接产生作用的因素，如灌溉导致水位上升、废水排放导致地下水污染等。间接影响是指那些对地下水环境不直接产生作用，但是会通过其他途径或机制对地下水环境产生影响的因素，如地下水管理政策的制定、工矿企业发展规划等。直接影响与间接影响相互交织在一起，进一步加大了人类活动影响下地下水环境研究的复杂性。

## 二、人类活动导致的地下水环境问题

近年来，在自然环境变化与人类活动的共同影响下，地下水环境出现了一系列问题。这些问题的发生严重限制着区域经济的可持续发展，也给人类生存带来了巨大的风险。尤其在我国西北干旱、半干旱地区，由于生态环境本身十分脆弱，近年来，人类活动的加剧使得地下水环境问题更加突出。这些地下水环境问题主要有地下水污染、地下水污染引起的地表水污染、土壤次生盐渍化、地下水超采，以及由于地下水超采引起的地下水位持续下降、地面沉降、地面塌陷、地裂缝、咸水入侵、植被退化、土地荒漠化等地质生态环境问题。

### （一）地下水污染

地下水由于埋藏于地下，不易污染，因此过去地下水污染问题并没有引起人们的重视。但是地下水一旦污染，后果将会非常严重，而且地下水污染具有隐蔽性，不如地表水污染容易被人察觉。因此，一旦发现地下水污染，实际上就已经到了难以修复的地步。近年来，西部大开发战略的实施，给西北干旱、半干旱地区脆弱的地下水带来了巨大的生态环境和资源压力，地下水污染问题的严重性引起了人们的关注。造成地下水水质污染的直接或间接原因有工业废污水及生活污水的大量排放、农业用水的大量开采和化肥农药的施用。此外，近年来逐渐兴起的污水灌溉更是造成了大面积浅层地下水污染。特别是在地下水超采区，由于大量开采地下水，地下水动力条件发生了改变，加速了污染河流、污水渗漏及污水灌溉对地下水的污染。地下水污染不仅会导致水质性水资源短缺，破坏正常的工农业生产，还会破坏生态环境，使淡水生物和生态系统的多样性迅速减退。生态环境的破坏进一步会破坏干旱、半干旱地区人类生存的适宜性，从而给人类健康带来严重的影响。

### （二）地下水污染引起的地表水污染

一般认为，水质较差的地表水是地下水的污染源之一。然而，当地下水作为地表水的补给源时，水质差的地下水也会引起地表水体的污染。近年来，由于城市化与工业化的迅速发展，使得工业化逐渐向山前地带发展。山前地下水位埋藏相对较深，包气带厚度相对较大，有些工厂企业对地下水保护意识不够，直接将废水排放到没有高效防渗措施的水塘等集水场地。由于山前地区地层颗粒较粗，透水性很强，这些工业废水很容易穿过很厚的包气带进入含水层，引起山前地下水的污染。山前污染的地下水不断向下游径流，不仅引起下游地下水的污染，在下游地下水出露区，地下水还以泉或其他形式排到地表水体中，这样，水质差的地下水就引起了地表水体的污染。地下水污染地表水体的现象非常普遍，无论是长江流域，还是黄河流域，抑或是其他流域，都有发生。这种现象应当引起人们的足够重视。

### （三）土壤次生盐渍化

土壤次生盐渍化是指由于人类对土地资源和水资源不合理利用（如不合理灌溉制度和耕作制度）所引起的区域水盐失调，土壤表层不断积盐，导致土壤物理和化学性质发生改变的过程。盐渍化土壤在我国分布很广，除滨海半湿润地区的盐渍土，大部分分布在干旱、半干旱地区。据现有资料，在全国多个省区分布有盐渍土，总面积约$3.47 \times 10^7 \, hm^2$，占全国总面积的3.61%。土壤盐渍化比较集中的地区有柴达木盆地、塔里木盆地以及天山北麓山前冲积平原地带、河套平原、银川平原、华北平原及黄河三角洲。严重的土壤次生盐渍化不仅破坏了当地的生态环境，而且减少了良田的面积，使粮食减产，威胁到人类生存。

### （四）地下水超采引起的地下水位持续下降

地下水超采首先引起的水环境问题是地下水位持续下降。地下水位持续下降会形成大面积的降落漏斗，这在全国很多城市和地区是一个非常普遍的现象。尤其是在我国的北方城市，由于这些城市以地下水作为主要的供水来源，为了满足生活、生产和生态用水等，地下水的开采量长期处于超负荷状态，形成了很多大面积的降落漏斗。地下水位持续下降在其他一些省市也很常见，例如在上海、太原、南京、江苏、北京、天津、河北等省市均出现了地下水位持续下降，形成大面积降落漏斗的现象。这样的后果就是不仅会引起许多环境问题，还会造成机泵井工作环境恶化，使机泵井报废，随之而来的就是重新打井、更换抽水泵，这就增加了生产费用。

### （五）地下水超采引起的其他生态地质环境问题

地下水超采还会引起咸水入侵、地面沉降、地裂缝、土地荒漠化等生态地质环境问题。当由于地下水长期过量开采，水动力平衡遭到破坏，使淡水体水位低于咸水体水位时，咸水体则会通过越流进入淡水含水层中，从而导致淡水咸化。在内陆干旱区，随着水环境的变迁，河湖干涸断绝或减少对地下水的补给，地下水的超采又加剧了地下水位的下降，从而使得自然植被衰败以致死亡，形成土地的沙化与沙漠的扩大。在我国西北干旱、半干旱地区的塔里木河流域、玛纳斯河流域、黑河流域、石羊河流域都出现了天然绿洲退缩、林木草场严重退化、土地荒漠化的面积不断增大的现象。地下水超采还会改变地下水压力、开采含水层和含水层上下滞水层中的应力状况，使黏性土释水，引起含水层、滞水层的压缩效应，从而导致地面沉降。北京、天津、河北、山东、上海、江苏、浙江、西安等省市都出现了严重的地面沉降现象。西安、上海等城市近年来出现的多条地裂缝也与地下水的开采有密切关系。

## 三、人类活动影响下地下水环境研究的理论与方法体系

人类活动是地下水环境发生变化的主要驱动力之一。在人类活动的影响下，地下水环境研究比传统的水文地质研究内容更加广泛，不仅涉及地下水的自然属性，也与其社会属性密切相关。人类活动影响下的地下水环境研究应基于调查—评价—试验—预测—监测—管理框架，建立一套完整的充分考虑人类活动对地下水环境影响的并且综合运用多学科理论与方法的研究体系。该体系主要包括地下水环境调查评价、地下水环境试验、地下水环境预测、地下水环境监测、地下水环境保护与管理五个子系统。

### （一）人类活动影响下的地下水环境调查与评价方法体系

随着人类的活动强度越来越大，对地下水的影响程度也越来越大，传统意义上的地下水环境调查评价不能全面反映地下水环境的内容，地下水环境调查评价还应包括地下水环境的演化机制、自然变化和人类活动对地下水环境作用机制等方面的内容。人类活动影响下的地下水环境调查与评价方法体系包括调查方法、调查项目、评价指标、评价方法、评价时期、演化分析、反馈机制分析等。调查方法除传统的地面调查、水位统测、钻探、物探等方法技术，还应积极采用遥感解译、卫星云图等先进方法。调查项目除与地下水环境相关的自然要素，如地形地貌、水文地质条件、地表水体状态等，还应充分对与地下水环境相关的社会要素进行调查，如经济发展规划、污染源分布、社会人口分布、水资源管理

政策等。对于地下水环境评价，除要进行现状评价，还应进行地下水环境预测评价、地下水环境演化及其影响因素分析。评价指标既应包括自然要素主导的指标，也应包括人为活动主导的指标。评价方法的选择应在遵循国家标准的基础上，充分借鉴其他已有的评价方法，尤其是国际上应用范围较广、应用效果较好的评价方法。在进行调查评价时，应首先采用水文地球化学、同位素和多元统计等方法，确定人类活动是否对地下水环境有影响，然后采用选定方法对该影响进行评价。

### （二）应对人类活动的地下水环境试验方法体系

地下水环境试验是确定人类活动对地下水环境的影响程度，对地下水环境进行预测和管理的基础。在进行实验时，应注重室内实验与野外现场试验相结合，并对试验的尺度效应给予重视。对于目前常用的抽水试验、弥散试验、吸附解析实验、渗水试验、降解实验，应根据具体研究目的进行有效的选用。在进行试验时，应避免人为对地下水环境造成污染。此外，试验场地或实验样品的采集也应充分考虑区域背景值和人类活动的影响。

### （三）应对人类活动影响的地下水环境预测方法体系

人类活动影响下的地下水环境预测是进行地下水环境保护和科学管理的主要技术支撑之一。准确的预测有赖预测理论和计算机技术的发展。就地下水水质预测而言，预测方法一般可以分为三类：第一类是基于渗流理论和弥散理论的数值模型预测方法。该方法大多只考虑污染物在含水层中的物理过程，或只考虑简单的化学反应过程，通过对水文地质条件的概化，建立相应的模型，给定初始条件和边界条件，采用模拟软件进行模型计算与预测。第二类是基于水文地球化学的预测方法。这类方法通过研究地下水与含水层介质之间的水岩作用，对地下水水质的演化进行预测。第三类是基于数理统计的水质预测方法。该方法主要通过对已有资料进行统计分析，从而建立预测模型，对未来短期内的变化和宏观演变趋势进行预测分析。对于人类活动影响下的地下水环境预测，应充分考虑人类活动的多样性及其对地下水环境影响的多变性。考虑到基于数理统计的预测方法对监测数据要求较高，在现有地下水监测数据缺乏的状况下，极有可能难以利用；而基于水文地球化学的预测方法要求一般难以定量区分人类活动对地下水环境的影响和自然条件对地下水环境的影响，因此应用范围受到了极大限制。基于渗流和弥散理论的预测方法是预测人类活动影响下地下水环境变化的有效方法。

### （四）人类活动影响下的地下水环境监测方法体系

为预测在人类活动影响下地下水环境的变化趋势，以便能够及时做出相应的决策，应建立人类活动影响下的地下水环境监测体系，并且应重视人类活动强烈区的地下水环境监测，使其既满足区域地下水环境监测的需要，也符合重点人类活动区地下水环境监测的要求。地下水环境监测体系的建设应包括监测项目的确定、监测频率的确定、监测井的布设、监测设施的安装与完善、监测水平的升级等方面。

### （五）人类活动影响下的地下水环境保护与管理方法体系

人类活动影响下的地下水环境保护与管理涉及自然、社会、政治、经济、技术等多方面的因素，是一项集技术性、社会性、政策性于一体，内涵丰富、复杂的系统工程。它实际包括信息支持系统、法律政策支持系统、管理体系支持系统、动态监控体系支持系统、地下水环境保护工程支持系统和经济支持系统。信息支持系统将获得的地下水环境信息在不同群体、不同部门和不同机构之间进行传递，承担着沟通和协调的职能，保证了分散的地下水环境信息得到有机组合，实现地下水环境的保护和科学管理。法律政策支持系统从国际和政府法律层面保障地下水环境保护和管理的有序进行。科学的地下水管理体系是保障地下水可持续管理的先决条件和技术保障。

地下水环境监测不仅是进行地下水环境预测的基础，也是地下水环境保护和科学管理的基础。目前，我国地下水环境监测体系还不完善，因此应加强地下水环境监测体系的建设，实现地下水监测资料共享。地下水环境保护工程是减少人类活动对地下水造成破坏的重要手段，可大大减少人类活动对地下水环境的不利影响。地下水保护工程应科学规划，根据不同的人类活动类型、活动强度、地下水环境响应机制进行建设。经济是支撑地下水环境保护的重要物质基础，采取各种措施进行地下水环境保护，治理地下水环境问题，必须建立在完善的资金投入保障体制，保证所需资金的正常投入。

## 四、人类活动影响下的地下水环境研究

人类活动影响下的地下水环境研究是一项复杂的系统工程，需要运用多种理论方法和技术手段才能够取得比较满意的效果。随着人类活动不断加剧，地下水环境保护以及地下水资源管理等面临着前所未有的挑战，强烈的人类活动与巨大的自然环境变化不可分割地交织在一起，更增加了地下水环境研究的复杂性与挑战性。它不仅要求建立一个高效全面的地下水环境研究的理论与方法体系，而且要求水文地质工作者拥有更合理的知识结构和更丰富的研究经验。人类活动影响下的地下水环境研究所面临的前所未有的挑战也给水文地质学科及其相关学科的发展带来了新的机遇。只有充分认识所要面对的挑战，才能做好面对挑战的准备，只有充分了解挑战中所蕴含的机遇，才能充满信心地去迎接这些挑战。

## （一）面临的挑战

### 1.复杂性

地下水系统本身是一个十分复杂的系统。人类的活动方式多种多样，使得其对地下水环境的影响表现方式也多种多样，这无疑增加了地下水环境研究的复杂性。此外，人类活动与自然环境变化的紧密联系也进一步增大了地下水环境研究的复杂性。

人类活动与自然环境紧密结合在一起，不可分割，使地下水环境研究必须将二者综合考虑，增大了研究的困难。此外，地下水环境与人类社会密切相关，具有社会属性，这就要求在进行地下水环境研究时，需要充分考虑其社会属性，这进一步增加了研究的复杂性。人类活动影响下的地下水环境研究是一个涉及地质学、水文学、生态学、环境科学、地球化学等自然科学，还涉及哲学、社会学和人类学等人文科学的综合性、多学科、复杂的研究领域。这些学科错综复杂的知识结构与庞大的理论体系导致人类活动影响下的地下水环境研究的复杂性。

人类活动影响下的地下水环境研究的复杂性还体现在研究地区的复杂性上。我国民族众多，尤其在西北干旱、半干旱地区，不但生态环境恶劣，地下水环境脆弱，而且民族复杂，少数民族人口占到西北地区人口总数的1/5。这就导致某些研究内容在少数民族地区不易开展。而且与东部地区相比，西北地区相关研究程度相对较低，许多基础信息和研究内容掌握得不够充分，从而使得研究难以顺利进行。

### 2.长期性

地下水环境的社会属性要求地下水环境研究是一个与社会发展紧密相连、有机结合的整体。而社会发展是一个长期的、曲折向前发展的漫长过程，这就使得地下水环境研究不是一蹴而就的。实际上，自从人类出现在这个星球上，就在不断地影响着这个星球上的一草一木，包括地下水环境，人类活动必将成为影响地下水环境的主要因素。

地下水环境的自然属性也决定了解决地下水环境问题是一个长期的过程。地下水不同于地表水之处就在于它不易受到人类活动的污染，但是，一旦受到污染，将很难治理。这就使得地下水污染治理是一个长期、漫长的过程。

地下水环境研究的发展有赖先进科学技术的发展。当前，地下水环境研究中还存在许许多多未得到合理解决的问题，许多方法和技术还不成熟，如地下水环境自动监测等。目前，地下水自动监测已成为地下水环境研究中不可缺少的工具之一。自动水位、水质监测仪的发展和普及直接关系到地下水环境监测工作的顺利进行。但目前地下水监测工作还不完善，包括监测网、监测频率与监测指标都没有一定的规范或标准去加以确定，且对人类活动对地下水环境的影响不够重视；地下水自动监测仪高昂的成本使其普及程度不高。而且，很多探头的使用会受到种种条件的限制。有些探头在生物堆积的影响下产生测量误差

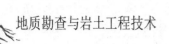

和漂移，其中受影响尤为严重的是溶解氧探头。

3.不确定性

在社会发展进程中存在各种各样的不确定性，这就使得与人类社会发展密切相关的地下水环境研究具有高度的不确定性。如不同地区，人类活动强度不同，影响强度也不同，那么在人类活动量化时必然存在一定的随机性和主观判断，使得最终的研究结果也具有一定的不确定性。实际上，地下水环境研究的不确定性广泛存在于整个研究中。如监测数据的不确定性、预测模型的不确定性、模型概化的不确定性等。人类活动影响下的地下水环境研究具有高度的不确定性，不仅表现在具体的研究内容上，也体现在与研究内容有关的国家相关政策制定上或相关研究项目的支持程度上。地下水环境研究受到国家有关政策和法规的制约，一旦国家政策发生变化，则会导致相关研究也随之发生相应的变化。如近年来，国家自然科学基金委对变化环境下的地下水或水文地质研究给予较大的重视，若干相关的研究得到了支持，也取得了一系列成果。但是，如果国家的支持力度有所减小，对相关研究的资助失去连续性，那么相关的研究是否能够顺利继续下去便很难下定论。

4.对专业技术人员能力的挑战

近年来，人类活动对地下水环境的影响越来越大，相关研究也得到了国家及有关部门的重视，众多学者也都将目光集中于此。然而，由于人类活动影响下地下水环境研究具有的复杂性、长期性和不确定性，因此对相关研究人员提出了更高的要求。与传统的水文地质研究不同，变化条件下的地下水环境研究涉及的方面更加宽广，所需的专业知识更加丰富，对研究所投入的时间也需要更多。这就要求专业技术人员要有扎实的专业基础知识和广阔的国际视野，能够站到更高的层面去思考问题，尤其要具有较广阔的多学科相关知识。但是，目前大多数技术人员并不具备研究所需要的广阔的多学科相关知识，尤其是年轻的一代，研究经验还不丰富，视野还不够广阔。例如，对于建立并运行地下水环境预测模型，只有少数科研院所及高校研究人员能够胜任，而大多数水文地质工作者并不具备这方面的能力，这就使得这些人员在进行更深入的研究时显得有些吃力。

人类活动影响下的地下水环境研究是在传统水文地质研究的基础上，运用新技术、新方法和新理论进行的有关地下水和地下水环境的专业性研究。但有一部分老专家虽然具有相当丰富的实践经验，但是对于新技术和新方法明显缺乏了解和应用，也不能给予后辈充足的指导。人类活动影响下的地下水环境研究所涉及的研究内容很多，所需要解决的问题也很多，需要众多专业人员的共同努力，才能够有所斩获。这就要求专业技术人员能够与时俱进，抓紧时间学习，努力搞好本专业的同时，尽可能多地涉猎其他相关学科。

5.对合作及数据共享机制的挑战

近些年，地下水研究成果越来越多，但对于建模所需要的各种参数和用于验证模型的实验和监测数据仍很缺乏。此外，地下水研究最大的障碍是缺乏合理有效的数据共享机制，地下水监测数据共享程度不够。某一场地或区域的基础数据可能分散于某些组织甚至个人手中，难以实现数据的一致性和标准化；有些监测数据质量较差，不能用于科学研究，这大大制约了科学研究的进展。同时，科学研究合作机制也面临着极大的挑战，尤其是国际合作。目前大多数研究局限于某个研究所、大学或某个学术组织部分人，没有得到全方位的分配。人类活动涉及社会发展的各个方面，所有的人类活动都会直接或者间接地对地下水环境产生影响。因此，人类活动影响下的地下水环境研究不是某个组织、某个地区或某个国家的事情，它是全人类都应予以关注并参与其中的具有国际性和全球性的研究。因此加强合作、促进数据共享是人类活动影响下的地下水环境研究积极向前发展的有效保障。

6.对先进技术手段的挑战

人类活动影响下的地下水环境研究是近些年发展起来并得到广泛关注的研究领域，与传统的水文地质研究有密切的关系，但又与其有着截然不同的研究侧重点，因此研究所用到的手段是在原有技术手段上的升华与发展。目前在研究中广泛应用到的较先进的技术手段主要有遥感解译、同位素技术、数值模拟等。这些方法和技术在解决人类活动影响下的地下水资源评价、地下水环境预测、地下水形成及演化、地下水与生态环境等方面的问题时发挥了重要作用。但是，随着人类活动的不断加剧，人类活动的形式也逐渐变得多种多样，人类活动对地下水环境的影响也在不断朝着多元化的方向发展。随着人类活动的加剧和多元化，目前已有的这些手段和方法在解决地下水环境问题时将会逐渐显得力不从心。因此有必要在利用现有技术手段的同时，发展起更为强大或更为有效的技术手段，或多种手段综合并用。只有这样，才能对人类活动影响下的地下水环境的形成和演化进行充分的研究。

## （二）带来的机遇

人类活动影响下的地下水环境研究所面对的一系列挑战也给水文地质发展和地下水环境研究带来了诸多机遇。主要表现在以下几个方面：促进多学科交叉发展，促进地下水环境基础理论的研究，促进地下水监测与数据共享，促进新技术、新方法和新技术手段的发展，促进地下水科学基础教育的发展等。

1.促进多学科交叉发展

在人类活动影响下，地下水环境研究的进行必将促进水文地质和地下水环境相关学科的发展，促进各学科理论与方法的交叉，甚至产生一些边缘学科。如人类活动会对地下水位产生强烈的影响，而地下水位是与地表植被生长和生存密切相关的因素。地下水位的变化会很大程度上影响地表植被的分布与演化，也会对植被的生长、发芽、开花和结果产生一定的影响。此时，水文地质学便与植物学和生态学联系在一起，产生了水文生态学和水文植物学。粮食作物的生长和生产与粮食安全密切相关，因此水文地质学又可与社会科学联系在一起，产生社会水文学。又如，人类大量开采地下水，使得地下水资源量濒临枯竭时，则会相应地促使一系列政治和行政措施的出台，比如，水价政策、水权政策，这样，水文地质学又与社会经济学联系在一起，产生水文经济学。总而言之，人类活动影响下的地下水环境研究是一门多学科交叉的学问，该研究的进行必定会促进与之相关的学科的发展。

2.促进地下水环境基础理论的研究

水文地质学是一门比较古老的学科。人类活动下的地下水环境研究与传统水文地质研究相关，但又与传统的水文地质学的研究内容有所区别。它涉及的研究层面更广、研究内容更加深刻，与人类生存和发展的关系更加紧密，具有更加广泛的社会属性。人类活动下的地下水环境研究是近十几年，在人类活动不断加剧、地下水环境不断恶化的背景下，才逐渐得到人们重视的。因此，已有的水文地质学理论和方法并不能很好地解决每一个涉及人类活动的地下水环境问题。而且，由于人类活动的多种多样以及其对地下水环境影响的多元化，使得人类活动影响下的地下水环境研究是一个庞大的综合性研究领域，需要的不仅仅是水文地质学的理论与方法，还需要其他相关学科的理论与方法。这些方法只有经过提炼、整理和进一步发展，才能真正成为适用于研究人类活动影响下地下水环境的理论与方法。

3.促进地下水监测与数据共享

人类活动影响下的地下水环境研究要求有高效、广泛和及时的地下水信息共享。而目前的地下水信息监测和共享体系不能满足研究的需要，如地下水监测体系不完善，监测网布设局限于城市周边，不能覆盖整个区域，农村覆盖面积小；监测数据的精确度不够，不能用于科学研究；不同区域地下水监测数据难以实现一致性和标准化；地下水基础数据掌握在个别组织或个人手中，难以实现共享。研究的不断进行必将促进这些问题得到不断解决。

4.促进新技术、新方法和新技术手段的发展

如前所述，人类活动影响下的地下水环境研究是一个综合性、多学科、复杂的研究领域，它的发展有赖许多新技术和新方法的发明和使用。近年来，遥感解译、同位素技术、数值模拟等诸多手段被应用到水文地质相关研究中，取得了良好的效果。随着研究的日益深入，许多新方法将被引进并应用到研究的各个方面。例如，传感器网络技术使得在时间和空间上进行密集监测成为可能；水文地球物理探测技术在研究地下水环境非均质性中发挥了巨大的作用；现场多参数水质监测技术可以大量获取现场水质数据，逐渐为水文地质学者所熟悉。此外，还有遥感、GIS、GNSS等技术也在地下水环境研究中发挥了巨大的作用。相信随着这些新技术、新方法的不断发展，其在地下水环境研究中将发挥越来越大的

作用，反过来，地下水环境研究也会促进这些新技术、新方法的发展和进一步突破。

5.促进地下水科学基础教育的发展

人类活动影响下的地下水环境研究还可以促进地下水科学基础教育的发展。我国现阶段社会发展过程中，地下水不但是水资源中的重要组成部分，也是影响人类生存环境的重要组成部分。在人类活动的影响下，经济发展对水资源需求不断增加，地下水超采不断加剧，地下水资源和环境问题越发突出。这些问题的解决需要开展深入的研究和咨询服务，迫切需求该领域的人才。此外，解决人类活动影响下的地下水环境问题需要多学科的理论和方法，这将促使专业人才培养模式和教育理念的改变，大大促进地下水科学基础教育的发展。

地下水是宝贵的淡水资源，在保障居民生活、工业生产和农业灌溉等方面发挥着重要的作用。地下水还是最活跃的环境因子，在保证生态环境的可持续性方面也发挥着极其重要的作用。然而，随着人类活动的不断加剧，人类活动对地下水环境的影响越来越强烈。尤其在干旱、半干旱地区，人类活动使本身十分脆弱的地下水环境承受了更大的压力。对人类活动影响下的地下水环境进行研究，对于保障地下水环境安全、维护地下水环境系统的稳定性、促进地下水资源的合理利用与科学管理具有重要的理论意义。

# 第五章
# 矿区水文地质勘探

## 第一节　矿区水文地质勘探阶段与工作方法

### 一、矿区水文地质勘探阶段划分及基本要求

矿区水文地质勘探阶段分为普查、详查（初步勘探）和精查（详细勘探）三个阶段。水文地质条件简单的矿区，勘探阶段可简化或合并。

#### （一）普查阶段

普查阶段的任务是初步了解矿区水文地质条件，根据自然地理、地质条件，初步划分水文地质类型，指明供水水源勘探方向，为矿区远景规划提供水文地质依据。

普查阶段要求通过区域水文地质测绘，钻孔简易水文地质观测，泉、井和钻孔的流量、水位、水温的动态观测及老窑和生产矿井水文地质资料的收集，初步了解工作区的自然地理条件、地貌、第四纪地质及地质构造特征，主要含水层和隔水层岩性、分布、厚度、水位及泉的流量；初步了解对矿层开采可能有重大影响的含水层富水性，地下水的补给、径流、排泄条件；了解生产矿井和老窑的分布、采空情况及水文地质情况，了解供水水文地质条件，指出矿区供水水源勘探方向等。

#### （二）详查阶段

详查阶段工作程度较普查阶段进一步加深，相应投入的工作手段也较普查阶段多。

详查阶段的任务是通过矿区水文地质测绘、水文地质观测及抽水试验等工作，初步查明矿区水文地质条件，生产矿井和老窑采空区分布、积水、涌水量变化情况；分析矿床充水因素，估算矿井涌水量，初步评价供水水源；预测可能引起的环境水文地质和工程地质问题，为矿区的总体规划或总体设计提供水文地质依据。

### （三）精查阶段

精查阶段工作程度较详查阶段进一步加深，工作手段投入更多。精查阶段的任务是通过大比例尺的水文地质测绘、观测、抽水试验等工作，查明矿床直接和间接充水含水层的特征，评价矿井充水因素；预测矿井涌水量，预测和评价矿井开采和排水可能引起的环境水文地质和工程地质问题，指出矿床开采过程中可能发生突水的层位和地段；对井田内可供利用的地下水的水量、水质作出评价；提出矿井防治水方案及矿井水综合利用的建议，为矿井设计提供水文地质依据。

## 二、矿区水文地质勘探方法

矿区水文地质勘探方法一般包括水文地质测绘、水文地质勘探、水文地质试验、水文地质观测（地下水动态观测）和实验室试验、分析、鉴定等。

### （一）水文地质测绘

水文地质测绘是对工作区内的水文地质现象进行实地的调查、观察、测量、描述，并绘制成图表、图件，以说明地下水的形成条件、赋存状态与运动规律。

### （二）水文地质勘探

水文地质勘探是查明水文地质条件的重要手段。水文地质勘探包括水文地质钻探、物探、化探和坑探。其中水文地质钻探是最基本的勘探手段，水文地质物探具有速度快、成本低、设备简单等优点。工作中常常采用物探先行、钻探验证的程序，以提高勘探效率和保证勘探质量。

### （三）水文地质试验

水文地质试验是进行地下水定量研究、获取水文地质参数的重要手段。水文地质试验包括抽水试验、井下放水试验、注水试验、压水试验、连通试验、地下水流向、流速测定等，其中最主要和最常用的是抽水试验。

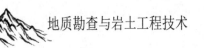

## （四）水文地质观测

水文地质观测又称为地下水动态观测，是研究地下水要素随时间变化，阐明地下水形成和变化规律，进行水位、水量、水质评价和预测的重要手段。在矿区水文地质勘探中，观测矿区地下水要素随开采活动的变化，对于分析矿井充水条件的变化规律，预测矿井涌水，判别涌水水源和确定涌水通道等有着十分重要的意义。

## （五）实验室试验分析

为取得地下水水质，岩石的物理、水理和力学性质指标，岩石的破坏和溶蚀机理等资料，需要采集水、岩、土样进行实验室鉴定、分析和试验，为分析评价矿区水文地质条件提供重要依据。

# 三、矿区水文地质勘探工作程序

水文地质勘探，应按一定的工作程序，有计划、有步骤地进行。一般应遵循下述原则。

（1）勘探工作应从普查开始，然后进入详查（初勘）和精查（详勘）。从普查到精查，工作范围由大到小，工作要求由粗到精，对水文地质条件的认识由表及里、由浅入深。各阶段有其侧重的内容和要求，一般应依次进行。

（2）勘探方法的组织应按测绘—勘探—试验—长期观测的顺序安排。

（3）勘探工程量的投入，应根据具体条件由少到多，由点到线，进一步控制到面，以求既在经济技术上合理可行，又保证勘探成果的质量。

（4）每一勘探阶段都应按准备工作、野外施工和室内总结三段时期进行。

准备工作时期应广泛收集资料，明确存在的问题和需要进行的工作，重点是编制勘探工作设计书。设计书内容应包括：勘探区的范围、地质概况，研究程度和存在问题，勘探阶段的确定、勘探任务和要求，勘探方法的组织、工程量及布置原则和技术要求，预期成果、时间进度、设备计划、人员组织及经济预算等。设计书须经有关部门批准后方能实施。

野外施工时期按设计要求进行各项水文地质勘探工作。施工中既要坚持先设计后施工的原则，又要注意各种勘探方法的有机配合，更应保证每项工程的施工质量，加强勘探资料的综合分析，以便及时对发现的问题采取措施（包括修改设计），保证勘探成果的质量。

室内总结时期是最后完成勘探任务的关键时期，主要任务是编制出符合设计要求的水文地质图件和报告书。

# 第二节　矿区水文地质测绘

水文地质测绘也称水文地质填图，是以地面调查为主，对地下水和与其相关的各种现象进行现场观察、描述、测量、编录和制图的一项综合性水文地质工作。水文地质测绘是水文地质勘查工作的基础与先行工作，是认识和掌握测区地层、地质构造、地貌、水文地质条件等的重要调查研究方法。就水文地质勘查工作程序而言，一般应做到先测绘后钻探。在特殊情况下，测绘和钻探也可以同时进行，但测绘工作仍应尽量先行一步，以便为及时调整勘查设计提供依据。

## 一、水文地质测绘的目的与任务

### （一）水文地质测绘的目的

水文地质测绘的目的在于通过对地质、地貌、新构造运动、地下水点的调查和填绘水文地质图等，查明勘查区内地下水形成与分布的基本规律，在此基础上作出初步的开发利用远景评价，并对区内存在的环境水文地质问题等提出防治措施的论证。水文地质测绘还将进一步为水文地质钻探、试验和观测工作提供设计依据。

### （二）水文地质测绘的任务

水文地质测绘的主要任务如下。

（1）调查与地下水形成有关的区域地质、区域水文、气象因素，地貌及第四纪地质特征。

（2）调查研究测区内的主要含水层、含水带及其埋藏条件；隔水层的特征与分布。

（3）查明测区内地下水的基本类型及各类型地下水的分布状态、相互联系情况。

（4）查明地下水的补给、径流、排泄条件。

（5）概略评价各含水层的富水性，区域地下水资源量和水化学特征及其动态变化规律。

（6）调查研究各种地质构造的水文地质特征。

（7）了解区内现有地下水供水、排水设施以及地下水开采情况。

（8）论证与地下水有关的环境地质问题。

## 二、水文地质测绘的基本工作方法

水文地质测绘的基本工作方法和步骤包括准备工作、野外工作及室内整编三个方面。

### （一）准备工作

主要的准备工作内容如下。

（1）收集与熟悉测绘区自然地理、地貌、地质资料。

（2）对已有的航片、卫片进行解释。

（3）确定各项工作量，对测绘点、测绘路线作出合理安排。

（4）现场踏勘，建立地层层序并确定标志层。

（5）按照相关规范编制各项技术要求、工作规程和成果标准，制定有关的规章制度。

### （二）野外工作

1.观测剖面的选择

观测剖面有两种：一种为全区综合性地层、构造剖面；另一种为典型地段控制性地貌、岩性剖面，例如河流阶地、洪积扇轴部、泉水出露地段等。剖面长度视需要和所要说明的问题而定。全区综合性剖面一般应与勘查线相结合，必要时应进行实测。

2.实测地层剖面

野外水文地质测绘应从研究或实测控制性地层剖面开始。其目的是查明区内各类地层的层序、岩性、结构和构造、岩相、厚度及接触关系，裂隙岩溶发育特征，确定标志层或层组及填图单位，研究各类岩石的含水性和其他水文地质特征，最后编制出所测地区的地层综合柱状图。

实测地层剖面应选在地层发育较全、地质构造简单，没有或很少岩浆岩穿插的地段上；剖面方向尽可能垂直地层走向或主要构造线方向布置，一般来说两者间的夹角不宜小于60°；剖面地层分层的详细程度应根据测绘的需要而定；选择一定的比例尺绘制实测地层剖面图，比例尺一般应为测绘比例尺的5~10倍。要在现场进行草图的测绘，以便发现问题及时补充。按要求采取地层、构造、化石等标本和水、土、岩样等，以供分析鉴定使用。在水文地质条件复杂的地区，最好能多测一两条剖面，以便于对比。如控制剖面上某些关键部位掩盖不清，还应进行一定量的剥土或轻型坑探工作。

3.布置观测线、观测点

在野外进行水文地质测绘时要布置观测线和观测点，并将各在观测线和观测点观察到的各种地质现象、实测资料及测定的各种界线，按规定的图例符号在野外就地标记于地形底图上，作为室内资料分析和编制各种成果图件的基础。

4.水文地质测绘方法

野外水文地质测绘要采用文字记载和素描图结合，观测点的描述和沿线观察结合及全面观察与解剖典型剖面相结合的方法，具体有以下三种。

（1）横向穿越法。横向穿越法是垂直或大致垂直于工作区的地质界线、地质构造线、地貌单元、含水层走向的方向进行观测，有"S"形或直线形。穿越测区沿线作详细的地质观察，这样可以在较短的路线上观察到较多的内容（地层界线、岩性界线、地貌界线、接触关系、褶曲、断层线、岩层产状、各种水文地质现象等），测绘出较多的地质界线。该种方法效率高，以最少的工作量能获得最多的成果，在基岩区或中小比例尺测绘时多用该种方法。

（2）纵向追索法。纵向追索法是一种辅助测绘方法，是沿着地质界线、地质构造线、地质单元界线、不良地质现象周界等布点追索（顺层追索）。当地质条件复杂而横向穿越的观测又不能控制各类界线的正确填绘时，往往需要沿地质体、地质界线或构造线的走向进行追索，力求弄清它们沿走向的变化和接触关系。利用该方法可以详细查明地质界线和地质现象分布规律，但工作量较大，主要用于大比例尺水文地质测绘。

（3）全面观察法。全面观察法是在工作区内，采用穿越法与追索法相结合的方法观测。例如，在松散分布区，要垂直于现代河谷或平行地貌变化最大的方向观测，并要求穿越分水岭，必要时可沿河追索，对新构造现象要认真研究；在山前倾斜平原区，应沿山前至平原观测，从洪积扇顶至扇缘、平行山体岩性变化显著的方向也应观测；在露头较差的地段，有时可用全面勘查法，以寻找地层及地下水露头；在第四系地层广泛分布的平原区，基岩露头较少，可采用等间距均匀布点形成测绘网络，以达到面状控制的目的。全面观察法是水文地质测绘的主要方法，适用于大比例尺及中比例尺的部分复杂地区地质填图。

（4）信手剖面图、地质素描、地质摄影（像）。在野外地质测绘中，除文字描述，必须有观测线信手剖面图和各种地质素描图并配合地质摄影，使测绘资料记录图文并茂并互相印证。

（5）动用必要的勘查工程。水文地质测绘中，除全面观测、收集区内现有的地面、井孔、坑道等资料，还要求在测区动用必要的勘查工程进行一些勘查工作。为取得被掩埋的地层、断层的确切位置、裂隙或岩溶发育地段、揭露地下水等资料，可以布置些试坑、探槽、浅钻或物探工作；为取得含水层的富水性资料，需布置一些机井进行抽水试验；为

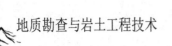

取得松散层厚度及被覆盖的基岩构造等，可布置物探工作。

（6）野外资料整理工作。野外工作期间，应做到当天的资料当天整理，避免积压及以后发生遗忘，造成差错。经常性的资料整理内容如下。

①检查、补充和修正野外记录簿和草图，并进行着墨。检查地质点在图幅内的坐标位置，修正地质草图，编制各种综合图及辅助的地质剖面。对野外所拍摄的照片或录像资料进行编号和附文字说明。

②整理试验结果，并进行相关的计算，按规定绘制相关的图表。

③整理和记录所采集的各种样品及标本，对各种标本、样品按统一的编号进行登记和填写标签，并分别进行包装。

④与邻区进行接图，进行路线小结，以及时发现问题并找出补救办法。

⑤进行航空照片判读，研究和确定次日的具体工作路线和工作方法。

### （三）室内整编

室内整编是编写水文地质测绘成果的阶段，是整理和分析所得野外资料、编写出高质量测绘报告的关键工作，该工作的主要内容如下。

①仔细核实、检查野外获得的全部原始资料，一旦发现问题需返回现场做补充工作。

②进行实验室工作，完成水、土、岩样分析、实验和鉴定工作。

③做好物探、坑探、钻探、野外试验等资料的整编工作。

④编制水文地质图件和编写水文地质测绘文字报告。


# 第三节　矿区水文地质测绘的基本内容和要求


## 一、地质研究

### （一）地质构造的调查研究

在水文地质测绘工作中，应重点研究工作区的地质构造，这是由于地质构造对一个地区地下水的埋藏、形成条件和分布规律起控制作用。例如，褶曲可以形成自流盆地或自流斜地，在褶曲的不同部位（轴部和两翼）裂隙发育的程度往往不同，因此含水性和富水性也有很大差别。从水文地质角度研究断裂时，除了要查明断裂的发育方向、规模、性质、充填胶结情况、结构面的力学性质和各个构造形迹之间的成因联系，还要通过各种方法确定断裂带的导水性、富水性，以及在断裂带上是否有上升泉等。因此，应选择不同条件的典型地段做系统的裂隙统计工作。

### （二）新生界地层的调查研究

对新生界地层要研究岩性、岩相、疏松岩石的特殊夹层、层间接触关系、成因类型和时代划分，并且要与地貌、新构造运动密切结合起来。这是由于不同的地貌单元和发育程度不同的新构造运动反映了不同的新生界沉积和地下水的赋存条件。

### （三）地貌的调查研究

应着重调查研究与地下水富集有关或由地下水活动引起的地貌现象（如河谷、河流阶地、冲沟以及微地貌等）。

### （四）物理地质现象的调查研究

对一些与地下水形成有关的物理地质现象，如滑坡、潜蚀、岩溶、地面塌陷、古河床、沼泽化及盐渍化现象等，都应进行观察描述。综合分析研究这些现象，对正确认识区域地下水形成规律，有重要的启发作用。

## 二、水点的调查研究

### （一）泉的调查研究

泉是地下水的天然露头，是最基本的水文地质点。泉的调查研究内容主要有以下几点。

（1）泉出露的地形特点、地形单元和位置、出露的高程，泉与附近河水面或谷底的相对高度，泉出露口的特点及附近的地质情况。对有意义的泉水点应摄影或作素描图、剖面图。

（2）测量泉的流量，对泉水取样进行化学分析，研究泉的动态及泉水的温度变化等。根据泉流量的不稳定系数进行分类，并据此判断泉的补给条件。

（3）对人工挖泉还应了解其挖掘位置、深度、泉水出露高程和地形条件、水量大小等。

## （二）岩溶水点（包括地下河）的调查研究

岩溶水点（包括地下河）的调查研究的主要内容如下。

（1）水点的地面标高及所处地貌单元的位置及特征，水点出露的地层层位、岩性、产状、构造与岩溶发育的关系、结构面的产状及其力学性质等。

（2）水点的水位标高和埋深、水的物理性质，取水样并记录气温、水温，观测溶洞内水流的流向和流速、地下湖或地下河的规模等。对有意义水点应进行实测并绘制水文地质剖面图或洞穴水文地质图，还要素描或照相。

（3）调查研究岩溶水点与邻近水点及整个地下水系的关系，必要时需进行追溯或连通试验，查清地下水的补给来源及排泄去向。岩溶水点的动态观测工作应在野外调查过程中及早安排，尽可能获得较长时间和较完整的资料。

## （三）水井（钻孔）的调查研究

水井（钻孔）的调查研究的主要内容如下。

（1）将调查的水井（钻孔）的位置填绘到地形地质图上并编号，测量水井（钻孔）的高程及其与附近地表水体的相对高程，测量水井（钻孔）的深度及水位埋深。

（2）了解水井（钻孔）的地质剖面，含水层的位置、厚度、水质、水量及地下水动态；了解水井（钻孔）的结构、保护情况、使用年限、污染情况、用途和建井日期等。

（3）观测水井（钻孔）水的物理性质，并选择有代表性的水井（钻孔）取样进行化学成分分析，调查、测量水井（钻孔）的涌水量。

## （四）地表水体、地表塌陷的调查研究

地表水与地下水之间常存在相互补给和排泄的关系。地表水系的发育程度，常能说明一个地区岩石的含水情况。长期缺乏降水的枯水季节，河流的流量实际上与地下水径流量相等。在无支流的情况下，河流下游流量的增加、浑浊的河水中出现清流、封冻河流出现局部融冻地段等，都说明有地下水补给河流。反之，河流流量突然变小乃至消失，则表明河水补给了地下水。为了查明上述情况，除了收集已有的水文资料，还要对区内大的河流、湖泊进行观测，同时要了解河流、湖泊水位、流量及其季节性变化与井水、泉水之间的相互关系。

在矿山生产中的采掘活动往往会影响到地表，造成地表塌陷，导致地表水或含水层水流入矿井，使井泉干枯、河水断流，对矿山建设和生产造成危害。因此，在水文地质测绘工作中，应预测塌陷区的位置及范围，并提出预防措施。对已发生塌陷的地表，应进行观测，调查塌陷区的形态、大小、积水情况及其与地下水的联系，以查明塌陷及其积水对矿

井充水的影响。

### （五）老窑及生产矿井的调查

在矿层露头带附近，往往有废弃的老窑存在，这些老窑中往往积存有一定数量的水，对矿井采掘有很大威胁。因此，在水文地质调查中，应查清老窑的分布范围和积水情况。地面测绘和调查访问是查清老窑分布和积水情况的基本方法。采掘年代已久或埋藏较深不易查清时，也可采用物探、钻探的方法进行调查。

生产矿井水文地质调查，是水文地质调查中一项十分重要的工作。当测区附近有生产矿井，且地质条件与待查井田的地质条件相似时，应收集生产矿井的水文及工程地质资料。根据生产矿井的涌水量、断层或巷道突水特点、巷道顶底板稳定程度等资料分析，估计待查井田的水文及工程地质特征。

生产矿井的调查内容，一般应包括以下几个方面。

（1）矿井总涌水量。包括分水平、分煤层的矿井涌水量；巷道、断层突水点的突水特征。

（2）回采面积、矿产资源开采量与矿井涌水量的关系；矿井涌水量随季节变化关系。

（3）巷道顶底板稳定程度；断层的导水情况。

（4）对于露天矿，还应查明其边坡的稳定程度。

在实际工作中，常常是将上述调查内容制成统一格式的专门表格（卡片），如泉调查记录表、民井调查记录表、地表水调查记录表、岩溶调查记录表、老窑及生产矿井调查记录表等。调查记录表格在野外直接填写，既能节省野外工作时间，也能促进基础资料的标准化与规范化。

# 第四节 矿区水文地质钻探

在矿区水文地质勘探中，水文地质钻探是最主要、最可靠的手段。水文地质钻孔除可直接揭露地下水（含水层），还可兼作取样、试验、开采和防治地下水之用。因此，水文地质钻探具有其他勘探方法所不能替代的优点。在各种矿区水文地质勘探中，均应投入相应的水文地质钻探工作，以保证所获取的水文地质资料的可靠性。

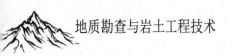

## 一、水文地质钻探的任务及特点

水文地质钻探是勘探和开发地下水的重要调查研究手段，目的是在矿区水文地质测绘的基础上，进一步准确查明含水层的埋藏条件、地下水运动规律和含水层的水质、水量，为合理开发利用与防治地下水提供必要的依据。

水文地质钻探的任务包括：确定含（隔）水层的层位、厚度、埋藏深度、岩性、分布状况、空隙性和隔水层的隔水性；测定各含水层的地下水位，各含水层之间及含水层与地表水体之间的水力联系；进行水文地质试验，测定各含水层的水文地质参数，为防治矿井水和开发利用地下水提供依据；进行地下水动态观测，预测动态变化趋势；采集地下水样作水质分析，采集岩样、土样进行岩土的水理性质和物理力学性质试验分析。水文地质钻孔在可供利用的情况下，还可做排水疏干孔、注浆孔、供水开采孔、回灌孔或长期动态观测孔等。

由于水文地质钻探的任务不仅是为了采取岩芯、研究地质剖面，还应取得含水层和地下水特征的基本水文地质资料，满足对地下水动态进行观测和供水、疏干等工程的要求，所以在钻孔结构、钻进方法和施工技术等方面都较地质钻探有不同的特点。例如，为了分层观测地下水稳定水位，除钻进、取芯外还需要变径、止水、安装过滤器和抽水设备、洗孔、抽水等，因而水文地质钻探的特点是任务重、观测项目多，工序复杂，施工工期长。

## 二、水文地质钻孔的基本类型

根据水文地质钻孔所担负的主要任务的不同，可将其分为以下五类，它们的结构和技术要求均有所不同。

（1）勘探孔。主要用于了解矿区地质情况，如地层岩性、构造、含水层数、厚度、埋深和结构等。钻进时需采取岩芯进行观测、描述和进行简易水文地质观测。

（2）试验孔。主要用于抽水试验，通常采用较大的孔径。为专门目的布置的水文地质试验孔一般需要做分层观测、分层抽水或多孔、群孔抽水试验。

（3）观测孔。主要用于指定层段抽水试验时地下水位的观测和地下水长期动态观测，同时了解水文地质条件或采取水样、岩样。在进行连通试验时用于试剂的投放和检测。

（4）开采孔。主要用于地下水开采或矿区地下水水位疏降。钻孔结构应满足一定的水量、水质要求。对于探采结合孔，为满足了解水文地质条件和抽水试验的需要，可采用小口径钻进取芯，然后大口径扩孔成井的施工方法。

（5）探放水孔。主要用于探明掘进巷道前方一定距离内的水文地质条件，或用于矿井地下水疏降、井下水文地质试验等。探放水孔多在井下施工，也可由地面施工。

在各种水文地质钻孔中，勘探孔也称一般水文地质孔，而试验孔、观测孔、开采孔和探放水孔则称专门水文地质孔。

## 三、水文地质钻孔的布置要求

水文地质勘探钻孔的布置，应符合经济与技术要求，即用最少的工程量、最低的成本、最短的时间，获得质量最高、数量最多的水文地质资料。下面分别介绍松散沉积区、基岩区水文地质勘探钻孔的布置。

### （一）松散沉积区水文地质勘探钻孔的布置要求

#### 1.山间盆地

大型山间盆地中含水层的岩性、厚度及其变化规律，均受盆地内第四系成因类型控制。因此，山间盆地内的主要勘探线，应沿山前至盆地中心方向布置；盆地边缘的钻孔，主要是为了控制盆地的边界条件，特别是第四系含水层与岩溶含水层的接触边界，应沿边界线布置，以查明山区地下水对盆地第四系含水层的补给条件；盆地内的勘探钻孔，则应控制其主要含水层在水平和垂直方向上的变化规律。在区域地下水排泄区，也应布置一定数量的钻孔，以查明其排泄条件。

#### 2.山前倾斜平原地区

勘探线应控制山前倾斜平原含水层的分布及其在纵向（从山区到平原）和横向上的变化，即主要勘探线应平行冲、洪积扇轴，而辅助勘探线则应垂直冲、洪积扇轴布置。对大型冲、洪积扇，应有两条以上垂直河流方向的辅助勘探线，以查明地表水与地下水的补、排关系。

#### 3.河流平原地区

勘探线应垂直于主要的现代及古代河道方向布置，以查明古河道的分布规律和主要含水层在水平和垂直方向上的变化。对大型河流形成的中下游平原区，应布置网状勘探线查明含水层的分布规律。

#### 4.滨海平原地区

在滨海平原地区，勘探线应垂直海岸线布置。在海滩、砂堤、各级海成阶地上，均应布置勘探孔，以查明含水层的岩性、岩相、富水性等变化规律。在河口三角洲地区，为查明河流冲积含水层分布规律和淡咸水界面位置，应布置成垂直海岸线和垂直河流的勘探网。

### （二）基岩区水文地质勘探钻孔的布置要求

**1.裂隙岩层分布地区**

此类地区地下水主要赋存于风化和构造裂隙中，形成脉网状水流系统。为查明风化裂隙水埋藏分布规律的勘探线，一般沿河谷至分水岭的方向布置，孔深一般小于100m。为查明层间裂隙含水层及各种富水带的勘探线，则应垂直含水层或含水带走向的方向布置，其孔深取决于层状裂隙水的埋藏深度和构造富水带发育程度，一般为100～200m。因这类水源地的出水量一般不大，为节省钻探投资，供水勘探工作最好结合开采工作进行。

**2.岩溶地区**

对于我国北方的岩溶水盆地，主要的勘探线应沿区域岩溶水的补给区到排泄区的方向布置，以查明不同地段的岩溶发育规律。从勘探线上钻孔的分布来说，近排泄区应加密布孔或增加与之平行的辅助勘探线，以查明岩溶发育带的范围。在垂直方向上，同一水文地质单元内，钻孔揭露深度一般也应从补给区到排泄区逐渐加大，以揭露深循环系统含水层的富水性和水动力特点。查明岩溶水补给边界及排泄边界，对岩溶区水文地质条件评价十分重要，为此，勘探线应通过边界，并有钻孔加以控制。这类水源地的勘探孔，绝大多数应布置在最有希望的富水地段上。

在以管道流为主的南方岩溶区布置水文地质勘探孔时，除考虑上述原则，尚应考虑有利于查明区内主要的地下暗河位置、水量等。

## 四、水文地质钻孔钻探工艺

根据水文地质钻探的目的和现有的钻探技术条件，常采用以下几种施工工艺。

### （一）小口径取芯钻进

利用这种方法主要是为了提高岩芯采取率，以满足地质勘探的要求，采用孔径一般为110～174mm。其特点是钻进效率高、成本低，在某些情况下也能进行抽水试验。

### （二）小口径取芯大口径扩孔钻进

这种方法是先用小口径钻进取芯，以提高岩芯采取率，获得地质成果。然后用大口径一次或逐级扩孔，以满足抽水试验或成井要求。扩孔口径可达250～500mm。

### （三）大口径取芯钻进

在基岩山区，可采用大口径取芯钻进一次成井的方法，使之既满足勘探要求，又可进行水文地质试验。但对松散地层，因大口径取芯困难而不宜采用此法。

## （四）大口径全面钻进

在对取芯要求不高，允许通过观察岩粉或孔底取样并配合物探测井来满足地质要求的地段，常采用大口径全面钻进。它具有效率高、成本低、口径大、一次成井等优点。在水文地质研究程度较高、已基本掌握其变化规律的松散岩层地区，仅仅是为了施工抽水试验孔或勘探开采孔时，可采用这种方法钻进。

# 五、水文地质钻探的观测与编录

## （一）岩芯的描述和测量

在水文地质钻探过程中，应当在每次提钻后立即对岩芯进行编号、仔细观察描述、测量和编录。

1.岩芯的地质描述

对岩芯的观察和描述，重点是判断岩石的透水性。尤其应注意对在地表见不到的现象进行观察和描述，如未风化地层的孔隙、裂隙、岩溶发育及其充填胶结情况，地层的厚度，地下水的活动痕迹，地表未出露的岩层、构造等。对由于钻进所造成的一些假象也应注意分析和判别，并把它们从自然现象中区别出来。如某些基岩层因钻进而造成的破碎擦痕、地层的扭曲、变薄、缺失和错位、松散层的扰动、结构的破坏等。

2.测算岩芯采取率

岩芯采取率可用于判断坚硬岩石的破碎程度及岩溶发育程度，进而分析岩石的透水性和确定含水层位。

一般要求在基岩和黏土层中，岩芯采取率不得小于70%，在构造破碎带、风化带、裂隙、岩溶带和非黏性土中，岩芯采取率不得小于50%。

3.统计裂隙率及岩溶率

基岩裂隙率或可溶岩岩溶率是用来确定岩石裂隙或岩溶发育程度以及确定含水段位置的可靠标志。

4.进行物探测井及取样分析

在终孔后，一般应在孔内进行综合物探测井，以便准确划分含水层（段），并取得含水层水文地质参数。

5.取样分析

按设计的层位或深度，从岩芯或钻孔内采取一定规格（体积或质量）或一定方向的岩样、土样，以供观察、鉴定、分析和实验之用。

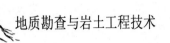

## （二）水文地质观测内容与方法

钻探过程中，水文地质观测的主要内容有：水位、水温、冲洗液消耗量及漏失情况，钻孔遇溶洞、采空区、大裂隙时钻具陷落的情况及钻孔涌水、涌砂等情况。

### 1.水位的观测

地下水位是重点观测项目。不同含水层或含水组的地下水位是不一致的，当钻孔揭露了新的含水层时，孔内的水位会发生变化。因此，在钻探过程中，系统地观测钻孔中地下水位的变化，可以发现新的含水层，确定含水层的埋藏条件，判断各含水层之间以及地下水与地表水之间的水力联系。

水位观测的一般要求是：每次下钻前和提钻后各观测一次。但在采样、处理事故、专门提取岩芯、扫孔或人工补斜时，可不观测回次水位。钻进中遇涌水，提钻后水位涌出孔口，亦可不观测回次水位，但应在下钻前观测一次涌水量。在进尺少、提钻次数频繁时，可隔2~3回次或每班观测一次。

在停钻时间较长时，应每2h观测一次水位，待其基本稳定后，可改为每4h观测一次，直到重新钻进。在钻进过程中，如遇严重漏水、涌水的层段，应根据需要进行稳定或近似稳定的水位观测。必要时可将地质孔改为专门水文地质孔，进行抽水、放水试验，并按一定的时间间隔连续观测水位，直到稳定为止。

用冲洗液钻进时，观测孔内水位的突然变化可用来发现和确定含水层。发现含水层后，应停钻测定其初见水位和天然状态下的稳定水位。在观测中连续三次所测得的水位差不大于2cm，且无系统上升或下降趋势时，即为稳定水位。

在第四系含水层中，测得潜水含水层初见水位后，还应继续揭露1~2m后再测定稳定水位。对承压含水层，也应在揭穿含水层顶板后，再继续揭露含水层1~2m才能测定稳定水位。钻孔揭穿坚硬裂隙或岩溶含水层时，应主要观测风化裂隙水、构造含水带及层状裂隙含水层或岩溶含水层的初见水位和稳定水位。

使用泥浆钻进时，水位观测比较困难，应与其他观测内容相配合。发现含水层时，应首先认真洗井消除泥浆的影响，然后观测含水层的水位。

### 2.水温的观测

一般情况下，钻孔内水温的变化可作为判断新含水层出现的标志。因此，在钻进过程中，如发现水位突变或大量涌水时，要分别测定水温。对巨厚含水层，应分上、中、下三段分别测定水温，并记录孔深及温度计放入深度。对涌水钻孔可在孔口进行测定，测量水温时应同时观测和记录气温。

### 3.冲洗液消耗量的观测

冲洗液消耗量的变化最能说明岩层透水性的变化。冲洗液的大量消耗，表明钻孔可能揭露了透水性良好的透水层、透水通道或含水层。在钻进过程中，如果系统地观测孔内冲洗液消耗量的变化，不仅可以发现新的含水层，而且还能确定含水层的埋藏深度，判断含水层的性质。例如，当钻孔揭露强透水而不含水或含水微弱的岩层时，会出现冲洗液的大量消耗，在停止输水后孔内水位会急剧下降，甚至出现干枯的现象。当钻孔揭露水头较小的含水层时，也会出现冲洗液大量消耗的情况，但停止输水后，孔内水位虽有所下降，但下降到一定位置就会稳定下来，不会出现干枯的情况。

一般来说，冲洗液漏失都是在含水层中出现的，这是由于含水层的水头压力小于循环液的压力。反之，当含水层的水头压力大于循环液压力时，则会出现钻孔涌水现象。当然，漏水层不一定都是含水层，应结合具体情况进行分析。

冲洗液消耗量的观测方法是：下钻前测一次泥浆槽的水位，提钻后再测一次，再加上本次钻进过程中向泥浆槽内新加入的冲洗液量，即可获得本回次进尺段内的冲洗液消耗量。除下钻、提钻时观测冲洗液外，在钻进中也要随时注意观测并记录其变化深度和变化量。停钻时则可用孔内液面下降值来计算漏失量。

4.钻孔涌水现象的观测

钻孔孔口出现涌水现象，表明钻孔揭露了承压水头高于地面孔口位置的自流承压含水层。此时，应立即停钻，记录钻进深度，并接上套管或装上带压力表的哑管，测定稳定水位和涌水量。

5.钻具陷落的观测

在岩溶发育带、构造破碎带或老窑分布地段钻进时，往往容易出现钻具陷落现象（也称掉钻），钻具的陷落表明钻进过程中遇到了溶洞或较大的空洞。观测钻具陷落可以帮助确定含水层的位置和发现新的含水层，对查明溶洞、巨大裂隙或老窑的分布、直径大小、充填程度等也可提供可靠的依据。

观测钻具陷落时应记录掉钻的层位和起止深度，同时也应注意水位及冲洗液消耗量的变化，以帮助判断溶洞或构造破碎带的规模及含水层透水性。

6.取水样

评价地下水水质，一般在测定含水层稳定水位后采取水样。而作为发现含水层的手段，则应经常采样，分析其中某种或某几种成分，找出它们突然发生变化的位置，并结合其他条件分析确定含水层。

## （三）水文地质钻探的编录工作

钻探的编录，就是将钻探过程中观察描述的现象、测量的数据和取得的实物，准确、完整、如实地进行整理、测量和记录。一个高质量的钻孔，如果编录做得不好，其成果也是低质量的，甚至是错误的。

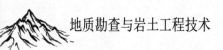

编录工作以钻孔为单位，要求随钻孔钻进陆续地进行，终孔后应随即完成。

1.整理岩芯

将钻进时采取的岩芯进行认真整理，排放整齐，按顺序标识清楚，并准确地进行测量、描述和记录。勘探结束后，重点钻孔的岩芯要全部长期保留，一般钻孔则按规定保留缩样或标本。

2.填写资料记录表

将钻探时取得的各种资料，用准确、简洁的文字详细地填写于钻探编录表和各种观测记录表格中。

3.编绘钻孔综合成果图

将核实后的各种资料，编绘在钻孔综合成果图上。图的内容应包括地层柱状、钻孔结构、地层深度和厚度、岩性描述、含水层与隔水层、岩芯采取率、冲洗液消耗量、地下水水位、测井曲线、孔内现象等。可能的情况下，还应包括水文地质试验成果、水质分析成果等。

4.成果资料的综合分析

随着钻探工作的进行，还应对勘探线上全部的钻孔成果资料进行综合分析和对比研究。结合水文地质测绘及其他勘探成果资料，总结出勘探区内平面及剖面上的水文地质条件变化规律，并作出相应的水文地质平面和剖面图。如在岩溶发育地区，可编绘岩溶发育图、溶洞分布图、岩溶水文地质剖面图、冲洗液消耗量等值线图、冲洗液消耗量与岩芯采取率随深度变化曲线图、冲洗液消耗量对比剖面图等。

上述几种资料整理和分析的方法，可根据具体情况和需要选用。也可根据钻探中获得的其他资料（如水温、水化学成分等）来分析、研究矿区的水文地质条件。仅凭某一种资料或方法，往往不能准确地判断其水文地质规律和特点。因此，应尽可能地对水文地质勘探所取得的各种资料进行全面、综合的分析和研究，以提高对矿区水文地质条件认识的可靠性。

# 第五节　矿区水文地质试验

水文地质试验是水文地质勘查中不可缺少的重要手段，是获取水文地质参数的基本方法。水文地质试验分野外水文地质试验和室内水文地质试验两种，其中，主要的野外水文地质试验包括抽水试验、渗水试验、注水试验、联通试验等。下面重点介绍抽水试验的相关内容，对其他试验限于篇幅，只作一般介绍。

## 一、抽水试验的目的、任务及类型

### （一）抽水试验的目的、任务

抽水试验是以地下水井流理论为基础，通过在井孔中进行抽水和观测来测定含水层水文地质参数、评价含水层富水性和判断某些水文地质条件的一种野外水文地质试验工作。抽水试验在各个勘查阶段都很重要，其成果质量直接影响着对调查区水文地质条件的认识和水文地质计算成果的精确程度。抽水试验的主要任务如下。

（1）直接测定含水层的富水程度和评价井孔的出水能力。

（2）确定含水层的水文地质参数。

（3）研究井孔的出水量与水位降深的关系及其与抽水时间的关系，研究降落漏斗的形状、大小及扩展过程。

（4）研究含水层之间及地下水与地表水之间的水力联系，以及地下水补给通道和强径流带位置等。

（5）确定含水层的边界位置及性质。

（6）通过抽水试验，为取水工程提供所需水文地质数据（如影响半径、单井出水量等），评价水源地的地下水允许开采量。

### （二）抽水试验的类型

由于划分的原则和角度不同，所以形成的抽水试验类型繁多且相互交叉。主要有以下几种划分方法。

1.按抽水试验依据的井流理论划分

（1）稳定流抽水试验。指在抽水过程中，要求流量和水位降深同时相对稳定（不随时间而变），并且有一定延续时间的抽水试验。稳定流抽水试验结果可用稳定径流公式进行分析计算，方法简便。在补给边界附近或水源充沛且相对稳定的地段抽水可形成相对稳定的水流、可用稳定流抽水试验方法。

（2）非稳定流抽水试验。指在抽水过程中，只要求水位和流量其中一个稳定，观测另一个随时间变化的抽水试验。非稳定流抽水试验结果用非稳定径流理论进行分析计算。在实际工作中一般采用定流量（变降深）非稳定流抽水试验。自然界地下水大都是非稳定的，因此，非稳定流抽水试验有更广泛的适用性，能研究更多的因素，能测定更多的参数，并能充分利用整个抽水过程提供的全部信息，但非稳定流计算较复杂、观测技术要求高。

2.按抽水试验井孔数划分

（1）单孔抽水试验。指只有一个抽水孔而无观测孔的抽水试验。该种试验方法简便，成本低廉，但所担负的任务有限，成果精度较低，一般多用于稳定流抽水试验，常用于普查和初步勘查阶段。

（2）多孔抽水试验。即带观测孔的单孔抽水试验。该种试验能完成抽水试验的各项任务，所得成果精度也高，但成本一般较高，多用于详细勘探阶段。

（3）干扰抽水试验（或称群孔抽水试验）。指在相距较近的两个或多个孔中同时抽水，造成水位降落漏斗相互重叠干扰，各孔的水位和流量有明显相互影响的抽水试验。一般在抽水孔周围还配有若干观测孔。按抽水试验的规模和任务，又可分为一般干扰井群孔抽水试验和大型群孔抽水试验。

3.按抽水井的类型划分

（1）完整井抽水试验。即在完整井孔（过滤器长度等于含水层厚度）中进行的抽水试验。

（2）非完整井抽水试验。即在非完整井孔（过滤器长度小于含水层厚度）中进行的抽水试验。

4.按抽水试验的含水层情况划分

（1）分层抽水试验。以含水层为单位进行抽水试验，以单独求取各含水层的水文地质参数。如对潜水、承压水或孔隙水与裂隙水、岩溶水，应当进行分层抽水，以分别掌握各层的水文地质特征。

（2）分段抽水试验。即在透水性有较大差异的巨厚含水层中，分不同岩性段（如上、中、下段）进行抽水试验，以了解各段的透水性及水量情况。

（3）混合抽水试验。即在井孔中将不同含水层合为一个试验段进行抽水，以了解各层的混合平均状况和井孔的整体出水能力。混合抽水试验如需配备观测孔时，必须分层设置。

5.按抽水顺序划分

（1）正向抽水。降深由小到大，有利于抽水井孔周围天然过滤层的形成，多用于松散含水层。

（2）反向抽水。降深由大到小，抽水开始时的大降深有利于对井壁和裂隙的清洗，多用于基岩。

至于在具体的水文地质勘查工作中选用何种抽水试验，主要取决于勘查工作进行的阶段和主要目的。在区域性水文地质调查及专门性水文地质调查的初始阶段，抽水试验的目的主要是获得含水层具代表性的水文地质参数和富水性指标（如钻孔的单位涌水量或某一降深条件下的涌水量），故一般选用单孔抽水试验即可；当只需要取得含水层渗透系数和涌水量时，一般选用稳定流抽水试验；当需获得渗透系数、导水系数、贮水系数及越流系数等更多的水文地质参数时，则须选用非稳定流的抽水试验方法；在专门性水文地质调查的详勘阶段，当希望获得开采孔群（组）设计所需水文地质参数（如影响半径、井间干扰系数等）和水源地允许开采量（或矿区排水量）时，则须选用多孔干扰抽水试验；当设计开采量（或排水量）远比地下水补给量小时，可选用稳定流的抽水试验方法，反之，则选用非稳定流的抽水试验方法。

# 二、抽水孔和观测孔的布置要求

## （一）抽水孔的布置要求

抽水孔的布置，应根据勘查阶段、水文地质条件和地下水资源评价方法等因素确定，并宜符合下列要求。

（1）根据勘查阶段布置抽水孔，抽水孔占勘查孔（不包括观测孔）总数的百分比（%），宜不少于相关规定。

①详查阶段，在可能富水的地段均宜布置抽水孔。

②勘探阶段，在含水层（带）富水性较好和拟建取水构筑物的地段均宜布置抽水孔。

（2）布置抽水孔时要考虑抽水试验的目的和任务。

①为求取水文地质参数的抽水孔，一般应远离含水层的透水、隔水边界，应布置在含水层的导水及贮水性质、补给条件、厚度和岩性条件等有代表性的地方。

②对于探采结合的抽水井（包括供水勘探阶段的抽水井），要求布置在含水层（带）富水性较好或计划布置生产水井的位置上，以便为将来生产孔的设计提供可靠

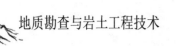

信息。

③欲查明含水层边界性质、边界补给量的抽水孔，应布置在靠近边界的地方，以便观测到边界两侧明显的水位差异或查明两侧的水力联系程度。

（3）在布置带观测孔的抽水井时，要考虑尽量利用已有水井作为抽水时的水位观测孔；当无现存水位观测井时，则应考虑附近有无布置水位观测井的条件。

（4）抽水孔附近不应有其他正在使用的生产水井或地下排水工程。

（5）抽水井附近应有较好的排水条件，即抽出的水能无渗漏地排到抽水孔影响半径区以外，特别应注意抽水量很大的群孔抽水的排水问题。

## （二）水位观测孔的布置要求

### 1.布置抽水试验水位观测孔的意义

（1）利用观测孔的水位观测数据，可以提高井流公式所计算出的水文地质参数的精度。这是因为：观测孔中的水位，不存在抽水孔水跃值和抽水孔附近三维流的影响，不存在抽水主孔"抽水冲击"的影响，水位波动小，水位观测数据精度较高。

（2）利用观测孔的水位，可用多种方法求解水文地质参数。

（3）利用观测孔水位，可绘制出抽水的人工流场图（等水位线或下降漏斗），从而可帮助我们判明含水层的边界位置与性质、补给方向，补给来源及强径流带位置等水文地质条件（分析水文地质条件）。

（4）一般大型孔群抽水试验，可根据观测孔控制渗流场的时、空特征，作为建立地下水流数值模拟模型的基础（模型验证）。

### 2.水位观测孔的布置要求

抽水试验观测孔的布置，应根据试验目的和计算公式确定，并宜符合下列一般要求。

（1）以抽水孔为原点，宜布置1～2条观测线。

（2）布置一条观测线时，宜垂直地下水流向布置；布置两条观测线时，其中一条宜平行地下水流向布置。

（3）每条观测线上的观测孔宜为三个。

（4）距抽水孔近的第一个观测孔，应避开三维流的影响，其距离不宜小于含水层的厚度；最远的观测孔距第一个观测孔的距离不宜太远，并应保证各观测孔内有一定水位下降值。

（5）各观测孔的过滤器长度宜相等，并安置在同一含水层和同一深度。

### 3.水位观测孔布置的要求

具体不同目的的抽水试验，其水位观测孔布置的要求是不同的。

（1）为求取含水层水文地质参数，一般应和抽水主孔组成观测线。而且一般应根据抽水时可能形成的水位降落漏斗的特点来确定观测线的位置。

①均质各向同性、水力坡度较小的含水层。其抽水降落漏斗的平面形状为圆形，即在通过抽水孔的各个方向上，水力坡度基本相等，但一般上游侧水力坡度较下游侧小，故在与地下水流向垂直方向上布置一条观测线即可。

②均质各向同性，水力坡度较大的含水层。其抽水降落漏斗形状为椭圆形，下游一侧的水力坡度远较上游一侧大，故除垂直地下水流向布置一条观测线外，尚应在上、下游方向上各布置一条水位观测线。

③均质各向异性的含水层。抽水水位降落漏斗常沿着含水层贮、导水性质好的方向发展（延伸）（漏斗长轴），该方向水力坡度较小；贮、导水性差的方向为漏斗短轴，水力坡度较大。因此，抽水时的水位观测线应沿着不同贮、导水性质的方向布置，以分别取得不同方向的水文地质参数。

（2）为某些专门目的进行抽水试验时，观测孔的布置以能解决实际问题为原则。研究断层的导水性时，可将观测孔布置在断层的两盘；为判别含水层之间的水力联系时，观测孔则分别布置在各个含水层中；研究河水地下水关系时，观测孔应布置在岸边；为了查明含水层的边界性质和位置时，观测线应通过主孔，垂直于欲查明的边界位置，并在边界两侧附近都要布置观测孔。

（3）对干扰井群抽水及大型抽水试验，应比较均匀地布置观测孔，以便控制整个流场的变化和边界上的水位与流量。

（4）观测孔的数目、距离和深度主要取决于抽水试验的目的任务、精度要求和抽水试验类型。

①观测孔的数目。为求取含水层水文地质参数，一般设一个观测孔即可，在观测线上的观测孔一般为两个以上，以便使用多种方法求取水文地质参数；如需绘制漏斗剖面，则一条观测线上的观测孔不应少于3个；如判定水力联系及边界性质，则观测孔应为1～2个。

②观测孔的距离。按抽水漏斗水面坡度变化规律，愈近主孔距离应愈小，愈远离主孔距离应愈大；为避开抽水孔三维流的影响，第一个观测孔距主孔的距离一般应约等于含水层的厚度（至少应大于10m）；最远的观测孔，要求观测到的水位降深大于20cm；相邻观测孔距离，亦应保证两孔的水位差大于20cm。

③观测孔的深度。要求揭穿含水层，至少深入含水层10m，或观测孔孔深达抽水主孔最大降深以下。

# 三、抽水设备及测水工具

## （一）抽水设备

选择抽水设备时，应考虑吸程、扬程、出水量能否满足设计要求；还要考虑孔深、孔径是否满足水泵等设备下入的要求，以及搬迁难易及花费大小等。如水量较大、地下埋藏浅、降深小时可用离心式水泵；埋深或降深大、精度要求高、井径足够大时可使用深井泵；精度要求不高、井径较小，则可选用空气压缩机（风泵）；井径小、埋藏较深、涌水量较小，可采用往复式水泵或射流泵。

## （二）测水工具

抽水试验时用的测水工具主要是水位计和流量计。

1.水位计

在抽水试验中，常用的是电测水位计。使用时，当探头接触水面时，水和导线构成闭合电路，即可发出信号，据此确定水位。其信号可以是光、声或指针摆动。由于探头直径小，只需2～3cm的间隙即可测量。测量深度可达100m。误差小于1cm，但随深度增加，其误差会加大。这类水位计目前应用最广。目前我国正试制并开始使用一些既能读出瞬时水位，又便于遥控或自记的测水位仪器。

对自流水，若水位高出地表不多，可接套管测定水位，否则需安置压力计测定水位。

2.流量计

目前抽水试验和生产中所用的流量计主要有量水容器、堰测法、孔板流量计、水表等。量水容器主要用于涌水量小或断续抽水（如提桶抽水）的情况，多用于稳定流抽水试验。

堰测法是用堰板或堰箱测量，其中堰箱是前方为三角形或梯形切口的水箱，箱中有2～3个促使水流稳定的带孔隔板。水自箱后部进入，从前方切口流出。适用于流量连续但又不很稳定，且在100L/s以内的流量的测定。

孔板流量计的类型很多，但原理基本相似。在出水管末端或靠近末端设置一定直径的薄壁圆孔。抽水时测定两侧水位差，或测定距孔口一定距离处（流量计置于水管末端时）的测压水头值。此差值在固定的管径和孔口条件下，仅取决于流速，因此，根据这个压力差可以换算出流量。孔板流量计的优点是轻便、精确，但不能用于空压机抽水。

还有一种叶轮式孔口瞬时流量计（流速流量计）。它利用叶轮转速测定管中水的流速，从而换算出流量。叶轮转速由电子仪器读出。其优点是体积小、质量小、操作简便，但也不能用于空压机抽水。

# 四、抽水试验的技术要求

## （一）稳定流抽水试验的主要技术要求

稳定流抽水试验在技术要求上主要有水位降深（或落程）水位降深和流量稳定后的抽水延续时间及水位和流量的观测等。

1.水位降深

水位降深是指天然情况下的静水位与抽水时稳定动水位之间的距离。正式的稳定流抽水试验，一般要求进行三次不同水位降深的抽水，并要求各次降深的抽水连续进行，以便于确定流量和水位降深之间的关系，提高水位地质参数的计算精度和预测更大水位降深时井的出水量。

对于富水性较差的含水层、非开采含水层，或最大降深未超过1m时，可只做一次最大降深的抽水试验。对松散孔隙含水层，为有助于在抽水孔周围形成天然的过滤层，一般采用正向抽水；对于裂隙含水层，为了使裂隙中充填的细粒物质（天然泥沙或钻进产生的岩粉）及早吸出，增加裂隙的导水性，可采用反向抽水。

2.稳定延续时间

稳定延续时间是指抽水试验孔在某一降深下水位降深和流量趋于稳定后的抽水延续时间，它是抽水过程中井的渗流场达到近似稳定后的延续时间。对稳定延续时间提出要求，主要是检验抽水量和补给量是否达到平衡，保证抽水井的水位和流量真正达到稳定状态，使稳定流抽水试验的水位和流量均达到稳定的要求，保证试验的可靠性。稳定延续时间愈长愈容易发现微小而有趋势的变化和临时性补给所造成的短暂稳定或某些假稳定。

如果抽水试验的目的仅仅是求参数，则水位和流量的稳定延续时间要求达到24h即可；如果还必须确定出水井的出水能力，则水位和流量的稳定延续时间至少应达到48h；当抽水试验带有专门的水位观测孔时，距主孔最远的水位观测孔的水位稳定延续时间应不少于2h。

必须注意的是：①稳定延续时间必须从抽水孔的水位和流量均达到稳定后开始计算；②要注意抽水孔和观测孔水位或流量微小而有趋势性的变化，如果存在这种变化，说明抽水试验尚未真正进入稳定状态。

3.水位及流量观测

抽水前应观测天然条件下的静水位，并测量井深。抽水过程中，水位、流量应同时观测，观测频率应先密后疏。一般在抽水开始后的第5min、10min、15min、25min、30min各观测一次，以后每隔30min或60min观测一次，直至水位、流量稳定，并符合稳定延续时间

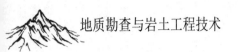

的要求。水位观测读数精确到厘米，当用堰板或堰箱测流量时，读数精确到毫米，对多孔抽水试验，抽水孔与观测孔应同步观测。抽水停止或中断后，应观测恢复水位，恢复水位的观测频率与抽水时相同。

另外，在抽水过程中，应观测水温、气温，一般2~4h同步观测一次，并与水位，流量观测时间相对应。抽水结束前，一般应取水样进行水质分析。

## （二）非稳定流抽水试验的主要技术要求

非稳定流抽水试验可分为定流量抽水试验和定降深抽水试验。实际生产中一般用定流量非稳定流抽水试验。在自流孔中可进行涌水试验（固定自流水头高度，而自流量逐渐减少稳定）。当模拟定降深疏干或开采地下水时，也可用定降深抽水试验。下面以定流量非稳定流抽水试验为例，说明其主要技术要求。

1.抽水流量及流量、水位的观测要求

在定流量非稳定流抽水试验中，流量应始终保持定值，并且抽水流量在抽水井中产生的水位降深不应超过所使用的水泵吸程。对探采结合孔，应尽量接近设计需水量。另外，也可参考勘探井洗井时的水位降深和出水量来确定抽水量值。

非稳定流抽水试验流量、水位观测与稳定流抽水试验要求基本相同。流量和水位观测应同时进行，观测频率（主要是抽水前期的观测频率）比稳定流抽水试验要密。一般宜在抽水开始后第1min、2min、3min、4min、5min、6min、8min、10min、15min、20min、25min、30min、40min、50min、60min、80min、100min、120min各观测一次，以后可每隔30min观测一次，直至满足非稳定流抽水延续时间的要求或直至水位、流量稳定。停抽或因故中断抽水时，应观测恢复水位，观测频率应与抽水一致，水位应恢复或接近恢复到抽水前的静止水位。由于水位恢复资料不受人为抽水的影响，所以常比利用抽水资料计算水文地质参数可靠。

2.抽水延续时间

抽水延续时间主要取决于试验的目的、任务、水文地质条件、试验类型、参数计算方法等，不同试验抽水延续时间的差别很大。当抽水试验的目的主要是求得含水层的水文地质参数时，抽水延续时间一般不必太长，通常不超过24h，只要水位降深时间对数曲线形态比较固定和能明显地反映出含水层的边界性质即可停抽。

## （三）群孔干扰抽水试验的主要技术要求

群孔干扰抽水试验的主要目的是进行试验性开采抽水，求矿井在设计疏干降深下的排水量，对某一开采量条件下的未来水位降作出预报，或判定区域边界性质等。为便于计算，各干扰井孔的井深、井径和过滤器安装深度应尽量相同，各抽水孔抽水起止时间应相同，一般应尽抽水设备能力进行一次最大降深抽水。此类型的抽水试验，可以是稳定流抽水试验，也可以是非稳定流抽水试验，对抽水过程中出水量和水位应同步观测。

为了提高水量计算的精度，抽水试验一般在枯水期进行。如还需要通过抽水试验求得水源地在丰水期所获得的补给量，则抽水试验应延续到丰水期。该类型的抽水试验，其抽水地下水的长期观测工作，也是水文地质勘查必不可少的手段之一。它对于了解地下水的形成和变化规律，获取水文地质参数，对地下水资源进行准确评价和预测，以及为地下水资源的合理开发利用和科学管理提供依据均有十分重要的意义。地下水监测常常需要长时间、有组织地收集地下水的各类信息，形成地下水的监测系统，才能更好地做好地下水的监测工作。

# 第六节　地下水动态观测

## 一、地下水动态长期观测工作的组织及资料整理

### （一）地下水动态长期观测工作的组织

正确地组织地下水动态长期观测是研究地下水动态与均衡的根本手段。设置区域性的水文地质观测站，其任务在于积累地下水动态的多年观测资料，以便确定区域性地下水动态规律；设置专门性的水文地质观测站，其任务主要是服从于各种实际工作的需要，以便在人类活动条件下研究地下水动态。不论对于哪种性质的水文地质观测站，均应充分地利用一般性水文地质勘探成果，进行观测站网设计的编制。

1.地下水动态长期观测点的布置

地下水动态长期观测点（井、孔、泉）的布置，大致与水文地质勘探孔布置原则相似，其中不仅需要布置控制地下水动态一般变化规律的观测孔，还要布置控制地下水动态特殊变化的观测孔。对于前者应当按水文地质变化最大的方向布置观测线。假如这种变化不显著，也可以采用方格状观测网的形式。特别是对于水文地质条件复杂和极复杂矿井，应建立地下水动态观测网。观测点应布置在下列地段：对矿井生产建设有影响的主要含水层中；影响矿井充水的地下水集中径流带（构造破碎带）上；可能与地表水有水力联系的含水层；矿井先期开采的地段；在开采过程中水文地质条件可能发生变化地段；人为因素

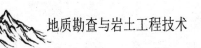

可能对矿井充水有影响的地段；井下主要突水点附近，或具有突水威胁的地段；疏干边界或隔水边界处。

2.地下水动态长期观测的内容及要求

地下水动态长期观测的内容，包括水位、水温、泉流量及水的化学成分，必要时还需观测地表水及气象要素等。

在观测点中测量地下水水位、水温及泉流量的时间间隔，决定于调查的任务、地下水动态的研究程度以及影响动态变化的因素。一般可 3 ~ 5d 或 10d 观测一次，水质一般每季度观测一次。雨季或遇有异常情况时，需增加观测次数。

同一水文地质单元内地下水点的观测，应力求同时进行，否则应在季节代表性日期内统一观测。如区域过大，观测频度高，也可免于统一观测。

## （二）地下水动态长期观测资料的整理

1.地下水动态资料的整理

地下水动态资料整理的内容有：编制各观测点地下水动态曲线图及反映地区动态特点的水文地质剖面图与平面图。

2.地下水均衡试验及资料整理

地下水均衡试验是指在均衡区内选定一些均衡场，进行各均衡项目的测定，其资料整理与动态资料整理类似，主要有两个方面：一是气象、水文因素及各均衡项目的各时段、各均衡期、年、多年的报表；二是均衡要素与各影响因素的关系曲线，如渗入量、降水量和降水强度，潜水蒸发与埋深等关系曲线图等。

# 二、地下水动态预测方法

地下水动态预测对解决各种水文地质问题很有必要。预测的可靠性主要取决于对动态的掌握程度、有关参数的精度和预测方法选择的正确与否。

## （一）简易预测法

1.水文地质类比法

用已知区的动态预测结果，作为条件相似的未知区的动态预测。相似，主要是指影响地下水动态的因素应相似。因素有差异时可进行适当校正，预测的效果主要取决于条件的相似程度和已知区的预测精度。

2.简易类推法

如有多年地下水动态及主要影响因素的观测资料，可以根据主要因素相似则地下水动态相似的原理，将预测年的影响因素动态与已观测各年的影响因素动态进行直观对比，找出相似年，则这个相似年的地下水动态就可作为所预测的动态。此法可用于尚未开展动态观测的地区。这种预测是分要素进行的，如果相似年间影响因素差异明显，也可对影响因素的差异进行校正。预测的精度取决于观测系列长短、影响因素动态的预测精度，以及预测者的直观判断能力。

### （二）相关分析法

这种方法以实际观测数据为依据。地下水的动态取决于许多因素，它们都可视为随机变量。因此，可用回归分析确定预测要素与其他变量的相关关系，内插外推地进行预测。一般来说，观测系列愈长，相关关系愈可靠，预测精度就愈高。实际工作中常采用以下几种相关形式。

1.要素相关

分析地下水动态，用逐步回归选择一个或几个主要因素作为自变量进行相关预测。如选择降水量、蒸发量、河水位为自变量，确定它们与潜水位、径流量、矿化度的相关关系。其效果有赖于影响因素的预测精度。

2.前后相关

在某些情况下，一定动态要素的前期值与后期值存在相关关系。如水位上升或下降时间内，当月与次月，当年9月（最高）与次年5月（最低）水位或流量之间存在相关关系。利用这种相关关系，可逐月、逐年进行预测。

3.上下游相关

在同一水文地质单元内，上游水位、水质在一定程度上决定着下游的水位、水质，两者往往有较密切而又简单的相关关系。利用这种关系也可进行预测。

# 第七节　矿区水文地质勘探成果

矿区水文地质勘探工作结束后，需对勘探中获得的水文地质资料进行整理、分析和总结，提交勘探成果。只有在勘探成果经主管部门审批后，该阶段的勘探工作方可正式结束。勘探成果的形式有两类，即水文地质图件和相应的文字说明，二者统称为水文地质报告。

通常，矿区水文地质报告是地质报告的一个重要组成部分，不单独编写。只有在矿区水文地质条件复杂，且又投入了较多的专门水文地质工作量或为了某个专门目的单独进行水文地质勘探时，才单独编制矿区水文地质报告。编制水文地质报告时，一般是先检查整理原始资料，再在综合分析原始资料的基础上编制各种图件、表格，最后编写文字说明书。

## 一、矿区水文地质图件

水文地质图件反映的内容和表现形式，主要取决于编图的目的、矿床（井）水文地质类型、矿区水文地质复杂程度以及水文地质资料的积累程度，并与水文地质勘探阶段相适应。普查阶段，一般以编制综合性的或概括性的水文地质图件为主；详查、精查阶段，水文地质资料（特别是定量资料）积累得较多，矿区水文地质条件研究程度较高，除综合性图件外，还要结合实际情况和需要，编制一系列专门性图件。

在矿区水文地质勘探中，一般应编制三类图件，即综合性图件（如综合水文地质图、综合水文地质柱状图、水文地质剖面图、矿井充水性图等），专门性图件（如主要含水层富水性图、地下水等水位（压）线图、含（隔）水层等厚线图、岩溶发育程度图、地下水化学类型图等）和各种关系曲线图，以及报告插图。在任何情况下，专门性图件都不能代替综合性图件，而只能起辅助作用。

下面以煤矿区为例，介绍矿区主要水文地质图件及其内容和要求。

### （一）综合水文地质图

综合水文地质图是全面反映煤矿区基本水文地质特征的图件，一般是在地质图的基础上编制而成。这种图件可分为区域、矿区和井田（矿井）三种基本类型。图件比例尺按不同工作阶段的要求而定。普查阶段通常采用1：5万～1：2.5万或1：1万；在详查阶段为1：2.5万～1：1万或1：5000；在精查阶段为1：1万～1：5000；在矿井生产阶段为1：1万～1：2000。

除地层、岩性构造等基本地质内容，综合水文地质图主要反映的水文地质内容还有以下几个方面。

（1）含水层（组）和隔水层（组）的层位、分布、厚度、水位特征、富水性及富水部位、地下水类型等。

含水层的富水性一般按单位涌水量可划分为含水极丰富、含水丰富、含水中等。

（2）断裂构造特征。如断层的性质、充填胶结情况及断层的导水性等。其中断层的导水性可分为导水的、弱导水的和不导水的三种类型。在可能的情况下，应在图上加以区别。

（3）地表水体（如湖泊、河流、沼泽、水库等）及水文观测站。

（4）控制性水点。如专门水文地质孔，全部或部分有代表性的地质钻孔、井、泉等。

（5）已开采井田、井下主干巷道、回采范围、井下突水点资料及老窑、小煤矿位置、开采范围和涌水情况。

（6）溶洞、暗河、滑坡、塌陷及积水情况等。

（7）地下水水质类型及主要水化学成分、矿化度等。

（8）有条件时，划分水文地质单元，进行水文地质分区。

（9）勘探线位置、剖面线位置、图例及其他有关内容。

综合水文地质图可表示的内容很多，编图时应视图件比例尺和要求取舍，原则上既要求反映尽可能多的内容，又不能使图面负担过重。

## （二）综合水文地质柱状图

综合水文地质柱状图是反映含水层、隔水层及煤层之间的组合关系，以及含水层层数、厚度和富水性等内容的图件。一般采用相应的比例尺随同综合水文地质图一起编制。主要应反映的内容有：含水层时代、名称、厚度、岩性、岩溶裂隙发育情况，各含水层的水文地质参数，各含水层的水质类型等。

## （三）水文地质剖面图

水文地质剖面图是反映含水层、隔水层、褶曲、断裂构造和煤层之间的空间关系的图件。其主要内容有：含水层岩性、厚度、埋深、岩溶裂隙发育深度及其走向和倾向上的变化；水文地质孔、观测孔的位置及其试验参数和观测资料；地表水体及水位；主要井巷位置等。

## （四）矿井充水性图

矿井充水性图是记录井下水文地质观测资料的综合图件。有些矿区称为实际材料图。它是生产矿井必备的图件之一，是分析矿井充水规律、进行水害预测、制定防治水措施的主要依据之一。充水性图一般以采掘工程平面图为底图进行编制，比例尺为1：5000～1：2000，应反映的主要内容如下。

（1）井下各种类型的涌（突）水点。应将涌（突）水点统一编号并注明出水日期、涌水量、水位（水压）、水温、水质和出水特征。

（2）老空、废弃井巷等的积水范围和积水量。

（3）井下水闸门、水闸墙、放水孔、防水煤柱、水泵房、水仓、排水泵等防排水设施的位置、数量及能力。

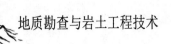

（4）矿井涌水的流动路线及涌水量观测站的位置等。

## （五）矿井涌水量与各种相关因素历时曲线图

矿井涌水量与各种相关因素历时曲线图主要反映矿井充水变化规律，用于预测矿井涌水趋势。根据矿区的具体情况，一般应绘制以下几种曲线。

（1）矿井涌水量、降雨量、地下水位历时曲线图。

（2）矿井涌水量与地表水位或流量关系曲线图。

（3）矿井涌水量与开采深度关系曲线图。

（4）矿井涌水量与单位走向开拓长度、单位采空面积关系曲线图等。

此外，在水文地质条件复杂的矿区，通常还要编制各种等值线图、水化学图、岩溶水文地质图等专门性水文地质图件。

在上述图件中，综合水文地质图、综合水文地质柱状图、水文地质剖面图是矿区水文地质工作成果中的基本图件，在矿区水文地质工作的各个阶段都需要编制，其比例尺随工作阶段的进展而增大，内容亦随之不断地丰富。在矿井生产阶段，还要求编制矿井充水性图和各种相关因素历时曲线图。

水文地质现象是随时间和空间的延续而不断变化的，因此，相应的图件也应该随工作阶段中采掘工程的进展而不断地被补充、修改和更新，即便是在生产阶段也不例外。

# 二、矿区水文地质报告的文字说明

文字说明是水文地质工作成果的重要组成部分，主要用以说明和补充水文地质图件，阐述矿区地质条件及其对矿井充水的影响。同时应对矿区有关防治水工作、地下水资源开发与利用及环境水文地质问题等给出结论，并应指出存在的问题，提出下一阶段的工作建议。矿区水文地质报告文字说明的内容和要求在不同勘探阶段有所不同，一般包括以下几部分内容。

## （一）序言

主要介绍矿区的位置、交通、地形、气候条件、地表水系及流域划分、地质研究程度、工作任务、工作时间、完成的工作量、工作方法及其他必要的说明。

## （二）区域地质条件

主要叙述矿区地层、构造、岩浆侵入体、岩溶陷落柱发育等内容。应按由老到新的顺序，介绍各个时代地层的岩性、分布、产状和结构特征，还应介绍第四纪地质的特点。在介绍地层时，应注意从研究含水介质的空间特征出发，阐述不同岩层的成分（包括矿物成分和化学成分）、结构、成因类型、胶结物成分和胶结类型、风化程度、空隙的发育情况等，从而为划分含水层和隔水层提供地质依据。此外，对煤层也应加以重点论述。

对于构造，主要应介绍褶曲、断裂和裂隙的特征。褶曲构造是一个地区的主导构造，它不仅决定了含水层存在的空间位置，还控制了地下水的形成、运动、富集和水质、水量的变化规律。报告中应介绍褶曲的类型、形态、分布、组成地层、形成时间等；断裂构造是控制矿区地下水及矿井充水的重要因素。对大型断裂构造，应介绍其分布、产状、两盘地层、类型、断距、充填胶结情况、伴生裂隙等内容。对中小型断裂，由于其在矿井充水中有重要意义，故应重点介绍。对由构造运动形成的各种构造节理，由于它们对某些含水层（段）的形成有特殊意义，也应予以介绍。还应注意对矿区构造应力场演化史进行分析，通过构造的展布规律及不同构造之间的成因联系，阐述构造的控水意义和导水规律。另外，新构造运动对控水有特殊的意义，亦应加以分析和论述。

### （三）区域水文地质条件

区域水文地质特征是分析矿井充水条件及确定水文地质条件复杂程度的基础，应从地下水的形成、赋存、运移、水质、水量等各个方面全面论述其区域性特征。主要包括以下几个方面。

（1）区内含水层（组）和隔水层（组）的划分、分布、厚度、富水性及富水部位、水位及地下水类型等。

（2）不同类型褶曲带中地下水的赋存状态、径流条件和富水部位，主要含水层中地下水的补给区、径流区和排泄区的分布特征，主要断裂带的导（隔）水性能和富水部位及其与地表水及各个含水层之间的水力联系，断层带及其两侧的水位变化等。

（3）区域及主要含水层地下水的补给源、补给方式和补给量，地下水主径流带，地下水的排泄方式、地点、排泄量及其变化规律。

（4）对各主要含水层的地下水作定量评价。普查阶段着重评价区域地下水的补给量；详查及精查阶段着重评价水源地的开采量（供水）及矿井涌水量（矿区）。

（5）主要含水层的水温、物理性质和化学成分，并根据勘探阶段不同，作出相应的水质评价。

（6）进行水文地质分区，并说明分区原则及各分区的水文地质特征。

### （四）矿区水文地质条件

矿区水文地质条件应重点分析矿井充水条件及其特征，以便为制定矿井防治水措施提供依据。主要包括以下几个方面。

（1）矿井的直接充水含水层和间接充水含水层，以及其岩性、厚度、埋藏条件、富水性、水位或水压、水质，各含水层之间及其与地表水体之间是否存在水力联系。

（2）构造破碎带和构造裂隙带的导水性，岩溶陷落柱的分布、规模及导水性，封闭不良钻孔的位置及贯穿层位，已开采地区的冒落裂隙带及其高度、采动矿压对煤层底板及其对矿井充水的影响等。

（3）与矿井充水有关的主要隔水层的岩性、厚度、组合关系、分布特征及其隔水性能。

（4）预计矿井涌水量时采用的边界条件、计算方法、数学模型和计算参数、预计结果及其评价。

（5）矿井水及主要充水含水层地下水的动态变化规律及其对矿井充水的影响。

（6）划分矿井水文地质类型，说明其划分依据。

必要时，还应对矿区可供开发利用的地下水资源量作出初步评价，指出解决矿区供水水源的方向和途径，简要论述矿区工程地质条件，并对环境水文地质问题作出评价。

## （五）专题部分

如果是针对某一方面进行矿区专门性水文地质勘探，如矿井供水水文地质勘探、以矿井防治水为目的的疏干、注浆工程的水文地质勘探、环境水文地质勘探等，则应根据有关规程、规范的要求，对上述内容加以取舍或增补，对有关问题进行专门论述。

## （六）结论

对矿区主要水文地质条件、矿井充水条件作出简要结论，提出对矿井防治水和地下水资源开发利用的建议，指出尚存在的水文地质问题，并对今后的工作提出具体建议。

需要指出的是："文字说明"是在对矿区水文地质工作中积累的全部资料进行深入细致的分析研究的基础上编制的。报告编写时要求内容齐全、重点突出、数据可靠、依据充分、结论明确，同时力求文字通顺、用词准确。报告中还应附必要的插图，并保持图文一致。

还应指出：上述内容是从单独提交矿区水文地质勘探成果出发加以叙述的。如果水文地质工作成果只是作为矿区地质勘探成果的一部分，则序言及区域地质部分应按地质勘探报告的要求编写，不再另行介绍。另外，由于地质勘探的阶段性特点，不同工作阶段对成果的要求是和投入的工作量及研究程度相适应的，既不能超前，也不应该滞后，对不同阶段工作成果的要求均应以有关的规程、规范为依据。

# 第六章 矿产地质勘探技术

## 第一节　地球物理勘查技术

### 一、地球物理勘查概述

地球物理勘查又叫地球物理探矿，简称"物探"，即运用物理学的原理、方法和仪器研究地质情况或寻查埋藏物的一类勘查。它是以不同岩石和矿石的密度、磁性、电性、弹性、放射性等物理性质的差异为研究基础，用不同的物理方法和物探仪器，探测地球物理场的变化，通过分析、研究所获得的物探资料，推断、解释地质构造和矿产分布情况。它是研究地球物理场或某些物理现象，如地磁场、地电场、放射性场等。目前主要的物探方法有重力测量、磁法测量、电法测量、地震测量、放射性测量等。依据工作空间的不同，又可分为地面物探、航空物探、海洋物探、钻井物探等。

物探使用的前提，首先要有物性差异，被调查研究的地质体与周围地质体之间，要有某种物理性质上的差异。其次被调查的地质体要具有一定的规模和合适的深度，用现有的技术方法能发现它所引起的异常。最后是能区分异常，即从各种干扰因素的异常中区分所调查地质体的异常。如基性岩和磁铁矿都能引起航磁异常。

#### （一）地球物理勘查的基本原理

地球物理勘察一般在某种程度上测量所有岩石所具有的客观特征并导致收集大量的用于图形处理的数字资料。在矿产勘查中的应用体现在两个方面。

（1）目的在于定义重要的区域地质特征。

（2）目的在于直接进行矿体定位。

第一方面的应用主要是填制某种岩石或构造特征的区域性分布图，例如，地球物理方法测量地表对电磁辐射的反射率、磁化率、岩石传导率等。这方面的应用不要求观测值与所寻找的目标矿床之间存在任何直接或间接的关系，根据这类观测资料结合地质资料可以产生地质特征的三维解释，然后可以应用成矿模型预测在什么地方可以找到目标矿床，从而指导后续勘查工作。这方面应用的关键是对这些观测值以最容易进行定性解释的形式展示，即转化为容易为地质人员理解的模拟形式，现在利用地理信息系统（Geographic Information System，GIS）技术可以很容易实现。

第二方面的应用是要测量直接反映并且在空间上与工业矿床（体）紧密相关的异常特征。因为矿床在地壳内的赋存空间很小，这决定了这类测量必须是观测间距很小的详细测量，从而，测量费用一般较高。以矿床为目标的地球物理/地球化学测量项目通常是在已经圈定的勘查靶区内或至少是有远景的成矿带内进行，其观测结果的解释关键在于选择那些被认为是异常的观测值，然后对这些异常值进行分析，确定异常体的大致性质、规模、位置及其产状。

任何地球物理勘查技术应用的基本条件是，在矿体（或它所要探测的地质体）与围岩之间在某种可测量到的物理性质方面能进行对比。例如，重力测量是根据密度对比；电法和电磁法是根据电导率进行对比。异常强度除受物性差异控制，还受到其他一些因素的约束。

## （二）地球物理勘查类型

### 1.航空地球物理勘查

航空地球物理勘查称航空物探，是物探方法的一种。它是通过飞机上装备的专用物探仪器在航行过程中探测各种地球物理场的变化，研究和寻找地下地质构造和矿产的一种物探方法。目前已经应用的航空物探方法有航空磁测、航空放射性测量、航空电磁测量（航空电法）等。航空物探具有速度快、效率高，不受地面条件（如海、河、湖、沙漠）的限制，工作精确度比较均一等优点。它的缺点：对一些异常值较小的异常体反应不够清楚，分辨力要低些；异常体的定位目前还不够准确，需要地面物探进行必要的补充工作。

### 2.钻井地球物理勘查

钻井地球物理勘查又称"测井"，是地球物理勘查的一种方法。根据所利用的岩石物理性质的不同，可分为电测井、放射性测井、磁测井、声波测井、热测井和重力测井等（见测井现场图）。选用合理的综合测井方法，可以详细研究钻孔地质剖面，提供计算储量所必需的数据，如油层的有效厚度、孔隙度、含油气饱和度和渗透率等。此外，井中磁测、井中激发极化、井中无线电波透视和重力测井等方法，还可以发现和研究钻孔附近的盲矿体。测井方法在石油、煤、金属与非金属矿产及水文地质、工程地质的钻孔中，都得到广泛的应用，特别在油气田和煤田勘探工作中，已成为不可缺少的勘探方法之一。应用测井方法可以减少钻井取芯工作量，提高勘查速度，降低勘查成本。

### （三）地球物理勘查的主要技术

矿产资源勘查最常用的方法包括磁法、电法、电磁法、重力测量法，其他诸如放射性测量方法主要用于勘查放射性矿产，地震测量方法主要应用于石油和天然气勘查中。

航空地球物理测量在一些发达国家应用比较广泛，它们速度快，每单位面积成本相对较低，不仅可以同时进行航空磁法、电磁法、放射性法测量，某些情况下还可同时进行重力测量。目前，航空测量精度大大提高，不仅勘查成本很低，而且具有所获资料比较全面等优点，勘查效果比较显著。航空地球物理与地面地球物理方法的配合，以及航空地球物理测量数据与遥感数据的结合，极大地推动了地球物理技术的发展和应用。我国自行研制的直升机磁法和电磁法测量系统目前的最大勘查比例尺已达1：5000，探头离地高度最低可达30～80m，采样间隔可达1～3m，差分全球定位系统平面定位精度好于1m，尤其适合于地形复杂地区的矿产勘查工作。

## 二、磁法测量

物质在外磁场的作用下，由于电子等带电体的运动，会被磁化而感应出一个附加磁场，其感应磁化强度与外加磁场强度的关系可表述为：

$$M=kH \tag{6-1}$$

式中：$k$——磁化率。

$M$——感应磁化强度。

$H$——外加磁场强度。在国际单位制中，感应磁化强度的单位是特斯拉（T），取纳特（nT）为基本单位（1nT=10$^{-9}$T）；磁场强度的单位为安培/米（A/m）。

如果移除外加磁场后物质仍存在天然磁化现象，其磁化强度称为剩余磁化强度。地壳物质可以同时获得感应磁场和剩余磁场，感应磁场会随着外加磁场的移除而消失，剩余磁场则能够固化在地质体中；地壳物质的感应磁场方向与地球磁场方向平行，而剩余磁场可以呈任意方向，如果环境温度高于居里温度，物质的剩余磁化强度随之消失。

磁异常是磁法勘查中观测值与正常磁力值以及日变值之间的差值，换句话说，磁异常是在消除各种短期磁场变化后，实测地磁场与正常地磁场之间的差异。

对磁异常数据进行分析时，需要了解磁异常是感应磁化强度为主还是剩余磁化强度为主，这可以借助于科尼斯伯格比值进行表述。只有含磁铁矿较高的岩石（如镁铁质、超镁铁质岩石）才是以剩余磁化强度为主。

磁法测量是采用磁力仪记录由磁化岩石引起的地球磁场的分布。因为所有的岩石在某种程度上都是磁化了的，所以，磁性变化图可以提供极好的岩性分布图像，而且在某种程度上反映岩石的三维分布。

区域磁性分布图一般是安装有磁力仪的飞机在低空平稳飞行测出来的，这种图准确地记录了工作区内地磁场的变化，图的细节与飞行线的高程和间距有关。

在加拿大和澳大利亚等国家，公益性航空磁法测量采用固定机翼的飞机，常用标准是飞行高为1000ft（305m）、线距约2.5km；而在近年来的金刚石勘查活动中，一些勘查公司采用直升机进行测量，飞行高度为30~50m，而飞行间距达到50m。因为磁场强度与距离（飞行高度）的平方呈反比，而且，其细节随飞行间距的增大而减弱，从而，飞行高度和飞行间距以及测量仪器的选择是非常重要的。

磁法测量不仅是最有用的航空地球物理技术，而且，由于其飞行高度低并且设备简单，其费用也最低。现在使用的标准仪器是高灵敏度的绝蒸气磁力仪，有时也采用质子磁力仪，但绝蒸气磁力仪不仅灵敏度比质子磁力仪高100倍，而且还能以每十分之一秒的区间提供一次读数，质子磁力仪只能以每秒或每二分之一秒区间提供读数。绝蒸气磁力仪和质子磁力仪都能够自动定向而且可以安装在飞机上或吊舱内。因为地面磁法扫面速度比较慢，因而矿产勘查中大多数磁法测量都是采用航空磁法测量。近些年来，航空磁法测量的测线间距在不断缩小，目前可能小至100m，离地高度也可能小至100m。

## 三、电法测量

电法测量是通过仪器观测人工的、天然的电场或交变电磁场，根据岩石和矿石的电性差异分析和解释这些场的特点和规律，达到矿产勘查的目的。电法利用直流或低频交流电研究地下地质体的电性，而电磁法是利用高频交流电达到此目的。利用岩石和矿物电导性高度变化的特点，发展了多种电法测量技术，包括电阻率法、充电法、自然电场法、激发极化法、电磁法等，下面只对电阻率法作简要介绍。

### （一）电阻率测量概念

当地下介质存在导电性差异时，地表观测到的电场将发生变化，电阻率法就是利用岩石和矿石的导电性差异来查找矿体以及研究其他地质问题的方法。电阻率是表征物质电导性的参数。

根据地下地质体电阻率的差异而划分出电性层界线的断面称为地电断面。由于相同的地层，其电阻率可能不同，不同的地层，其电阻率又可能相同，所以，地电断面中的电性层界线不一定与地质剖面中相应的地质界线完全吻合，实际工作中要注意研究地电断面与地质剖面的关系。

另外，由于地电断面一般都是不均匀的，将不均匀的地电断面以等效均匀的断面来替代，所计算出的地下介质电阻率不等于其真电阻率，而是该电场范围内各种岩石电阻率综合影响的结果，故称为视电阻率。由此可见，电阻率测量更确切地说应该是视电阻率测量。

电阻测量技术是利用两个电极把电流输入地下并在另两个电极上测量电压实现的。可以采用各种不同的电极布置形式，并且在所有情况下都可以计算出地下不同深度的视电阻率，利用这些数据可以生成真电阻率的地电断面。

矿物中金属硫化物和石墨是最有效的电导体，含孔隙水的岩石也是良导体，而且正是由于岩石中孔隙水的存在使得电法技术的应用成为可能。对于大多数岩石而言，岩石中孔隙发育程度以及孔隙水的化学性质对电导性的影响大于金属矿物粒度对电导性的影响，如果孔隙水是卤水，电法的效果最好；只含微量水分的黏土矿物也容易发生电离，由于孔隙水的存在及其含盐度的差异，表中同类岩石或矿物呈现很大的电阻率变化区间。

## （二）电阻率测量的布设

电阻率测量的目的是圈定具有电性差异的地质体之间的垂直边界和水平边界，一般采用垂直电测深和电剖面的布设方式来实现。

（1）垂直电测深法：垂直电测深法是探测电性不同的岩层沿垂向方向的变化，主要用于研究水平或近水平的地质界面在地下的分布情况。该方法采用在同一测点上逐次加大供电极距的方式来控制深度，逐次测量视电阻率$p$的变化，从而由浅入深了解剖面上地质体电性的变化。电测深有利于研究具有电性差异的产状近于水平的地质体分布特征，这一技术广泛应用岩土工程中确定覆盖层的厚度以及在水文地质学中定义潜水面的位置。

（2）电剖面法：电阻率剖面法的简称，这种方法用于确定电阻率的横向变化。它是将各电极之间的距离固定不变（勘查深度不变），并使整个或部分装置沿观测剖面移动。在矿产勘查中采用这种方法确定断层或剪切带的位置以及探测异常电导体的位置。在岩土工程中利用该法确定基岩深度的变化以及陡倾斜不连续面的存在。利用一系列等极距电剖面法的测量结果可以绘制电阻率等值线图。

电阻测量方法要求输入电流和测量电压，由于电极的接触效应，同一对电极不能满足这一要求，故需要利用两对电极（一对用作电流输入，另一对用作电压测量）才能实现。根据电极排列形式不同，电剖面法主要分为联合剖面法和中间梯度法等。

联合剖面法采用两个三极装置排列（三极装置是指一个供电电极置于无穷远的装置）联合进行探测，主要用于寻找产状陡倾的板状（脉状）低阻体或断裂破碎带。

中间梯度法的装置特点是供电电极距很大（一般为覆盖层厚度的70～80倍），测量电极距相对要小得多（一般为供电电极距的1/50～1/30），实际操作中供电电极固定不变，测量电极在供电电极中间1/3～1/2处逐点移动进行观测，测点为测量电极之间的中点。中间梯度法主要用于寻找诸如石英脉和伟晶岩脉之类的高阻薄脉。

# 第二节　地球化学勘查技术

## 一、地球化学勘查概述

地球化学勘查是以地球化学分散晕（流）为主要研究对象，通过调查成矿元素或伴生元素在地壳中的分布、分散及集中的规律，达到找矿的目的。地球化学测量是通过系统的样品采集，借助于各种快速微量元素分析的技术手段来获得找矿信息的。

化探常用于区域地质调查，对区域成矿远景进行评价；也可用于勘查各阶段寻找隐伏矿体。在铀矿勘查中，化探方法往往作为一种找矿的辅助手段，但由于要进行取样分析，工作效率较低，异常解释较复杂，尚开展得不够普遍。随着分析方法和取样工具的改进，数据处理的电算化，在今后的铀矿找矿，特别是攻深找盲中将会普遍应用。

地球化学勘查技术迅速发展的推动力在于认识到：

（1）大多数金属矿床的围岩中存在微量元素异常富集的晕圈。

（2）诸如冰碛物、土壤、泉水、河水、河流沉积物之类物质中微量元素的异常富集来源于矿床的风化剥蚀。

（3）发展了适合检测天然介质中含量较低的元素和化合物的快速、精确的化学分析方法。

（4）利用计算机辅助的化探资料统计技术处理和评价方法大大增强了地球化学勘查的效率。

（5）在国外，随着直升机和诸如覆盖层钻进设备的使用，取样效率不断提高。

（6）研究自然地理景观对地球化学勘查的影响方面取得了重要进展，从而可以针对一定的野外条件选择最有效的野外技术和解释方法。

## 二、地球化学勘查的主要方法及其应用

### （一）河流沉积物取样法

以水系沉积物为采样对象所进行的地球化学勘查工作称为河流沉积物取样法，其特点是可以根据少数采样点上的资料，了解广大汇水盆地面积的矿化情况。由于矿化及其原生晕经风化形成土壤，再进一步分散流入沟系，经历了两次分散，不仅异常面积大，而且介质中元素分布更加均匀，样品代表性强，可以用较少的样品控制较大的范围，不易遗漏异常。对于所发现的异常，具有明确的方向性和地形标志，易于追索和进一步检查。

河流沉积物是取样点上游全部物质的自然组成物，它们通过土壤或岩石的剥蚀以及地下水的注入而获得金属，这些金属可能赋存在矿物颗粒中，但它们更多的是存在于土粒中或岩石和矿物碎屑表面的沉淀膜上。表现地球化学异常的河道向下游都可能迅速衰减。因为许多河道都是稳定的，所以，从河流沉积物中取样是有效的，其单个样品点可以代表很大的汇水区域。故在某些地球化学省，每100km只采取一个河流沉积物样品；但更经常是一个样品只代表几平方千米的地区，沿主要河流每1km取2~3个样品，而且取样点都布置在支流与主流汇合处的支流上。在详细测量河流沉积物时，沿河流每隔50~100m进行采样，在一般情况下，向着上游源区方向金属或重砂矿物含量增高，然后会突然降低，在河床狭长地带内形成水系沉积物异常，习惯上称为分散流。发现矿化的分散流后，其所在的流域盆地，尤其是分散流头部所在的流域盆地便是与该分散流有成因联系的成矿远景区。

一般情况下，指示元素在分散流中的含量比在原生晕或土壤次生晕中的含量低1~2个数量级，因此，同一指示元素在分散流中的异常下限往往低于在土壤次生晕中的异常下限。细粒沉积物（0.25~1.0mm）的分散流长度一般在0.3~0.6km（小型矿床）和6~8km（大型矿床）之间变化，最大长度可达12km以上。

河流沉积物样品一般比土壤样品容易收集而且容易加工，然而，如果人们将各种废料都倾注于河流中，就会使沉积物混入杂物，影响取样效果，严重的甚至可使取样失败。

为了发挥河流沉积物取样的最大效益，应尽可能满足下列条件。

（1）工作区应当是现代剥蚀区，发育了深切的河流系统。

（2）理想的取样点应布置在面积相对较小的上游汇水盆地中的一级河流上，在二级或三级河流中，即使存在很大的异常区也会迅速稀释。

（3）在河流沉积物取样中，可以采集全部河流沉积物，或者某个粒级的沉积物，或者重砂矿物。在温带地区，细粒级河流沉积物中可以获得微量金属元素的最佳异常值/背景值衬度，这是因为细粒级沉积物含有大多数有机质、黏土以及铁锰氧化物；含有卵石的粗粒级沉积物来源一般更为局限而且亏损微量元素。通常采集粉砂级河流沉积物（一

般规定为80网目以下的样品），然而，应当通过试点测量来确定能给出最佳衬度的沉积物粒级。对于贱金属分析和地球化学填图而言，0.5kg重量的样品就足够了，但如果是分析Au，由于金粒的分布极不稳定，因而要求采集的样品重量要大得多。

最常用的采样方法是在选定的位置上采集活性水系沉积物样品，最好是沿河流20～30m范围内采集多个小样品组合成一个样品，并且在10～15cm深度采样，目的是避免样品中含过多的铁锰氧化物。在快速流动的河流中，为了采集到适合化学分析的足够重量的样品（至少需要50g，最好是100g），必须采集较大体积的沉积物进行现场筛分。

（4）详细记录采样位置的有关信息，包括河流宽度和流量、粗转石的性质以及附近存在的岩石露头情况。这些信息在以后对化学分析结果进行研究以及选择潜在的异常值进行追踪调查时将是很重要的。

（5）异常值的追踪测量一般是采取对上游河流沉积物取样的方式，即沿着异常的河流，确定异常金属进入河流沉积物中的入口点，然后采用土壤取样方法进一步圈定来源区。

若河流沉积物中发现较多的重砂矿物存在，应对河流沉积物进行淘洗或加工。除对所获重砂除进行矿物学研究，还可进行化学分析，以查明重矿物中选择性增强的一定靶元素和探途元素的异常含量。重砂方法基本上是淘金方法的量化。水中淘洗常常需要把密度大于3的离散矿物分离出来，除了贵金属，淘洗还要检测富集金属的铁帽碎屑、诸如铅矾之类的次生矿物及诸如锡石、锆石、辰砂以及重晶石之类的难溶（稳定）矿物以及多数宝石类矿物，包括金刚石。每一种重矿物的活动性都与其在水中的稳定性有关，例如，在温带地区硫化物只能够在其来源地附近的河流中淘洗到，而金刚石即使在河流中搬运数千千米也能够很好地保存下来。采集的样品通常要进行分析，即要对样品中重砂矿物颗粒进行计数。在远离实验室的遥远地区查明重砂矿物的含量是非常有用的，根据重砂异常有可能直接确定下一步工作的靶区。重砂取样的主要问题是淘洗，要达到技术熟练程度需要花几天时间实践训练。

河流沉积物测量一般可采用地形图定点。先在1∶25000或1∶5000地形图上框出计划要进行工作的范围。在此范围内划出长宽各为0.5km的方格网。以四个方格作为采样大格。大格的编号顺序自左而右然后再自上而下。每个大格中有四个面积为0.25km²的小格，编号顺序自左而右自上而下标号a、b、c、d在每一小格中采集的第一号样品为1，第二号样品标号为2。每个采样点根据其所处的位置按上述顺序进行编号。

## （二）土壤地球化学取样法

土壤地球化学取样技术基本原理是：派生于隐伏矿体风化作用产生的金属元素常常形成围绕矿床（体）或接近矿床（体）分布的近地表宽阔次生扩散晕，由于具有测定非常低的元素丰度的化学分析能力，从而，按一定取样网度开展土壤地球化学分析便能够圈定矿化的地表踪迹。

在露头发育不良的地区，土壤取样具有一定的优越性，靶元素有机会从下伏基岩的小范围带内呈扇形扩散在土壤中。这里要强调一点的是，土壤异常已经由于蠕动造成与其母源基岩的矿化发生位移；实际上，直接分布在矿体之上的土壤异常只存在于残积土中。因此，与岩石取样比较，土壤取样的主要缺点是具有较高的地球化学"噪声"（指混入了杂物或污染）以及必须考虑形成土壤的复杂历史过程的影响。

土壤取样要求按一定的取样间距（网度）挖坑并从同一土层中采集样品。测线方向应尽量垂直被探查地质体的走向，并尽可能与已知地质剖面或地球物理勘查测线一致。对于规模较小的目标矿体（如赋存在剪切带内的金矿体以及火山成因块状硫化物矿体），取样网度有必要加密至$10m \times 25m$；对于斑岩铜矿体，取样网度可以采用$200m \times 200m$。

利用土壤地球化学追踪地球物理异常时，至少应有两条控制线横截勘查目标，而且控制线上至少应有两个样品位于目标带内，目标带两侧控制宽度应为目标带本身宽度的10倍。

土壤取样的工具是鹤嘴锄或土钻等，采集的土壤样品装在牛皮纸样袋中，样品干燥后筛分至80网目（0.2mm），并收集20～50g样品进行分析。

取样土壤的主要类型包括：①残积的和经过搬运的土壤；②成熟的和尚在发育的土壤；③分带性和非分带性的土壤；④上述过渡类型的土壤。

在温带气候并具有正常植被的条件下，在树叶腐殖层之下是一层富含腐殖质和植物根须的黑色土层，称为A层；该层底部常常发育一个淋滤亚层，颜色呈灰色至白色，称为A层，该亚层的金属元素已被淋失。A层之下是一个褐色至深棕色的土层，称为B层，该层趋向于富集由地下水从下部带上来以及从上部A层淋滤下来的金属离子，土壤测量通常是在B层采样。如B层缺失，可以选择其他层作取样层，但必须保证每个样品都是取自同一层位。B层之下的土层颜色一般为灰色，称为C层，该层土壤可能直接派生于风化的基岩，因而向下岩石碎块越来越多直至为基岩。这类地区的土壤剖面可以反映出母岩中存在的矿化，因而土壤取样是一种很有效的勘查方法。

在一些地区，要对剖面重要部位的各层土壤都进行取样，目的是要确定近矿体剖面的特征。在这种近矿土壤剖面中，从B层到C层金属含量表现为增高或保持稳定；在距矿体更远的部位所采的样品中，B层中的贱金属含量一般更为富集。在温带地区，通常在富腐殖质的A层更容易检测到金。此外，最顶部的森林腐殖土层起着圈闭由植被从基岩和土壤中聚集起来的活动元素的作用，有时把它作为取样介质可以收到明显效果，尤其在亚高山地带，那里的矿物土壤层（A、B、C层）实际上是派生于被搬运了的崩积物和冰川碎屑物。

在潮湿炎热的热带地区，原地风化作用可能导致与上述特征不同的红土层，只要认识到当地土层的特征，土壤取样效果仍然会比较好。然而，在干旱地区，由于没有足够的地下水渗滤，难以把金属离子迁移到地表，因而，一般的土壤取样方法可能失效。

并不是所有的土壤都是简单的基岩风化的残积物，例如，它们可能是通过重力作用、风力作用或雨水营力从来源区横向搬运了一定的距离。这些土壤可能是具有长期演化历史的地貌的一部分，其演化历史可能包括潜水面的变化以及元素富集和亏损的地球化学循环。为了能够解释土壤地球化学测量的结果，需要对其所在的风化壳有所认识。对于复杂的风化壳，有必要在设计土壤地球化学测量之前进行地质填图和解释，以便确定适合于土壤地球化学取样的区域。

由于费用相对较高，土壤地球化学取样一般应在已确定的远景区内进行比较详细的勘查时使用，主要用于圈定钻探靶区。

## （三）岩石地球化学取样法

岩石地球化学取样法广泛应用于基岩出露的地区。就取样位置选择而论，岩石采样是最灵活的方法，它可以在露头上、或坑道内、或岩心中采集。在细粒岩石中，一个样品一般采集500g；在极粗粒岩石中，样品重量可达2kg。

样品可以分别是新鲜岩石或风化岩石，由于风化岩石和新鲜岩石的化学成分有所不同，因而不能将这两类样品混合，否则将会难以对观测结果进行合理的解释或得出错误的结论。

1.岩石地球化学勘查优点

与其他地球化学方法比较，岩石地球化学勘查具有几个优点。

（1）局部取样，所获信息直接与原生晕有关；大范围的取样，所获信息可直接与成矿省或矿田联系起来。

（2）岩石取样的地质意义是直接的，采样时要注意构造、岩石类型、矿化和围岩蚀变等现象。

（3）岩石样品不像土壤和水系沉积物样品那样容易被外来物质污染，而且，岩石样品可以较长期保存备以后检验。当然，污染是相对的而不是绝对的，即使是最干净的露头，在某种程度上也已经发生了淋滤和重组合现象。

2.岩石地球化学取样法的限制

岩石地球化学取样法也有一些明显的限制，例如，①采样位置受露头发育程度的制约；②岩石样品仅代表采样位置的条件，比较而言，河流沉积物样品代表整个汇水区内的条件；③在有明显矿化出露的部位所采样品显然不能代表围岩晕，一般的解决办法是取两个样品，一个采自矿化带内以获得金属比值的信息，一个取自附近未矿化的岩石中；④岩石样品只能在实验室内分析，而土壤、水系沉积物和水化学样品不需磨碎，并可直接在野外用比色法分析，用以立即追踪更明显的异常。

## 三、矿产地球化学勘查的工作程序和要求

矿产勘查的各阶段都可应用地球化学测量技术。在区域范围内（数百甚至数千平方千米的地区）地质资料缺乏的情况下，以稀疏的取样密度采集河流沉积物样品以查明具有勘查潜力的地区；在比例尺更大的地区，配合地质或地球物理测量，以更密的取样网度覆盖较小的地区（一般是几平方千米）。地球化学异常指导勘查潜在的矿床，缺乏异常有助于确定无矿地区，但实际工作中应慎重，因为没有查明地球化学异常并不能否定矿床的存在。

区域地球化学勘查属于中小比例尺的地球化学扫面工作，矿产地球化学勘查则属中大比例尺地球化学勘查，后者还可进一步划分为地球化学普查（比例尺为1∶5万~1∶2.5万）和地球化学详查（比例尺为1∶1万~1∶5000）。

### （一）矿产地球化学勘查区的选择

矿产地球化学勘查以发现和圈定具有一定规模的成矿远景区和中大型规模以上矿床为目的，因而，正确选准靶区是矿产地球化学勘查的关键。矿产地球化学勘查选区一般是根据区域地球化学勘查圈定的区域性或局部性地球化学异常，或者是配合地质、地球物理方法综合圈定钻探靶区。

地球化学普查区工作面积一般为数十至上百平方千米，主要采取逐步缩小靶区的方式，以现场测试手段为指导，对新发现或新分解的异常源区进行追踪查证。地球化学详查区主要布置在局部异常区或成矿有利地段，工作面积一般为1平方千米至数十平方千米，主要采用现场测试手段，查明矿床赋存位置及远景规模。

### （二）测区资料收集

全面收集测区有关地质、遥感、地球物理、地球化学等方面的资料，详细了解以往地质工作程度，并对资料进行综合分析整理，对勘查靶区进行充分论证，利用试点测量选择最适合测区的地球化学勘查方法或方法组合。

在水系或残坡积土壤发育的地区，地球化学普查一般是对区域地球化学圈定的异常范围内采用相同方法进行加密测量；地球化学详查则是在地球化学普查圈定的异常区内沿用大致相同的方法技术加密勘查。而在我国西部干旱荒漠地区或寒冷冰川地区以及东部运积物覆盖区，则需要进行技术方法的有效性试验。

确定所要分析研究的元素（靶元素、探途元素）、测试要求的灵敏度和精度等。这些

选择是根据成本、已知的或推测的地质条件、实验室设备等因素，此外，最重要的是考虑方法试验或者类似地区的经验。一般来说，地球化学普查的分析指标为几种至十几种，详查范围更接近目标，分析指标以几种为宜。

野外取样时，要在部分样品点采集少量深部样品进行比较，以使样品更具可靠性并对污染等情况作出评价。

### （三）矿产地球化学勘查中常用的测试技术

野外现场测试技术主要使用比色法。这种方法最一般的是用双硫腺（一种能与各种金属形成有色化合物的试剂），通过改变pH或加入络合剂，可以分别检测出样品中所含的金属，主要是铜、铅、锌等；具体操作是把试管中的颜色与一种标准色进行对比，并以ppm为单位换算出近似值。因为只有在土壤或河流沉积物样品中呈吸附状态的金属或冷提取金属才能被释放到试液中，所以，比色法实际上只能测出样品中全部金属含量的一小部分（5%~20%）。因此，这种测试方法灵敏度和精度都很低，而且所能测试的元素有限，但是，利用它能初步筛选出具有潜在意义的地区。

实验室内分析测试技术种类很多，为了选择合适的分析测试手段，化验人员与地质人员应充分协商。选用分析测试手段需要考虑的因素是成本、定量或半定量、所需测定的元素数目以及它们表现的富集水平和要求的灵敏度等。在地球化学样品中，如含有多种具潜在意义的组分时，可能需要考虑采用几种方法测定。

低成本的贱金属地球化学分析方法通常是将重量约1g的样品利用强酸溶解，这种酸性溶液中含有样品中的大部分贱金属，然后采用原子吸收光谱（又称为原子吸收分光光度计），虽然它一次只限定测试一种元素，但它能测定大约40种元素，而且灵敏度和精度都很高；它还具有成本较低、速度快、操作相对简单等优点。石墨炉原子吸收分光光度计可用于分析诸如Au、Pt元素以及Ti之类的低丰度值元素。

发射光谱分析尤其在俄罗斯应用广泛，它适用于同时对大量元素（这些元素的富集水平可以变化很大，而且可以是不同的化学组合）作半定量分析。一种较昂贵的新型仪器——电感耦合等离子光谱，具有发射光谱系统的多元素测定能力，灵敏度相当高，而且经济。

岩石和土壤中的贵金属可采用火法试金分析，其优点是可以利用重量相对较大的分析样品（大约为30g），重量较大的测试样品有助于降低"块金效应"，从而能够获得更好的分析精度。

中子活化分析是一种灵敏度高、能准确测试地球化学样品的仪器和方法，尤其是测定金的灵敏度很高，它广泛用于测定生物地球化学样品和森林腐殖土样品中所含的金以及常见的探途元素。作为一种非破坏性方法，它能提供同时或重复测试各种元素的手段。

实验室比色法类似于野外比色法，但它能得益于进一步的样品制备和更周密的控制条件。虽然较其他测试方法精度低，但成本也低，因此，仍被广泛用于测定钨、钼、钛、磷等元素。

地球化学样品分析不必刻意追求测试结果的准确性，因为我们利用地球化学勘查的主要目的是了解靶区内相关元素的分布形式而不是这些元素的绝对含量，何况重量仅为1g的分析样品也难以完全代表原始样品。正因为如此，地球化学分析结果只作为矿化显示而不宜看作为矿化的绝对度量。

一般诸如铁、铝和钙之类的元素以质量分数为单位进行测定；锌、铜和镍之类的元素以ppm为单位测定；金和铂族元素则以ppb为单位测定。锌、铜和镍等元素的异常值可以在100ppm至数千ppm变化；砷、铅和锑在数十ppm和数百ppm之间；银的异常值可以达到3ppm至数百ppm；而对于金而言，其值在15至20ppb即可能成为异常值，但在一些重要区域可能达到100ppb或更高。

地球化学分析技术的发展主要反映在分析范围的增加和元素检出限的降低，例如，痕量金的检出限已达到1ppb。

## （四）地球化学勘查的野外记录

地球化学技术在矿产勘查中之所以重要，是由于化探样品的收集很迅速，其大量的数据可用于研究元素分布模型和趋势变化。但是，如果只采样而无记录，其后果可能像采样不当或样品分析测试不正确那样容易出现错误。野外记录是取样过程的一个重要组成部分，要经常培训取样人员，提高取样人员的素质，以使取样保质、保量。

在土壤测量中，应当记录下采样层位、厚度、颜色、土壤结构等；若有塌陷、有机质存在、土壤已经搬运以及含岩石碎屑或有可能已被污染等迹象，也应当记录下来。采样位置除必须准确地在图上标定出来，最好能在现场做标记，便于以后复查。

对河流沉积物的采样，要记录采样点与活动性河床的相对位置、河流规模和流量、河道纵剖面（陡或缓）、附近露头的性质、有机质含量、可能的污染来源等。

岩石样品有特殊的地质含义，记录中应包括尽可能多的岩石类型、围岩蚀变、矿化以及裂隙发育程度等方面的信息。为了加快记录速度，可设计一种便于计算机处理的野外记录卡片。

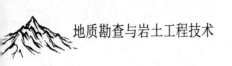

# 第三节　探矿工程勘查技术

地质、地球物理、地球化学以及遥感等勘查技术都能从不同方面提供发现矿床所需的资料，这些资料是非常重要的，然而，它们一般都具有多解性的特点。虽然通过综合运用上述技术可以互相补充、互为印证，消除多解性，建立起比较符合实际情况的地质图像或概念，但是，其真实性最终仍有待探矿工程技术来证实。由系统布置的探矿工程勘查网能提供矿化远景区内的地质及矿石含量的三维图像。

探矿工程勘查技术包括坑探和钻探两大类。钻探是目前地质勘查中运用最多的技术手段。

## 一、坑探

在岩土中挖掘坑道以便勘查揭露矿体或者进行其他地质勘查工作，这些坑探工程以其使用的条件和作用可以分为如下主要类型。

### （一）探槽

探槽是从地表挖掘的一种槽形坑道，其横断面为倒梯形，探槽深度一般不超过3～5m，探槽断面规格1m×（1.2～7）m，视浮土性质及探槽深度而定，利于工作，保证安全。探槽应垂直矿体走向或平均走向来布置。探槽有两种，即主干探槽和辅助探槽。主干探槽应布置在工作区主要的剖面上或有代表性的地段，以研究地层、岩性、矿化规律、揭露矿体等。而辅助探槽是在主干探槽之间加密的一系列短槽，用于揭露矿体或地质界线，可平行主干探槽，也可不平行。所有探槽适用于浮土厚不大于3m，当地下水面低时，覆盖层厚达5m时也可使用探槽。

### （二）浅井

它是由地表垂直向下掘进的一种深度和断面均较小的坑道工程。浅井深度一般不超过20m，断面形状可为正方形、矩形或圆形，断面面积为1.2～2.2m²。浅井的布置视矿体规模产状来进行。当矿体产状较陡时，可在浅井下拉石门或穿脉，当矿体产状较缓时，浅井应布置在矿体上盘。浅井主要用于揭露松散层掩盖下的矿体，深度一般不超过20m。对某些矿床如风化矿床，浅井是主要的勘探手段，对于大体积取样的金刚石砂矿或水晶砂矿，只能用浅井来勘探。

## （三）坑道

主要用于揭露地下一定深度范围内的矿体或地质体，由于成本高、施工困难，因此多用于矿床勘探阶段，在使用时应考虑矿床开采时的需要。其类型有如下七种：①平硐从地表向矿体内部掘进的水平坑道，断面形状为梯形和拱形；②石门在地表无直接出口与含矿岩系走向垂直的水平坑道；③沿脉在矿体中沿走向掘进的地下水平坑道；④穿脉垂直矿体走向并穿过矿体的地下水平坑道；⑤竖井是直通地表且深处和断面都较大的垂直向下掘进的坑道；⑥斜井是在地表有直接出口的倾斜坑道；⑦暗井在地表设有直接出口的垂直或倾斜的坑道。

# 二、钻探工程

钻探工程是通过钻探机械向地下钻进钻孔，从中获取岩心、矿心，借以了解深部地质构造及矿体的赋存变化规律。其钻进深度，对于固体矿产为100～1000m。钻探工程是主要的矿产勘查手段。

## （一）浅钻

垂直钻进的浅型钻，其钻进深度在100m之内，用以勘查埋深较浅的矿体。当涌水量大而无法用浅井勘探时，可采用浅钻在矿点检查及物探、化探异常的验证时经常使用。

## （二）岩心钻

即机械回转钻，备用一整套的机械设备如钻塔、钻机、水泵、柴油机或电动机、钻杆及套管等。钻进深度为300～1000m。用以深度较大的矿体，可垂直钻进，也可倾斜钻进。在矿产勘查的不同阶段均可使用；但较多的是在详查及勘探阶段使用；在普查阶段也可布置少量的普查验证钻孔。

# 第七章
# 区域地质填图中的矿产资源调查方法

## 第一节　区域地质填图中的矿产调查目的与任务

### 一、区域地质填图中的矿产调查目的

　　传统的区域地质调查包括基础地质填图和矿产资源调查与评价两部分，同一项目同步进行，分别编写报告和说明书，矿产图是在同步填绘的地质图基础上，增加了矿产资料而编制的。近年来，我国多数地质调查项目中将基础地质填图和矿产资源调查与评价或合并进行或分开调查。基础地质填图即是本书中的区域地质填图部分，矿产资源调查与评价简称矿调，是与地质填图工作同步或对已完成基础地质填图区单独开设的调查工作。

　　矿产资源的稀缺性、有限性、区域性等特点，决定了在区域地质填图中，通过了解资源状况，研究填图区的成矿地质条件、构造控矿因素、相关矿化异常信息等资料，在填图工作中对填图区相关矿产异常区、蚀变地质体等从地质背景和成矿地质条件入手，开展调查和找矿工作，以期发现新的矿化信息和线索，为矿产专项评价提供依据。

　　区域地质填图中的矿产资源调查，与专门性矿产资源调查最主要的区别在于：紧密结合最新的区域地质填图成果，尤其是新的地质背景资料，分析这些已有的和新发现的各类找矿线索、找矿标志等，在重新认识和分析的基础上，提出这些找矿线索、找矿标志与地层、构造、岩浆作用、变质作用等地质背景的关系。尝试用新的区域地质填图成果分析和解释可能的成矿作用、成矿机制、控矿因素，进而提出找矿方向和初步评价意见。

144

## 二、区域地质填图中的矿产资源调查任务

### （一）了解资源状况

了解资源状况是地质填图中最基本任务之一，也是在重要成矿区带地质填图区的最初工作内容。通过收集前人工作的各种成果以及采取区域踏勘、矿点检查、路线调查等形式直接获取的初步成果，使我们可以对区域中工作程度和存在问题形成初步认识，进而对区域矿化类型、成矿条件、代表矿化的时空分布、控矿因素及成矿地质条件获得初步了解，以确定各阶段矿产调查的工作方法、重点及进程。

### （二）研究资源特征

一般包括成因特征及工业特征两个方面。成因特征内容十分广泛，也因矿床类型不同而有差异，但基本上应包括成矿的空间域和成矿的时间域因子研究。工业特征包括矿体品位、规模、储量、产出条件、形态、有用组分的赋存状态。

### （三）发现新的矿化线索

矿化线索还包括矿化蚀变岩石区、矿化蚀变带或矿产地等。专门性的矿产资源调查与评价最终目的是不断发现新的矿产地，但区域地质填图中的矿产调查若能发现新的矿化蚀变岩石区、矿化蚀变带就很不容易了，如有新的重要发现，随即可另立矿调项目转入正式的矿产调查。在地质填图中，应十分重视新矿化线索的发现，并将这一工作放在重要位置。发现新矿化线索的工作方法可以有多种，包括对已知相邻图幅地表矿化线索的延伸检查和分析，更重要的是对图区内已有的各类有利信息如重砂异常、化探异常、物探异常、遥感信息以及各种地表和地下其他矿化信息在填图工作中加强调查，并分析形成这些矿化信息的地质背景（地层、岩性、岩浆作用、变质作用）、构造条件等。

## 第二节　区域地质填图中的矿产调查工作手段与方法

### 一、区域地质填图中的矿产调查工作手段

工作手段主要为概略检查。对地质填图中发现的含矿层、矿化带、蚀变带和其他重要找矿线索，物化探工作中圈定的具有扩大找矿远景的矿致异常（甲类）和推断有找矿前景的物探、化探、遥感异常（乙类异常），已知矿床、矿点及矿化点（包括新发现的以及群众报矿点）、民采点、老硐等都应进行概略检查。概略检查区范围应考虑各类异常的形态、规模，以及地表矿化和蚀变情况，合理确定，以免漏矿。

### 二、区域地质填图中的矿产调查方法

填图区的矿化异常包括多种地质异常（蚀变、铁帽、石英脉带等）、化探异常（分散流、水化学、次生晕、地气等）、物探异常（重力、磁法、放射性等异常）以及遥感异常等。主要采用以下方法进行调查与评价。

#### （一）异常资料的收集和综合研究

应全面收集图区内的各类异常，准确标绘在地质图上，结合地质背景综合分析后筛选和排序，尤其要重视成矿地质背景优越、构造条件有利、多种异常叠加和套合好的异常的综合研究工作，提出地质填图中应优先安排和选择适当工作手段的配合，如通过地质剖面控制和加密地质填图路线等。

#### （二）异常检查

主要通过专门性和更大比例尺的剖面实测、加密地质填图路线等控制，对区内已有的各类异常（尤其是前人1：20万区域地质调查或是专门性的地质调查圈定的各类异常）进行检查与评价，并采集必要的样品等加以验证。如矿化较好时，可考虑少量的槽探揭露和更大比例尺的地质填图。剖面实测、地质填图中要重点进行矿化范围、蚀变类型与强度、与地质背景的相关性等方面的检查与分析。

1.1：20万地球化学异常检查

1：20万地球化学测量与区域地球物理测量（布格重力、航磁）等已经覆盖了全国大部分地区，是研究成矿规律、发现新的矿产地的重要信息，在新的区域地质调查中应注意加强对该类异常的调查与检查。主要运用以下方法。

（1）1：20万地球化学测量资料收集。包括区域元素地球化学异常图、综合元素地球化学异常图，各异常元素组合的分类和强度划分等级，以及对各主要异常检查和评价的基本结论。此外，对某些重要异常还进行过土壤地球化学测量（次生晕），有矿化体样品和少量地表工程揭露。这些资料都应当注意收集和整理。

（2）剖面和路线地质检查。在原异常区布设通过专门性的剖面测量和地质填图，检查原异常的基本地质特征，分析和评价异常区的地质背景，重点检查异常高点或重要矿化地段，必要时填制大比例尺地质图（草测），以研究控制异常的主要地质因素，推断异常源。对推测的异常源采集必要样品进行分析测试，证实其判断。

（3）化探检查。1：20万水系沉积物测量获得的异常，虽然在圈定异常时已考虑到异常的位移，在确定异常强度时也考虑了分散作用，但要进一步确定异常的确切位置、异常的真实强度，需要进行大比例尺土壤地球化学测量或岩石地球化学测量。土壤地球化学测量起到异常定位或缩小靶区的作用，而通过岩石地球化学剖面，可以确定矿化体、了解矿化特征和控制因素，包括富集层位、岩性富集程度、元素组合等。必要的话，还应投入一定的地气测量和生物测量工作，以探索覆盖层下矿化体的位置及分布。

（4）地球物理检查。为了探索矿体埋藏状况，对出露矿体形态、产状、延深等做出推测，探测深部的盲矿体，以提供深部探矿工程设计的依据，需要投入一定的地球物理探测工作。常用方法包括磁法、激发电位法、自由电位法、激发极化法、中间梯度法等，对于获得的各种物探异常，应结合地质特征给予解释，并通过工程和样品予以验证或评价。

（5）工程揭露。对地表露头不好的地段，尤其是通过物化探工作进一步确定的靶体，应投入一定的工程揭露。揭露矿（化）体、控矿构造、含矿层位等重要成矿标志，为评价异常提供定量资料。揭露工程主要采用探槽、浅井，甚至仅仅是剥土或剥去表层风化岩，应明确目的和主要任务，根据具体情况设计揭露工程。

（6）区域对比。区域对比也是评价异常的一项重要内容，即将已知矿床矿点分布区1：20万化探异常与未知区化探异常，在类型、衬度、元素组合、区域异常分带性等方面的对比，判断未知区异常源和评价异常。

2.大中比例尺土壤地球化学（次生晕）异常检查

在许多矿区外围、重要矿化地段和重要远景区，一般曾有过1：5万至1：5000的土壤地球化学测量，圈定了地球化学异常，并对测区内的异常分布和主要异常进行评述。在系统、全面收集和整理的基础上，调查重点应放在对这些异常的分析和对比研究上。由于区调涉及的范围较大，区内可能已有多个小区完成过这类工作，因此应在分析对比的基础上，对重要异常重新认识，进行地面检查、取样、室内研究，必要时应动用一定的工程揭露并取样。对于露头连续的异常，可以进行更大比例尺的岩石地球化学测量。检查中在指导思想上必须避免"先入为主"，要善于发现问题、提出问题、不断探索。许多矿产地就是在这样的反复探索、反复研究中发现的。

3.重砂异常检查

重砂异常是区域地质调查的一项重要检查手段，尤其是对原1∶20万基础地质调查的重砂异常检查尤为重要。重砂异常包括河流重砂和人工重砂两大类异常，绝大部分重砂样品是通过采集地表水系中重砂矿物获得的。重砂异常可以指示区域中的矿化类型、矿化区域，是寻找原生矿化地和砂矿床的重要线索。常见的重砂异常是根据出现的重砂矿物类型及数量来确定的。根据重砂矿物的稳定性序列可以判别其搬运距离，如一些硫化物只能近距离搬运，而一些副矿物可能远距离搬运。

对重砂异常的检查，包括对重砂异常区地质条件的调查和对重砂异常区水系沉积特征的研究两个方面。后者是为了了解重砂形成过程及条件，以便判别源区。通常有三种检查方法。

（1）踏勘和路线地质检查。主要目的是确定异常区地质体的类型，各类地质体的出露面积和剥蚀程度等。收集和整理该区内的各种成矿现象、已知的地球化学和地球物理异常，进行综合分析，最终提出评价意见及进一步工作的建议和设计。

（2）区域水系沉积物检查。了解区内水系的分布、分水岭位置，初步划出各级水系的流域范围。对现代水系沉积物及阶地水系沉积物，进行采样位置和剖面结构研究，调查其厚度、层序、分层组分、韵律等，对重点重砂异常点，还应分层采样，以了解异常出现的层位、共生矿物。

（3）重砂验证检查。对于判别可能作为重砂源区的地质体，通过采集人工重砂样品进行验证。

4.其他异常的检查

区域地球物理信息和区域遥感信息中，也有重要的异常。它们同样是矿产资源调查中的重要成矿线索和成矿标志，也应当进行必要的调查和评价。主要方法有：

（1）收集与研究区域地球物理信息。包括航重、航磁、卫重、卫磁和地震联合地质剖面在内的多种地球物理异常，对于认识区域地壳结构、构造类型、岩浆活动，以及成矿史都有重要的意义。如认识莫霍面和康氏面的变化、断裂深度级别的划分、岩浆岩的分布规律及埋藏状态等。对于某些类型矿床，还具有直接的成矿意义，如与超基性岩有关的矿化、铁矿化等。对于这些异常的检查，重点是对它们与地质背景的空间和内在联系的分析。地球物理信息作为一种地壳的物理信息对于认识区域地质和成矿规律都是不能缺少的。此外，还有一些在矿区外围及深部的物探剖面、测井资料，都应注意收集和分析。

（2）分析遥感信息。遥感地质是区域地质调查的主要内容之一。成矿作用和矿床的遥感标志研究，对于认识成矿条件，总结成矿规律，建立找矿标志系统是不可缺少的。高分辨率遥感图像上可以直接观察和识别采矿遗址，并能判别矿床工业类型，对于出露矿体可根据影纹和色彩判别矿化类型及规模。对于某些成矿现象标志如铁帽、蚀变带、石英脉等，能准确定位，认识其客观分布特征。此外，还有植物、水体等可指示矿化作用存在的间接标志。对于这些指示找矿的标志，需通过地面调绘确定其真实性。遥感地质还提供了许多间接找矿的资料，如岩体（环状构造）和区域性断裂（线状构造）、地层产状与变质相（影纹和色调）、岩性（影纹和色调）等，应注意这些信息的识别。

（3）气体地球化学异常查证。近年来在某些地区开展的航空气体地球化学测量也有重大意义。除Hg外，还测定了一些稀有气体，如氦、氩、氡及其同位素。包括对常规气体（$CO_2$、$CH_4$、$H_2$、$H_2S$等）的各种地球化学研究，已逐步派生出了一门新的地球化学分支——气体地球化学。内生气体包括地幔生气作用、变质作用及浅层生物作用等。已经认识到深部来源气体有较高含量的$CO_2$、$CH_4$及特殊组分的稀有气体，而在一些地热田会出现气体异常。许多区域性深大断裂都是深源物质的通道，因而对区域成矿有重要的控制作用。一些侵入体也有显著的地气标志。此外，许多有机矿产其标志更为明显。对这些异常的检查，主要是判别它们与地质作用和矿化元素的空间和成因联系。

## （三）矿（化）点检查

在地质填图中研究已知矿（化）点，发现新的矿（化）点是一项基本任务，其目标是为了发现新的矿产地（矿床或矿体），扩大本区的资源储量，提高研究程度。矿（化）点检查主要包括对矿（化）点产出地段成矿地质背景的调查，对区内一些重要成矿现象出现地进行解剖，在已知矿床外围及深部探测新的矿体（隐伏矿体）。地质填图中要注意以下工作。

古采矿活动的调查，如古代或近代人类冶炼、采矿活动的遗迹，包括地名、老矿坑、旧矿硐、炼铁遗址、废石堆等。许多矿床的地名本身指示了曾有过采矿活动，如银硐沟、铅硐山、铜厂坡等，多数小地名在1：5万地形图上都有反映，应予注意。更直接的标志有老矿坑、矿硐等，更应重视。如果仍残留有少量矿石或矿化体，应采集样品。

对矿床周边地区的调查主要依托对已知矿床成矿规律和控矿因素的研究。大多数矿床勘探工作，其范围都是有限的，在延长方向进入新的填图区时，重点应放在矿体空间分布规律、控矿条件及找矿标志的综合分析上，提出本图区的矿体可能矿化层位、矿化岩性、矿化区段的预测。

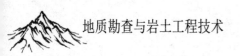

地质勘查与岩土工程技术

### （四）成矿地质背景与控矿条件分析

地质填图中要注重地、物、化、遥多因素综合分析，而矿产调查中同时要地、物、化、遥多手段综合运用，这是二者在手段上的主要区别。

通过剖面实测、地质填图，结合邻区和区域成矿地质条件、已发现各类矿产等情况，分析这些已有的和新发现的各类找矿线索、找矿标志等，重新认识和分析其与地层、构造、岩浆作用、变质作用等地质背景的关系，探讨控矿条件。强调要用新的区域地质填图成果分析和解释可能的成矿机制、控矿因素，进而提出找矿方向。成矿的地质标志，如广义的铁帽（次生产物）、石英脉带、蚀变带，以及抗风化的原生矿物等都是有意义的。地球化学标志更为广泛，有原生晕、次生晕、分散流、水化学、地气等异常，地球物理标志包括磁法、电法、重力、放射性等异常。遥感成矿标志是近年来不断总结和认识的一些新标志，在多波段遥感信息中，容纳了大量成矿信息，可采用影纹解释、光谱解释、似彩色合成等方法，建立一个区域的遥感解译系统，其中包括成矿解译系统。

# 第三节　区域地质填图中的矿产调查重点

含矿地层、容矿岩石、变质变形、岩浆活动、控矿构造、矿化强度与分布等方面的调查，都是区域地质填图过程中的主要工作内容，也是填图工作中矿产调查的工作重点。

## 一、含矿地层调查

含矿地层是矿床或矿区内的最基本地质要素之一。对含矿地层的调查，重点应放在矿（化）体（层）在区域含矿岩系中的层位以及与区内其他类型矿床、矿化体位置的时空变化规律，矿床中矿化层位的跨度，矿（化）体与岩相、岩性的成因联系等。

层位控矿一般有两种情况：一类是单一层位，即在含矿岩系中的位置十分确定，矿化层的跨度很小，一般只有一两层矿，具有这一特征的矿床主要为一些沉积—残余矿床，如风化壳型矿床等；另一类是多层的，矿化层有一定跨度，层内有多层矿（化）体，矿体类型有一定的沉积韵律关系，如许多VMS型矿床和SEDEX型矿床。

不仅含矿地层有多层性和韵律性，矿床中的矿体类型及矿体中的矿石类型也具有层序性和韵律性。认真调查矿床和矿体的层序性，对于总结矿体的空间分布规律，矿化的分带性特征都有重要的价值。

对含矿地层的研究，还应注意岩相的变化，包括沉积相、变质—变形相等。沉积相对同生矿床的控制是十分明确的，而又通过对岩性、构造的控制，对后生矿床也有重要影响。一般沉积矿床总是形成于特殊的沉积相中，如沉积型铝土矿、沉积型铁矿、沉积型锰矿，都形成于不同的岩相环境中。矿化在层序上的分带性不仅仅是成矿流体演化的结果，也受到沉积相更替的影响。研究沉积相变带对后生矿床的控制，主要是岩性和构造的复合，如礁灰岩产于特殊的沉积相，它是MVT型矿床的主要容矿岩石，相变带与层间是最易发展裂隙化和剥离的位置，在构造运动中常可能发育成层间破碎及断裂破碎带，是后生矿床主要的导矿、容矿场所。

对不同类型矿床和同一大类矿种不同亚类矿床在区域含矿沉积建造中的位置的精细分析对比，可以获得成矿史以及不同构造—热事件中矿化类型与强度的资料，并为研究区域成矿提供重要信息。

## 二、容矿岩石调查

无论何种成因矿床，它们都赋存于一定类型的岩石中，或岩石本身就是矿石。因此，矿石是一种特殊的岩石。这里的容矿岩石，不是指含矿地层中的各种岩石类型，而专指作为矿体的岩石（矿石）。

各种岩石类型中都可能容矿，因而许多矿床就用容矿岩石的类型命名，如砂岩铜矿、页岩铜矿、斑岩铜矿、Au–U砾岩等。常见的容矿岩石类型及其对应矿化类型或矿化元素有：

沉积岩类，砾岩（Au–U）、砂岩（Cu）、粉砂岩（Pb–Zn）、灰岩（Zn）、白云岩（Hg、Sb）、硅岩（多金属）、含炭泥岩（Fe、U、V、P）、泥灰岩（Au）等。

侵入岩类，纯橄岩（Cr）、辉长岩（Cu–Ni）、斑岩（Cu、Mo、Au、W）、花岗岩（W、Sn、Bi、Mo、稀土）、伟晶岩（稀有、稀土）。

火山岩，玄武岩（Fe、Cu–Au）、安山岩类（多金属）。

构造岩，碎裂岩、角砾岩（多种脉状矿体）、糜棱岩（Au）。

特殊岩类。热水沉积岩（SEDEX）。

蚀变岩类。矽卡岩、云英岩、青磐岩、硅化岩、绢英岩、蛇纹岩等（热水交代-充填矿化）。

## 三、控矿构造调查

控矿构造，不仅指区内的构造形式和现今的构造系统，还应包括同沉积期构造，以及火山构造和侵入构造等。构造活动的重要意义，在于为地壳中的热流运动提供通道。这是因为岩石的热传导率很低，只有通过流体运动才能将热量高速度、远距离、大容量输送，并主导该区的构造运动—盆地演化—变质变形以及岩浆活动。深层构造还可以将深部物质（地幔流体）导入浅部，浅部构造可以为成矿流体的形成、运移及成矿提供条件。

## 四、岩浆活动调查

岩浆活动是一种重要的区域热事件。它可以提供成矿动力、成矿流体及成矿物质。对矿床（区）内岩浆活动的强度、类型、形态等调查，对建立区域热历史是十分重要的。

## 五、矿体的空间分布规律调查

矿床一般都是由一个至几个主矿体及多个小矿体组成的。矿床（区）内矿体的空间分布规律指示了主要的控矿因素。如层控矿矿床矿体的分布受层位、岩相、岩性的控制，而与岩浆有关的矿床受岩体形态、产状、蚀变带等的控制。注意分析矿体的空间分带性、空间变化，以及多层性、层序性等，也是矿床地质调查工作的一项重要任务。

正确的理论指导是确保正确建立地质填图单位的关键，同样也是正确认识区域成矿分布规律和指导地质找矿的根本保证。现以斑岩型铜钼矿调查为例，说明在地质填图中如何运用正确的理论指导，将地质填图与找矿工作并进的工作思路。

斑岩型铜钼矿床具有相对稳定的成矿地质条件和成矿作用，因此其成矿模式是当今国内外最为认可的模式之一。已知的众多斑岩型铜钼矿床都具有极为相近的成矿模式，且大多是在经典的成矿模式理论指导下取得找矿突破的。

斑岩型铜钼矿床成矿必备的四大有利地质条件是：

（1）发育一定规模的斑岩体（多期次中酸性复式杂岩体，多次分异作用）。

（2）具有通达下地壳或直至地幔的深大断裂。

（3）岩体中发育密集的节理、小断层和破裂裂隙。

（4）热液蚀变分带明显且面积较大，斑岩体中伴生有斑岩型铜、钼有关的成矿元素地化异常。

近年来，新疆西准噶尔达尔布特南构造岩浆岩带进行的多个1∶5万区域地质填图中，分别发现了吐克吐克铜矿床、宏远铜钼矿床和红山铜矿点。目前，包括前人发现和评价的包古图斑岩铜矿在内，在达尔布特断裂带南东盘的所有岩体中均已有斑岩铜钼矿的发现，已初步显现出本区是一个斑岩型铜—钼找矿有利区。

在一般型矿产调查中，主要采用先找异常、再工程验证的传统找矿模式。达尔布特地区当前的工作中，因没有提出符合各岩体地质特征的找矿有利部位和可能的成矿模式等认识，把主要经费和力量投入大量简单的工程验证上，效果并不理想。

用正确的理论指导找矿，即是将经典成矿模型与本岩浆岩带实际紧密结合，建立符合本岩浆带的成矿类型与找矿模型，甚至建立本带不同岩体不同类型（铜、钼）矿床的成矿模型，指导找矿。因此，围绕如何建立符合本岩浆岩带的成矿类型与找矿模型这一重要研究工作，开展地质填图与研究，最重要的是在正确理解和把握矿床理论模型的基础上，进行岩浆岩带的矿化蚀变、含矿岩体空间分布规律、成矿物质来源等，建立符合各岩体实际的成矿模型，用工程去验证找矿模型或成矿模型（而不是简单的验证异常），而地质填图是解决这一关键问题的基本方法。从地质填图角度来看，工作的重点是：

①因斑岩型（铜、钼）矿床不同的矿化蚀变决定了这类矿床具有不同的矿化特征和成矿作用，同时，同类型矿化蚀变的强弱记录不同强度的矿化蚀变信息，因此选择有利地段和对已发现较好的矿化区进行专门性的大比例尺的矿化蚀变填图，是寻找成矿有利部位的重要途径。

②因斑岩型（铜、钼）矿床主要富集于岩体顶部和侧部的内外接触带中，因此，只有进行区域地质填图才能查明各岩体的形态、剥蚀程度（尤其是剥蚀深度），进而判别该岩体中的矿体是否能被保留的一项重要参考指标。

③因斑岩型（铜、钼）矿床主要富集于岩体顶部和侧部的内外接触带的小节理、小断裂中，尤其是网脉状密集断裂及节理中。因此，优选各岩体顶部和侧部的内外接触带，开展专门性、大比例尺的小构造地质填图，结合高精度遥感编图，才能确定最有利的成矿部位。

## 六、控矿因素与成矿规律研究

### （一）控矿因素研究

控矿因素即成矿的控制因素，是在地质填图后对各种成矿条件的分析和研究的基础上，根据与成矿空间、时间和成因的相关程度以及各种地质、地球化学条件的内在联系而确定的。根据目前对矿床成因的认识，可以划分出时控、层控、岩控、母岩控矿、构造控矿、深部控矿、保存程度等多个因素。时控性，指区域成矿发生在特定的时间段，可以划分为一定的成矿时代和成矿期。层控性和岩控性，指区域矿化受一定地层层位和岩性的控制，而这种层位是在一定沉积建造中，具有特殊的岩石组合和层序，反映了一定的沉积相及古地理环境。母岩控矿，主要指岩浆活动对成矿的控制，其中岩浆岩成因类型、演化性质及分异程度最为重要，而岩浆形成和侵入—喷出的构造环境（时间和空间）又对类型和演化起制约作用。构造控矿，包括构造形式控矿（控矿空间），也包括构造系统控矿（构造—热事件）及各种构造界面的控矿（不整合面、接触界面及火山机构）。深断裂控矿是近年来认识到的一种重要控矿因素。深大断裂，尤其是超壳断裂是成矿动力、流体及深部物质集中区，是各类地球化学异常的急变带，也是矿产的集中区。保存程度是决定矿产是

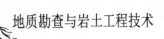

否存在的最后一个要素，决定于其埋深、剥蚀深度、氧化程度等。

## （二）成矿规律研究

成矿规律指区域成矿在时间上、空间上、共生关系上及系统性方面的规律性。内容包括成矿时代、成矿期、成矿阶段的确定，成矿域、成矿带、成矿区、矿田的划分及空间分布规律研究，矿床成因类型及其共生关系，成矿作用系统及主要成矿作用类型的研究等。成矿是一种成矿物质在地质过程中的地质地球化学聚集过程，总结这一过程的时间、空间、成因等系统的特征，就是成矿规律研究。在矿产资源调查中，对成矿规律的研究贯穿始终，最终的成果除文字，主要用区域矿产分布及成矿规律图等图件表示，全面反映各种成矿现象的空间位置及空间分布规律，总结各种控矿因素及其与矿化的空间关系等。

# 第八章
# 区域地质填图主要手段

## 第一节　剖面调查

### 一、剖面测制的目的任务

地质剖面是区域地质填图的基础。因为区域地质填图从根本上来说是填绘地质填图单位，即将各填图单位及其空间关系和相互关系按规范和技术要求并按一定比例尺填绘在某种载体上（纸质或计算机桌面系统）。因此，地质填图单位建立的正确与否将直接决定填图的质量，而剖面测制是建立地质填图单位的主要途径和基本方法。

无论实测或修测图幅都必须按规范要求测制地质剖面。通过地质剖面测制，建立各类地质体（沉积岩、岩浆岩、变质岩、混杂岩等）的填图单位和建造顺序（地质体内部和地质体之间的相对顺序），合理确定区域地质填图中各类地质建造体的填图单位，最大限度地提取各项区域地质填图所需指数（如时代指数、古环境指数、古气候指数、岩质指数、土质指数、水质指数、环境污染指数等）。如沉积岩沉积层序、沉积盆地充填样式、沉积相、古地理、古生态和古气候等方面区域地质填图都是从剖面测制入手的。

剖面通常有实测剖面、修测剖面、详细路线剖面三种。

## 二、实测剖面方法与技术

### （一）实测剖面的质量要求

实测剖面是指在踏勘选定的某一地段内，沿一定方位实际测量和编制地质剖面图的过程，是对剖面通过区地层时代、层序、岩性特征、厚度、古生物演化特征、含矿层位和接触关系等进行综合研究的手段。在实测剖面工作中，凡是剖面线所经过的所有地质现象都要进行观察描述；各种地质数据和资料都要进行测量和收集；所涉及的地质问题都要详细进行研究。包括：沿剖面线的地形变化；各时代地层的岩性特征及厚度；古生物化石层位及所含化石的种属特点；地层的接触关系；系统采集岩石标本及化石标本，采集各种分析样品等。

剖面实测多用导线法，对于极短的剖面可用直线法。

为了使实测剖面顺利而有效地进行，选择好剖面线的位置是很重要的。选择剖面线有以下几点要求。

（1）剖面线要通过区内所有地层，即在剖面线最短的情况下，通过的地层越全越好。剖面线应尽可能垂直于地质体走向。有时一条剖面不能包括所有地层，这时可分几个剖面进行测量，然后综合成一个连续剖面。所测每一时代地层最好要有顶面和底面，选择发育好、厚度最大的地段，以解决地层问题和建立地质填图单位为目的的剖面，最好选择构造比较简单，尽可能不受断层、褶皱及岩体干扰的剖面。如果以解决构造问题为主，所选剖面应反映测区的主要构造特征，剖面线要垂直主要的褶皱轴线和断层走向。

（2）剖面线经过地段露头要好，尽可能选择连续山脊或沟谷。避开障碍物，减少平移。为使制图整理方便，剖面线尽量取直，避免拐折太多。

（3）根据对剖面研究的精度要求，确定剖面比例尺。在实测剖面过程中，凡是在剖面图上能表示1mm宽度的岩性单位都要划分出来，而有特殊意义的矿层、标志层等，即使在图上表示不足1mm，也应放大至1mm夸大表示。

（4）剖面的起点与终点应作为地质点，标定在地形图上。

### （二）各岩类实测剖面的目的

各岩类实测剖面的目的任务具体说明如下。

1.沉积岩区剖面

测制目的是了解沉积序列的岩石组成和结构、划分地层、建立填图单位。要求在剖面上进行详细分层，逐层进行岩性描述，对于显旋回性的地层还要运用基本层序的调查方法进行分层观察和描述，系统采取岩矿、岩相、岩石地球化学样品，逐层寻找和采集大化石和按要求采集有关微体化石样品，必要时采集人工重砂、粒度分析、古地磁样等，用宏微观相结合的方法研究地层中的各种地质特征、合理划分岩石地层单位和年代地层单位，视具体情况进行生物地层、年代地层、生态地层、事件地层、层序地层、旋回地层、气候地层、化学地层和磁性地层等多重地层划分对比研究，为路线地质填图打下基础。

2.侵入岩区剖面

测制侵入岩剖面最主要的任务是详细划分侵入体，建立侵入岩地质填图单位。研究岩体的同源性和演化序列，并进行单元和超单元归并，确定侵入时代及其演化关系，研究就位机制；对异源岩浆演化（浆混岩）序列的侵入体，要在岩浆混合、分异、演化、就位机制的研究基础上，进行合理的填图单元划分，异源岩浆演化序列侵入体填图单位的确立是个新课题，要在填图实践中不断总结完善，暂时可采用"浆混体""浆混单元""浆混单元组合"；对造山带区经过强烈构造移置拼贴的无根侵入岩，要实事求是地进行侵入岩的构造岩片、超岩片划分。在侵入岩剖面上应详细研究侵入体的各种基本特征并系统采集岩矿、岩石化学和地球化学样品。选择代表性侵入体采集同位素年龄测试样品。

3.火山岩区剖面

测制目的是精细划分火山地层，建立火山地层填图单位和火山岩相填图单位。在研究划分火山岩和沉积夹层的基础上，结合火山地层的结构类型，划分岩石地层单位和火山喷发旋回、火山喷发韵律，建立地层层序，确定火山喷发时代。查明火山岩岩石的矿物成分、岩石化学和地球化学特征、岩石类型、结构构造、产状、厚度、接触关系、空间分布及其变化规律。依据火山岩岩石矿物特征和结构构造特征以及火山地质体的产出形态与分布，划分火山岩相类型。研究各种火山岩形成的地质环境或大地构造背景。查明与火山活动有关的构造特征。结合火山岩岩性、岩相资料，研究古火山机构，重点研究的火山机构必须测制"十"字形岩性岩相剖面。探讨火山作用与区域构造及成矿的关系。在剖面上应系统采集岩矿、岩石化学、地球化学样品，在沉积夹层中要注意寻找大化石或采集有关微体化石样品，有选择地采集同位素年龄测试样品。

4.变质岩区剖面

测制目的是确立变质岩构造—地（岩）层或构造—岩石填图单元，划分变质相系、变质带和区分不同的构造变形域。对中深变质岩，要查明变质岩石（包括变质构造岩）的矿物成分、结构构造、岩石类型及主要变质岩的岩石化学、地球化学以及变形特征，恢复原岩；研究变质岩的原岩建造类型；探讨其形成的大地构造环境，以及变质作用和成矿作用的关系；查明不同变质岩石类型的空间分布以及它们之间的接触关系并建立序次关系；查明变质变形作用特征类型、划分变质相带和相系，研究其期次、时代及其相互关系，探讨变质作用发生、发展的地质环境；根据变质作用、变形作用的特征及其复杂程度以及岩石类型，划分构造—地层单位、构造—岩层单位、构造—岩石单位，分别建立地（岩）层序列和变质岩层构造叠置序列，并研究其新老关系和岩石单位的热动力事件演化序列。

### 5.第四纪堆积物剖面

测制目的是查明第四纪堆积物种类、物质成分、厚度、成因类型、接触关系和分布范围。研究第四纪堆积物与地貌条件的关系，根据物质成分及其所处的地貌部位划分填图单位，建立堆积层序；调查第四纪可能赋存的矿产、古风化壳、古土壤和古文化层；研究各类第四纪堆积物形成时期及其与年代地层的对应关系；研究与工程有利和不利的第四纪堆积物、地貌、新构造运动和现代动力作用。调查第四纪堆积物中蕴藏的近代古气候、古环境变迁史；对第四纪和现代气候敏感带、不同气候—生物组合交界带、地壳活动带、外动力高强度作用带（江、河、湖、海岸带与边坡）、人为活动强烈频繁地带的第四纪堆积区都应进行重点综合调查。要求在剖面上详细分层，逐层描述并系统采集各类样品，如孢粉样、微古动物样、古地磁样、地球化学样、热释光、光释光、电子自旋共振、$C^{14}$同位素年龄等测试样品。

### 6.构造混杂岩剖面

测制目的是进行基质和外来岩片（块）的划分、对比研究，对基质的划分研究可根据基质的变质程度不同分别进行；对基质中的外来岩片（块）可视规模大小分别进行构造微岩片（块）和岩片（块）划分，建立构造混杂岩区的非史密斯地层填图单位。选择有代表性的岩片进行物态（物质组成）、时态（时代确定）、相态（沉积相）、位态（原生大地构造环境，如洋脊、弧前、弧后、岛弧、前陆等构造古地理部位恢复）、变形和变质历程调查。通过对构造岩片四维裂拼复原分析研究，探讨造山带形成、演化历程和现今三维物质组成与结构。要求在剖面上要按微岩片和岩片对内部物质组成逐层详细描述，采集岩矿、古生物、岩相、构造定向、岩石地球化学、粒度分析等样品，选择代表性岩片采集同位素年龄测试样。特别要注意岩片（块）与基质之间、岩片与岩片之间（在构造混杂岩中，岩片与岩片常常直接以断裂带接触）接触关系（断裂）特征性质的填图。

## （三）实测剖面的技术规定

（1）实测区每幅图每一个地层单位有1~2条实测剖面控制；修测区对原有的实测剖面在检查的基础上选择具代表性的或有重要意义而出露好的剖面进行重测或补测（含建组剖面、层型剖面），重测或补测的剖面数应占原有剖面的1/3~1/2；修测区应在深入研究前人成果基础上，有针对性地进行重测、补测或新测；若已有符合质量要求的实测剖面，可部分或全部引用。凡是新建的地层单位，不论是哪一类区都要新测制层型剖面。

（2）剖面线通过的具体位置，要注意露头的连续性是否良好，一般要求剖面露头大于60%，为此应充分利用沟谷、自然切面和人工采掘的坑穴、壕渠、铁路、公路两侧的崖壁等，作为剖面线通过位置。第四系平原区如无天然或人工挖掘剖面，可布适量浅钻取心建立剖面柱。浅钻数量以控制全填图区内第四系成因地层类型为宜。实测剖面线方向基本垂直于地质体走向（如地层走向、中深变质岩区域性面理走向、混杂岩中多数岩片定位优选走向等），一般情况下两者之间的夹角不可小于60°。

（3）当露头不连续时，应布置一些短剖面加以拼接，但需注意层位拼接的准确性，防止重复和遗漏层位。最好是确定明显的标志层作为拼接剖面的依据。如剖面线上某些地段有浮土掩盖，且在两侧一定的范围内找不到作为拼接对比的标志层，难以用短剖面拼接时，应考虑使用探槽或剥土予以揭露。特别是当推测掩盖处岩性有变化，或产状、接触关系和地层界线等重要内容因掩盖而不清时，必须使用探槽。

（4）稳定克拉通地区或被动陆缘不受构造移位混杂的沉积、沉积—火山岩地层剖面所测制的填图单位（群、组）必须顶、底齐全，与下伏和上覆地层的接触关系清楚，所测地层单位的内部层序齐全、清楚；造山带构造混杂岩区的非史密斯地层剖面上的填图单位岩片之间或岩片与基质之间由于均是构造界面，要求所测制剖面内的各种重要界面和剖面的顶底无掩盖，接触关系清楚。

（5）详细逐层记录岩性、岩相、构造，以及各类样品的采集、照相、素描等内容。

（6）实测剖面丈量记录表及计算表要详细记录导线号、导线方位、导线长度、坡度、分层号、分层斜距、各类面理（岩层、沉积交错层前积纹层、构造置换面理、岩浆岩流面、断层面等）、线理（各类构造线理、岩浆岩流线等）、产状及测量位量，各类样品采样位置、照相或素描位置等。室内资料整理要完成计算表中要求的各项计算。

（7）实测剖面图和柱状图制作：一般要求沉积岩、沉积—火山岩（含浅变质的沉积—火山岩）要制作实测剖面图和柱状图；第四系堆积物如为水平岩层（倾角小于5°）可只制作柱状图；中深变质岩、侵入岩和造山带区构造混杂岩一般只要求制作实测剖面图，该类地质体的部分填图单位视综合研究要求可制作柱状图。

## 三、修测剖面方法与技术

复查剖面是指对前人在填图区内完成的实测比例尺为1：5000或更大比例尺实测剖面，在无须进一步实测时，通过收集、消化前人成果，对该剖面的专门性进行复查和再认识。对原测剖面工作程度高、划分详细、样品较齐全、研究程度较高的剖面，野外复查中仅对其进行系统掌握，对有争议或尚需补充资料地段适度补做外业工作和补采必要样品，可不再另作导线图、大比例尺剖面图。仅对前人整理或缩编的剖面图进行适度修改、补充，并增加新记录地质点号及相关内容。

对原研究程度偏低或尚需进一步研究的剖面，或者涉及区内主要地层单位建立，地质体重新解体与厘定的剖面，可依照原导线平面图逐层补做记录与描述，修正与完善，部分

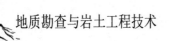

地段可重作剖面图。个别剖面确因原导线无法实地核对时，建议由复查改为重测。

剖面复查工作中，对局部地段、重要地质分界线，不同填图单元之间的接触关系、重要地质现象等，应配合信手路线剖面、素描图、照相及摄像资料等。

## 四、详细路线剖面方法与技术

详细路线剖面是依照设计书规定，在两条实测剖面（含复查剖面）之间的、控制主要地质体边界、区内地质构造格架、特殊样品（加密）采集而布置的主干路线剖面，是对区内实测剖面的补充。该类剖面要求全程或主要地段详细控制重要地质体和填图单元。详细路线剖面的起始点，重要地质界线处等必须以地质观测点控制，填图单元内的重要岩性分层、特殊地质体（如夹层）、岩性分层处等应视比例尺和手图图面点的分布密度而灵活掌握。详细路线剖面均应有较大比例尺的路线剖面图编绘。所有地质点、产状、样品等应在信手路线剖面上准确标定。详细路线剖面填图中，应多测量各类产状，较详细岩性分层，采集必要样品，记录地质界线、产状、样品等的准确位置，并在信手剖面图和手图上全面反映。

# 第二节  路线地质填图

系统连续的地质路线观测，是区域地质填图最基本的方法，控制各地质填图单位界线和调查各地质体在分布区的变化规律是路线调查的重中之重，是任何其他方法和调查手段所不能代替的。相反，由其他任何方法所获得的成果和认识，均必须经过野外地质路线的实地检查验证，才能证实其是否真实可信。因此，野外地质路线观测是区域地质填图最基础的工作，必须严格认真地做好。

路线地质调查的主要目的是：①控制剖面间的地质体与构造特征；②验证剖面建立的地质填图单位的延伸与对比性及变化规律；③弥补剖面调查资料的不足；④修正剖面的主要认识。

## 一、野外地质填图路线类型

野外填图路线必须系统连续地进行。野外填图路线一般有两种：一是大致垂直于（横穿）填图区的岩层和构造线的走向布置路线，称为穿越法；二是沿各地质体界线或对其他地质现象进行追索观察，称为追索法。在野外填图过程中一般以穿越法为主，并辅以追索法。考虑到区域地质填图工作本身就是一个反复认识—实践—再认识的过程，从野外客观实际出发，按在野外工作不同阶段布设填图路线的不同目的，野外地质观测路线可划分为踏勘路线、系统观测路线和检查路线三种。

### （一）踏勘路线

在进入一个新区，人们对区域地质情况尚不了解或了解甚少的情况下，需要对全区岩类和地质构造等情况有一个系统全面的认识，以便为编写设计和部署区域地质填图工作收集素材提供依据而布设的野外观测路线。

### （二）系统观测路线

在项目设计书经上级主管部门审查批准以后，按照设计要求对全区系统布设的全面填图路线，用以完成地质图的填制。因此路线的布置必须以全面控制测区主要地质体和构造形迹的形态和分布规律为目的，路线经过位置应尽量能控制地质体间的一些重要接触关系或重要构造部位，以求能收集到尽可能丰富的资料。此类路线应以垂直区域构造线方向的穿越路线为主，适当辅以追索路线。对一些重要地质体边界（如构造混杂岩中大型蛇绿岩块边界、重要含矿层边界等），为准确填绘可布置一定量的追索路线。

### （三）检查路线

检查路线有四种。一是野外区域地质填图阶段性整理连图、年度野外工作即将结束时年度性连图，或项目基本完成全部填图工作任务时的系统连图中，发现某些地段图面尚不合理，接图尚存问题，对某些接触关系，或某些重要地质问题尚未得到彻底解决，或认识有重大分歧而在室内又无法解决时，根据实际情况，必须到野外实地再次调查取证，对存在问题进行检查并加以解决而安排的路线。这类路线主要针对存在问题地段，可在原路线主要问题区段（有必要时在其周围有限范围内）做检查，以达到解决遗留问题之目的。

二是对有重要新发现、重大新认识的有关路线由项目内部尽快安排专门性检查，这类路线主要检查重要新发现、重大新认识的可靠性与真实性，并通过专门性检查及时增加或调整工作量、工作手段等，以提高这些新发现、新认识成果的质量。如涉及矿产方面的专门性检查，具体方法参照矿产填图的有关方法与要求。

三是项目内部按照质量管理要求，专门安排一定比例的检查路线，主要检查原路线获得的资料与野外实际的吻合程度，比如，地质点位的合理性、地质现象认识的正确性、资料收集的准确性与齐全性等方面的检查。由项目内部组与组之间，或由项目组长、技术负责等随即安排的抽检路线。这类路线全部安排在已完成的路线上，可对单条路线全部或部

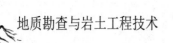

分做检查，以达到质量管理要求为目的。

　　四是在质量管理与监控中安排的复查、抽查路线。由项目上级主管部门、项目负责单位对项目不同阶段的现场检查、抽查与阶段性或是年度或是最终野外成果验收时，对已完成填图路线进行的现场检查、抽查等所确认的检查路线。这类路线由检查单位专家提出具体检查路线，项目组按要求提供各类资料并配合专家在现场接受检查。

## 二、野外地质观测路线布设

### （一）踏勘路线

　　路线布设一般应尽量以垂直各类地质体界线和区域构造线方向的穿越路线为主，并能观察到区域内具有代表性的各种主要地质体和地质构造现象为最佳选择；如果穿越路线难以满足全面系统掌握区域地质情况，也可采用穿越和追索路线相结合的方式进行踏勘。一般要求踏勘路线观测内容基本上应满足测区区域地质填图路线的要求，但在设计编写前，由于填图单位尚未正式确定，因此不宜过多布置此类野外地质观测路线，以免造成不必要的重复工作。

### （二）系统观测路线

　　此阶段路线布设是否合理，会直接影响区域地质填图最终成果的质量。要求路线必须全面控制测区所有地质体和重要构造形迹的空间展布形态及其分布规律，对路线线距和点距在基本满足填图比例尺规范要求的前提下不作机械的规定，但要求点、线控制应形成一定的网络格架；对地质繁简程度不同的地区其地质路线的稀、密应有所不同。地质结构复杂地区，地质路线控制密度应较大，反之则可适当放稀。如岩性岩相变化较大，地质体走向延伸关系不清，为了解某些重要接触关系、矿化带以及重要构造现象的空间延伸情况等，凡穿越路线不能达到目的的，可布置专门的追索路线。有实测剖面控制的地段，实测剖面可以代替相应地段的地质路线。

### （三）检查路线

　　该类路线的布置以针对需要解决的问题为目的采取灵活多变的形式，应根据检查解决问题的实际需要布置相应的观测路线和观测点。此类路线可以重复原有观测路线，也可以是新布置的野外地质观测路线。

　　上述三种地质观测路线在进行野外资料的室内最终整理时，均应统一转绘到实际材料图上，但不同性质的野外地质观测路线应用不同颜色或不同形式的线画出，加以区别表示。

# 三、地质填图路线控制程度

## （一）地质填图路线控制精度

（1）对区域性的主要构造地质体，必须有足够的地质路线控制，其路线控制程度的要求，应以能较准确地圈定出构造地质体的形态为原则。

（2）对地质填图中所确定的主干地质观测路线，必须进行路线连续观察和记录，并应附有相应的比例尺的路线地质信手剖面图。

（3）地质路线上的点距，一般不作规定，但其所通过的地质界线，重要接触关系，重要地质构造，或重要地质现象等均必须有地质观测点控制，对该类观测控制点要求记录务必翔实，测量数据参数准确齐全，并附有必要的照片和素描图，以及必要的实物标本。

（4）接触关系是地质填图工作中需要着重解决的核心问题。在地质填图工作中，必须查明不同地质体间的接触关系性质。包括地层间的整合、平行不整合和角度不整合关系；岩体间的侵入关系和先后顺序；不同岩性、岩相间的渐变过渡关系；各种构造接触关系，例如，脆韧性断裂带、韧性剪切带等。

（5）对具备遥感解译资料且解译程度良好地区，地质路线点、线间距的控制程度，应根据不同解译情况有所区别：凡解译程度高、基岩裸露程度好、构造轮廓清楚的地区，观测路线只需对解译成果进行适当的地面检查验证和样品系统采集为主，并在有关记录中附相应的影像及解译资料，以进行印证检查；对解译中等程度的地区，路线控制程度中可以分为主干路线和辅助路线两类，主干路线应全面控制解译影像的总体轮廓，辅助路线则重点控制解译影像较差的部分，二者相辅相成，能较好表现总体地质构造轮廓和准确勾绘地质界线为准则。

（6）野外填图工作中的地质观测点、线误差范围，应控制在图面1mm内。

（7）如所圈定的主要地质体沿走向延伸呈现较大变化时（如岩性岩相变化，岩体圈闭部位，特殊地质体、重要地质构造在两条路线间不能贯通连接的情况等），一般均应沿界线布置追索路线，以控制其变化情况，查明其变化原因。

## （二）地质填图路线对填图单位的控制程度与要求

（1）沉积岩岩石地层单位划分到组，只有对区域地层研究有必要和可能时才划分到段或并组为群。为了在地质图上较详细具体地表现正式岩石地层单位中的局部标志层、特殊岩性层、透镜体、岩舌、岩楔、滑塌沉积、礁滩沉积、含矿层、某些化石富集层等，一般可作为非正式岩石地层单位填绘。具特殊指相意义的古生物遗迹和沉积岩相标志，亦应视需要适当进行填绘。

（2）火山岩岩石地层单位一般按地层学方法划分到组，必要时可划分火山喷发旋回、喷发韵律和特殊层等非正式岩石地层单位。凡存在火山机构的地方，应对火山岩相和构造特征进行详细填制。

（3）花岗岩类侵入岩填图可分如下几种情况分别厘定基本填图单位：①同源花岗岩类按单元、超单元划分填图单位；②异源花岗岩类（浆混花岗岩类）暂按"浆混体""浆混单元"和"浆混单元组合"划分填图单位；③变位花岗岩类（指经构造强烈肢解移位无根的构造岩片拼贴体）可按构造岩片、超岩片法划分填图单位，但必须查明不同类型花岗岩岩片的时代、岩性特征、岩石地球化学特征等。地台区与造山带区花岗岩类填图单位的确定，应有所区别，需要通过填图实践进一步总结。

（4）独立侵入体、脉岩和包体应作为非正式填图单位进行填绘。对矿化蚀变带、原生构造和次生构造变形带等，在填图中均应详细收集相关资料，尽量标绘在图上。基性—超基性岩一般无须建立正式填图单位，填图中可按比例尺要求尽量加以填制。

（5）变质岩一般应以构造—地层、构造—岩层和构造—岩石为正式/非正式填图单位进行填图，正式填图单位一般划分到岩组，有时可根据情况细分到岩段或归并到岩群。凡有特殊意义的变质变形特征，或有指示形成环境意义的特征矿物组合，亦可适当夸大进行表示。

（6）混杂岩类对（准）原地系统"基质"部分的填图单位，可进行岩石地层单位、构造—地层单位、构造—岩石单位划分的，均按有关单位进行填图，若不能划分则以杂岩处理，并注意收集有关构造变形特征和同位素测年、古生物化石等时代依据资料；对外来系统的"构造岩片（块）"的填图单位，可划分出不同物态、时态、相态的构造岩片作为非正式填图单位进行填绘。

（7）蛇绿岩的填图单位，可尽量按变质橄榄岩、堆晶岩、岩墙（席）群、枕状熔岩、放射虫硅质岩、深水沉积岩岩石单元进行详细填绘，并如实反映它们之间的接触关系。

（8）第四系填图，一般按成因类型和时代划分第四填图单元，建立区域第四纪地层层序，并注意收集新构造运动的有关资料。

# 第三节　资料整理及报告编写

## 一、野外调查阶段资料整理

野外工作阶段对调查资料要求做到边调查、边整理和边综合研究。

野外阶段的资料整理工作可按具体工作性质和工作时间周期分为当日、数日观测资料的整理和一条路线或一项专门调查内容资料的整理两种情况进行。当日、数日资料的整理系指每天或数日所收集文字和图件资料的整理和实物资料的整理两个部分。文字和图件资料的整理包括观测点位的校对，检查记录是否系统连续，记录是否做到繁简适宜、系统全面，各种地质体、构造要素的产状及各种参数是否完全并且有代表性，各种必需的样品是否采集系统完全，并标注在文字记录相应的位置，编号有无错漏，各种素描、剖面图和照片是否都已在文字记录相应位置进行编号说明。如果时间允许，应对野外记录簿中所有获取的产状要素等参数及各类数字编号、素描图以及工作手图及时着墨，并及时做好当天地质路线小结。小结内容主要突出新进展或新发现以及存在的问题、解决问题的办法或处理意见。若发现有重大遗留问题应及时组织力量进行复查，进行复查后，记录中应及时进行小结，阐明问题解决的程度和引起的原因，并应将复查结果加注到原路线记录中的相应位置。如果时间较紧或工作条件困难的地区，当日资料整理工作无法进行时，也可改为2～3天集中进行一次，但最多不超过5天。以上整理内容应反映在相应的野外记录中。

实物资料的整理，主要指各类实物标本和各类分析测试鉴定样品的分类包装，清点数量并与野外记录簿上标号逐一进行核对，同时进行填表登记造册。

一条路线或一项专门调查内容资料的整理，也必须在野外及时进行。其内容除前日、数日整理的有关内容，主要是对一条路线或一项专门调查内容所获得的资料，进行一次比较系统全面的整理，并由作业组对工作质量进行一次全面检查。在此基础上，对已做工作进行一次比较系统全面的小结，小结内容应包括调查路线上调查内容的各个方面，并应突出对地质构造总体规律和所填图面结构是否合理的认识上，重点总结新发现、新进展的依据和存在的地质问题以及解决处理问题的方案。

每个基站的野外调查工作结束后，项目负责人应检查原始资料是否齐全，编录是否合乎要求，工作精度和质量能否达到标准，存在的基础地质问题是否得到解决，应加以总结交流，对资料不够齐全、依据尚不充足的地方立即采取措施，及时进行弥补，不能把已发现的问题带到下一个工作基站。

## 二、阶段性和年度野外资料整理

阶段性和年度性资料整理是野外资料逐步达到系统化的重要阶段，也是对已收集资料进行综合分析研究的中间环节。此阶段性的整理，项目组应组织作业组进行质量互检，并组织人员对图幅质量进行全面检查，每次质检均应形成相关文字材料。阶段性和年度性整理内容应包括：

（1）进一步完善野外实际资料和实物资料核实工作，一般要求做到野外记录、野外工作手图、野外总图、路线信手剖面图、素描图、照片、实物标本、各类样品等野外实际资料应相互吻合，与此同时，记录者还应及时做好野簿的编录工作。

（2）将各作业组在野外分片填制的野外地质图汇总到一起由项目负责人主持进行系统连图和接图，以使区域地质图分阶段形成。同时各作业组对野外工作手图上的内容经核实无误后，由各组调查人员逐一据实转投到实际材料图上。实际材料图上表示的内容，应做到与野外工作手图和野外总图上的内容吻合。实际材料图上还需及时转绘室内各类样品测试分析成果，不能因图面负担过重为由，删减舍去某些内容。实际材料图上有关地质填图内容表示完成后，还应以不同线画符号勾画出地质路线。新测图只需区别踏勘路线、新测路线和检查路线三种情况即可，而修测图幅除上述三种情况外，尚需对已利用过的前人工作路线和地质点用专设路线符号进行标绘。

（3）及时清理各类实物标本和样品，对各种标本、样品按照野外记录填表造册登记，经核实无误和认真筛选后，应根据不同分析测试和鉴定目的需要分门别类填制有关项目的送样单（一式三至四份），及时送样测试。将已经收到的分析测试鉴定成果，逐一加注到野外记录簿相应位置处，并将已确定的填图单位代号进行着墨确认。收到分析测试鉴定成果后，项目负责人应及时组织专业技术人员系统检查有关成果的质量，并核对其是否与野外实际相符，若发现有质量不合要求或与野外实际不符的成果，应责成有关人员与成果提交单位联系，妥善加以解决，必要时可另送其他单位检验仲裁。

（4）及时完成实测和修测剖面的整理和剖面图的编制工作。

（5）阶段性和年度性整理工作完成后，应立即组织编制完成相应的阶段性的1∶5万区域地质图，同时编写阶段性总结（半年报或年报），按期提交上级主管部门掌握了解情况，以便及时指导工作。该类总结的编写内容除包含阶段性完成的填图实物工作量和经费使用情况，尚需突出总结新发现、新进展和存在的重大问题以及解决问题的途径和方法，并提出下一步工作意见。对重要发现和进展，均应在总结中突出反映；如获前沿性或应用性重大突破进展，应立即上报中国地质调查局，以引起上级主管部门关注，给予及时指导，并视需要和可能给予一定人力和财力上的支持。

## 三、野外验收前的资料整理和野外验收

全部野外工作结束后，项目组应安排足够的时间，全面检查原始资料和综合资料的完备程度，基础地质填图和专项研究的初步成果质量，工作任务完成的情况。提供图幅区域地质填图中的各类报表和原始资料目录，编制各种图件、表格和图幅工作总结，报请有关方面进行野外验收。

### （一）野外验收主要资料

（1）野外区域地质填图简报。

（2）全部野外图件（野外工作手图、野外工作总图、实际材料图、实测和修测剖面图以及专项调查图件等）。

（3）野外记录簿和相册。

（4）各种野外资料编录（包括各种样品登记本、标本、化石登记本、矿点检查资料以及化验、分析测试鉴定等资料）。

（5）修测图幅还应提供有关应用前人资料的各种卡片/资料索引和有关图件，与野外资料一起进行验收。

（6）化石鉴定、岩矿鉴定、各类样品分析测试鉴定成果。

（7）典型的岩石、矿石、化石和构造标本。

（8）经过野外检查验证的卫片遥感解译资料。

（9）项目申请论证报告、任务书、设计书及审批意见、阶段性总结与年简报，各级质检报告及其他文字资料。

（10）地质图及相关系列图件编稿草图及简要文字说明。

### （二）野外验收

野外验收必须在野外调查区现场进行，验收组除对项目组提交的全部原始资料进行认真审查和评价，还必须到实地进行野外路线和实测剖面抽查，具体审查及评分有专门规定。有关部门对野外资料进行评审和实地抽查验收后，必须形成相应的野外评审验收决议书，对图幅野外资料做出系统全面客观的评价。审查所依据的质量标准和精度要求，除参照本"技术要求（暂行）"和相关的国家标准、行业标准，应着重考虑任务书、设计书及审批意见进行评价。若验收中发现存在有重大遗留问题，一般应责成图幅承担单位进行必要的野外复查补课，复查情况应报请主管单位进行核准；若属客观条件困难，野外复查难以达到目的的重大遗留问题，亦可根据实际情况，由野外验收组提出具体处理意见。

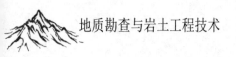

## 四、最终报告和说明书编写前的资料整理

野外验收通过后，按验收意见完成野外补充工作后，方可转入最终室内整理与综合研究阶段。为了保证室内整理与综合研究工作质量，除加强领导、周密计划与合理分工，必须有足够的时间保证，一般以3～4个月为宜。

室内整理和综合研究的基本内容和要求如下。

（1）全面整理各种岩石、矿石、矿物、化石、岩相、构造及其他标本，陈列重要的有关代表性的标本，供编图及编写报告和说明书时参阅、对比；

（2）技术人员应对重要的实物标本和光片、薄片、微体化石等进行镜下观察或检查鉴定，加深认识；

（3）整理分析各种岩石样品的分析测试鉴定报告，分别编制成册，测试数据按编写报告的需要进行必要的数据处理和计算，结合标本和其他原始编录材料，综合分析研究，绘制综合性图件和成果图，以及报告所需的插图、插表；

（4）根据综合研究及分析鉴定结果，补充和批注（但不得涂改和删去）野外记录和其他原始资料，对相应的图件亦应予以订正或修改；

（5）根据古生物鉴定和同位素年龄测定结果，结合野外资料确定地层及岩浆岩的时代、顺序，并进行对比和详细划分，编制图表，选择有意义的典型素材，作为编制报告的基础资料；

（6）对各种构造现象应结合大区域地质构造特征，进行分析、研究、理清构造变形序列及各序列的变形样式、变形机制及大地构造背景，并建立完整的区域构造格架概念；

（7）根据区域地层、岩浆岩、构造的基本规律及其与矿产的关系，分析判断各种矿产和各种异常的远景及意义；

（8）根据实际情况，参照有关规定，拟定调查研究报告和说明书编写提纲，经上级主管部门审定同意后，着手编制图件、报告和说明书。

## 五、区域地质调查报告和说明书编写

区域地质调查报告和说明书是填图成果系统全面的总结，是国土资源综合评价、合理开发利用、科学管理和治理的重要依据。为使区域地质调查所取得的丰富资料和所达到的水平与研究程度得到全面反映，必须认真编写。

### （一）区域地质调查报告要求

区域地质调查报告的编写应以现代先进地质理论为指导，以图幅丰富翔实的实际资料为基础，实事求是地总结客观地质规律。报告编写必须在各种资料高度综合整理的基础上进行，要求内容全面、重点突出，既不烦琐，又要避免简单化，既要实事求是地反映图幅地质研究水平，又要敢于从地球科学国际先进领域的高度和深度揭示深层次规律问题。因此，它既是实际工作成果的总结，又是基础地质科学研究成果的体现，具有很高的理论性和很强的实用性。报告编写要有综合性、逻辑性和艺术性，应做到内容真实、文字通顺、主题突出、层次清晰、图文并茂、插图美观、图例齐全、各章节观点统一。

1∶5万图幅区域地质调查报告的编写按单幅编写。

区域地质调查报告的基本内容，应根据各图幅的具体任务要求和实际地质素材进行编写，鼓励在地质报告中应用新理论、新观点总结各类地质资料。

### （二）地质图说明书要求

说明书的编写一般应在区域地质调查报告编写成稿的基础上将其精简而成，在某种意义上讲，说明书是调查报告的一份详细摘要。说明书要简明扼要地介绍该图幅主要地质构造特征，编写内容应着力于对图面表示内容的说明和解释，以便于应用资料者阅读图件时对其图面表示内容的确切含义有所了解，并通过阅读地质图和相关说明书，能很快熟悉掌握区域地质情况。从这种意义上讲，一幅地质图的说明书就应该是一份读图指导。因此，要求说明书编写的内容必须言简意赅、突出重点、表述通俗易懂、文字通顺、文图表并用。编写内容应包括图幅交通地理位置、简要自然经济地理状况、区域地质填图主要进展、地层岩石、构造以及要求进行调查的专项内容等。

## 六、最终成果验收

### （一）最终成果验收时间安排

最终成果验收一般在野外验收后6个月内进行，由项目承担单位向项目管理办公室提出验收申请，由项目管理办公室提组成验收委员会进行验收。在最终成果验收前项目组主管单位应进行初审，并评定分数。地质图及地质报告、地质图说明书至少在验收前20天送达评审员。区域地质调查报告（地质部分）编写提纲参见1∶5万区域地质调查技术要求。

### （二）最终成果验收的要点

（1）野外验收后补充调查工作的完成情况。

（2）各项综合资料与原始资料的吻合程度。

（3）测区的地质新成果、地质报告与地质图说明书的水平。

（4）地质编稿原图内容、精度及编绘质量。

（5）各项原始资料归档的质量。

（三）最终成果验收提交的有关资料

（1）作者原图（1∶5万）。

（2）编稿原图（1∶5万）。

（3）地质图（1∶5万）。

（4）地质报告和地质图说明书。

（5）按规定整理好的各类原本档案资料。

（6）实际材料图、各类样品测试及鉴定。

## 七、最终成果定稿、出版与资料归档

最终成果验收通过后，地质图、地质报告、图幅说明书必须按最终成果验收提出意见进行修改，并进行全面检查，报上级主管部门审核后方可进厂印刷或归档。

地质图和地质报告、图幅说明书一般在最终成果验收通过后5个月内进厂出版，有关相应资料应按有关规定归档。

地质资料归档按相关文件执行。

# 第四节　地质图编绘

## 一、各种图件比例尺的确定

（1）野外工作手图。野外工作手图比例尺为1∶5万～1∶2.5万，由项目统一裱糊后分发各组使用。手图采用对称统一图裁四、上下对折、左右两分法裱糊，一个项目需要几个作业组用图时，分别以I、1……依次类推。每张手图裱糊中贴统一图名等图签，其格式见1∶5万地形图表图、图签示意图，表图为A4大小，图签贴于手图背面左上角。

（2）实际材料图。实际材料图比例尺为1∶5万。

（3）野外地质总图。地质总图比例尺为1∶5万。

（4）作者原图。作者原图比例尺为1∶5万纸质图。

（5）实测剖面图。主干性实测剖面图比例尺一般为1∶5000，短剖面及重点解决界线或专题剖面放大至1∶2500或更大比例尺。

（6）其他图件。信手路线剖面比例尺一般为1∶10000～1∶2500。素描图、剖面柱状图、柱状对比图等视实际情况而定。

## 二、图面表示方法及内容

### （一）工作手图

手图标描内容包括观察点及编号，地质界线（岩层或岩石界线、填图单元界线），岩石花纹，各种构造要素及其产状（地层层理、各种面理和线理、褶皱转折端），侵入体及脉岩、侵入体中的包体、俘虏体的产状，脆性、韧性断层和韧性剪切带及产状，矿层、矿化花纹，岩体接触变质带蚀变花纹，化石及各类样品采集点的位置、符号及编号等。

地质点以直径1.5mm的小圆圈画在定点位置。点号写法：路线近南北向时，写在点位的右侧（横写）；若路线呈近东西向时，写在点位的上方（横写）。

地质界线其表示方法同后述的实际材料图。与后者的不同处是，手图中必须按顺序表示地质点前进方向的岩性层界线、分层号及岩石花纹。分层号的写法：对近南北向路线可写于路线左侧，近东西向路线即写于路线下方。路线上若分层较细而图面难以表示时，可以将数层合拼成一个大的岩性层，分层号表示时，可以将数层合拼成一个大的岩性层，分层号表示为x～x，层内岩性花纹可按主要岩性表示。

各种构造要素符号及产状，产状符号按测量的位置标注。产状数值（倾向、倾角）要写全并一律按近南北向路线写于路线右侧（平横），近东西向路线写在路线上方（横写）。

化石及各类样品，以相应的符号标注在采集位置上。样号写法：近南北向路线写在左侧（横写），近东西向路线写在路线的下方（横写）。当路线（或剖面）上采集的样品数量过多而表示不下时，可予以合并表示或符号不减而样号间隔表示。

### （二）实际材料图

首先应表示地质点、地质路线、剖面线、化石和样品；其次，表示各填图单元界线及其他地质界线；再次，表示各种构造要素及其产状，各种符号及注记；最后，将相邻路线上同一填图单元界线连在一起并标注相应的地质代号，从而完成了一张完整的实际材料图（地质图）的编制。

1.地质点

一律用点圆规划成小圆圈，中间打点，小圆直径1.5mm。点位以圆心点为准，搬图误差不得大于0.2mm。点号写法同手图。

2.地质路线和剖面线

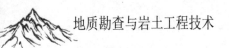

地质路线系将地质点用绿色线相连而成，并用箭头表示路线前进方向。剖面用黑色（虚）折线。

3.地质界线

包括各种填图单元界线，重要的岩层（石）界线，标志层与矿（化）层界线，脉岩边界线，变质相带界线，脆、韧性断层及韧性剪切带的边界线等。

路线上填图单位界线搬绘、上墨的长度不超过2cm；岩层（石）、标志层、矿（化）层的标绘应比填图单元界线短，最长不超过1.5cm。在勾绘地质界线时要考虑地形切割、岩层产状等对地质界线弯曲程度的影响，要重视"V"字形法则的应用。

对不整合界线、第四系界线及侵入体边界的勾绘必须考虑其形成时代及新老关系，新地层的底界及侵入体的边界均以圆滑界线表示。不整合界线的点应位于新地层一侧，第四系底部及内部的不整合，以整合地层界线表示。相交的岩脉应表示其切割关系；断层线两侧同一填图单元界线的错位应与断层性质相吻合；对相交断层必须考虑切割及错动方位。

4.各种构造要素符号及其产状

包括地层层理、各种面理和线理、断裂及韧性剪切带、褶皱转折端、侵入体及脉岩等产状。各种产状符号应标注在实测的位置；产状数值（倾向、倾角）要写全，并按路线近南北向时写在路线右侧（横写），路线近东西向时写在路线上方（横写）。断裂的产状数值应写于断裂的上盘。

为较好地减轻图面负担，对各类构造要素产状可视情况作适当取舍。取舍以地层的层理（或面理）产状为重点，对单斜地（岩）层的层理（或反映测区构造格架的面理）产状一般可按500m左右选有代表性的标注一个，余者予以舍弃；在构造较复杂的地段，地层产状的取舍要慎重，所选用的产状应能反映地层褶皱的基本特征、断裂两侧地层的产状和岩体与围的交切关系；褶皱转折端和轴面的产状等一般不得舍去。

5.化石及各类样品

化石及各类样品应以相应的符号标注在实地采集位置。样号的写法：对近南北向路线写于线左侧（横写），若路线呈近东西即写于线的下方。当剖面或路线的局部地段所采样品、化石数量太多、范围太小，图面表示不下时，可采取合并表示或符号不减但样号放稀写。

6.其他符号及注记

包括各种填图单元的地质代号，蚀变、矿化、各类构造岩、变质相带、混合岩等的符号，岩浆岩、火山岩、标志层及重要岩层（石）的岩性花纹等均应上图。

## （三）作者原图

作者原图是在野外地质总图基础上，作者与计算机操作人员协同制作的综合性图件，其图框内的内容是根据野外验收意见，由作者补充、修改、完善，并对部分地质内容重新修正，地质要素进一步合理取舍后修编于1：5万薄膜图上，经再次扫描、计算机矢量化、数学方法校正、利用Map GIS再编辑的彩色地质图。作者原图图框外内容须由作者根据出版要求，在原地质总图图框外内容基础上，补充相关内容（如图切剖面、有关模式图、综合柱状图、接图表、地质图调查单位、相关地理信息内容等），图框外内容可由作者根据图面结构进行调整编于白磅纸上或清绘于薄膜图上。

作者原图上的图层、设色、地理要素、地理精度等要求按地调局有关规定执行。

## （四）编稿原图

由计算机操作人员利用Map GIS制图软件进行编绘，其图框内内容同作者原图图框内内容的地理部分采用通过中国地质调查局收集的国家测绘局最新出版的1：5万数字地理图数据。图框外内容按照出版有关规定要求，将作者原图上图框外内容扫描、矢量化和再编辑，调整好图面结构摆布，其代号、线、区编辑与图框内有关地质内容属性达到完全对应。

## （五）图切剖面编制与要求

（1）图切剖面一般以1～3条为宜。其中最少要有一条贯穿图幅的主干图切剖面，其余图切剖面可以贯穿图幅，也可以不贯穿图幅。如果第二条剖面也贯穿图幅，则不必列第三条剖面。

（2）图切剖面要能充分地反映区域地质构造特征，剖面线应垂直于主要构造线方向。尽量选择在地层（或侵入岩）出露最全、断层较少，又能反映图幅主要构造形态的位置。剖面比例尺与地质图相同，地形、地质要素必须与平面图相吻合。

（3）图切剖面按"右东左西、左南右北"方位置于地质图图廓下方；剖面长度不宜超过图廓宽度。图廓下方只有列两排剖面的宽度，如果剖面多于两条时，可将短剖面列于一排，主干剖面独占一排。

（4）剖面岩性用花纹表示，但要突出主要岩性和岩性组合。当剖面线与某地质界线的夹角小于80°时，该界线在剖面上应以视倾角表示。

（5）剖面中的断裂，应用箭头表示两盘相对运动的方向（只表示上盘运动方向即可）。

（6）剖面中各层的岩性花纹应与综合柱状图及图件中各对应层的岩性花纹一致。剖

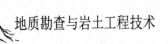

面中各地质体的符号、颜色应与地质图中各对应地质体和符号、颜色一致。

（7）剖面图中的地质体界线应视其产状用手作自然勾绘，切忌用三角板、直尺画成直线。

### （六）综合地层柱状图编制

**1.编制的基本原则**

随着1∶5万区调填图方法的变革，综合柱状图的表现形式（格式）及表达内容也各式各样，尽管如此，编制综合柱状图时仍应遵循以下基本原则。

（1）一般按沉积岩（火山—沉积岩）、侵入岩、变质岩等分类分别编制综合柱状图。当测区内某种岩类不发育时可不编此岩类综合柱状图。当同一幅区有不同类岩石地层单位时，以某种主要出露和代表性的岩类为主，兼顾其他岩类。

（2）综合柱状图应能反映该岩类划分的各填图单位之间的时序特征及纵向叠置关系，以及某些填图单位之间的侧向相变特征。

（3）图中表达的内容应突出填图单位的基本特征（主要的划分标志），具体内容视岩石类型而定。

**2.综合柱状图的一般格式**

综合柱状图以客观真实反映地质填图单位和地层序列、地质体的新老关系、接触关系为主要目的，以更多地展示多重地层单位划分为原则。在此基础上可根据不同剖面或不同图幅地质体的综合信息，有针对性地侧重表示相关内容。沉积岩区要更多地反映生物地层单位、沉积相和沉积环境等方面的内容。花岗岩类区则要更多地反映不同侵入体间的接触关系、接触类型、先后序次，同时突出反映花岗岩类的同位素年龄等信息。而以成层无序的中深变质火山—沉积岩区的综合柱状图则要突出展示构造—岩石地层单位、填图单位的时序及纵向叠置关系、同位素年龄、各种地质事件演化特征等，因此综合柱状图以反映填图单位的岩性特征和地质事件演化为特色。火山岩区的综合柱状图在全面反映地质填图单位和地层序列、地质体的新老关系、接触关系的基础上，要突出火山喷发旋回和韵律以及主要火山岩层的同位素年龄等信息。

**3.柱状图的布局**

综合柱状图置于地质图图廓左侧，其总高度一般不应超过上、下图廓线间的距离。若"岩石柱状图"栏中某些填图单位的厚度过大时可以采用断折的表示方法。当测区内存在两套不能合并的平行的地层系统时，可以作两个综合柱状图。若测区存在多种岩类的综合柱状图，可按以下顺序由上而下排列：岩石地层柱状图、构造—岩石地层柱状图、岩石谱系柱状图。

## （七）地质图

地质图是根据最终验收成果，在原有编稿原图基础上，根据评审意见补充、修改，利用计算机绘图软件编绘、制版、印刷的最终图件，其制图主要方法与过程是编稿原图的制作的延伸，主要流程基本一致。其图框内、外内容仅仅是根据评审意见进行修改。辅助性图件是对主图重要地质内容的专门性表达。图面要表达的基本内容如下。

（1）在1:5万地质图上，应表示各种地质体和地质界线及其性质、地层的整合、不整合、侵入接触关系、侵入岩相带、变质带界线、蚀变带、断层、韧性剪切带（标出位移和倾斜方向）以及混杂堆积，特征清楚的深海沉积，具有指相意义特殊沉积，特殊意义的岩石、火山机构等。准确标绘有代表性的地质体产状、面理、线理产状、重要的钻孔位置、图切剖面线、主要的化石产地以及同位素年龄样采集地点和年龄值等地质要素，正确反映区域地质现象的基本特征。

（2）用地质代号、花纹和颜色表示地质体物质组成、岩相和时代，颜色按统一色标着色，侵入岩、中酸性侵入岩的岩体、单元、超单元、混杂岩岩块（片）、按地层处理的喷出岩、变质岩、岩石地层单位均可以岩性岩相花纹和时代单位代号复合表示；蚀变带的岩性以花纹表示，脉岩可按时代着色，加岩性代号，也可按岩性着色，图面负担过重时，侵入岩的不同岩性可用文字符号表示，第四纪喷出岩可按（岩性的）颜色和花纹表示，具有特殊意义的岩石地层、构造地层（岩石）也可在表示地层时代的同时，叠加花纹符号表示其形成环境或岩性岩相特征；大面积出露的变质岩区，亦可用花纹直观表示其构造变形特征（主要是面理置换特征）和变质程度等内容。

（3）地质体的宽度表示在图上最小为1mm，小于这个限度的可以合并，但性质不相同的岩体则不得合并，脉岩不能过于简化；含矿层、标志层、有意义的岩层、岩体和具有特殊指示意义的地质体（如榴辉岩或深源包体等）即使很小也应夸大表示；第四纪沉积物的一般类型，当其宽度小于500m或面积在20km²以下的不表示，如为含矿的或特殊成因的第四系地质体可夸大表示，零星的第四纪沉积物可以合并或删去。

（4）图面表示内容必须客观真实，区域地质填图中无论主观或客观原因造成研究程度上的差异，编图中应如实加以反映，不能人为掩盖客观存在的问题。如因客观条件限制，人迹罕至地区，允许利用遥感影像资料，如属此种情况，则须注明，以使资料应用者了解实际情况。

（5）图框外除表示图例和图切剖面外，各图幅根据实际情况，突出各图幅专题调查重点和特色表示有关内容。沉积岩区，应着重反映区域沉积岩性岩相变化特点，盆地演化等内容，可用地层柱状图表示区域岩石地层单位和层序地层特征，并可同时表示多重地层划分有关内容，也可辅以地层格架、盆地演化模式图、岩相古地理图作为边图，突出表现区域地层特点。侵入岩发育区，可将研究较详细的侵入岩填图单元划分、就位机制、侵入岩形成构造环境等作为其表示的主要内容；火山岩发育区，可用柱状图表现火山作用特点，同时辅以一定的火山机构立体图等互为映衬、相互补充；变质岩发育区，可突出表示构造—地（岩）层柱状图或构造变质变形序列表、变质相图、变质变形特征图、重要叠加改造关系、构造剖面图、构造解析图等内容；造山带区，在图框外可着重表示造山带演化模式、蛇绿混杂岩填图单位划分表、造山带大地构造相等。此外，能反映区域地质特点的航、卫片影像资料、照片或素描图，物探、化探等成果均可适当表示，如可附测区小比例尺数字地面模型、布格重力、磁化强度、伽马射线光谱测定等数据影像图。总之应从实际出发，突出重点，表现特色，各图幅可以采用灵活多样的形式，充分展示图幅区域地质特点。提倡多用生动形象的图、表，杜绝利用冗长的文字叙述作为有关图面内容的说明。

（6）附在1：5万地质图图框下方的图切剖面，要求能充分反映区域地质构造特征。剖面位置一般应选在反映区域地质构造最为系统完整、地质现象最为丰富的部位进行切割。当一条剖面难以完全反映区域地质构造特征时，可以另切辅助剖面，补充反映有关内容。图切剖面的水平比例尺应与地质图相同，二者的地形要素和地质要素必须吻合。当地层水平或接近水平时，剖面的垂直比例尺适当放大，其所放大的尺度不作统一规定，应以能恰当表示所切地质体特征为宜。

# 第五节　区域地质调查中的"物探"

## 一、"物探"在区域地质调查中的应用前提

"物探"是地球物理探测的简称，它是地球物理学在探测地下地质构造和寻找有用矿产方面的一个分支，是区域地质调查工作的重要手段之一。物探方法的优点是可以通过覆盖层寻找地下隐伏的地质构造、地质体以及矿产资源。由于用仪器观测地球物理场比直接揭露地质体更简便易行，因此应用物探方法能够大大提高工作效率，加快施工进度，降低生产成本。

物探工作中先将地质问题转化成地球物理探矿的问题，才能使用物探方法去观测。在观测取得数据之后（所得异常），只能推断具有某种或某几种物理性质的地质体，然后通过综合研究，并根据地质体与物理现象间存在的特定关系，把物探的结果转化为地质的

语言和图示，从而去推断矿产的埋藏情况与成矿有关的地质问题，最后通过探矿工程的验证，检验其地质效果。

物探异常具有多解性，产生物探异常现象的原因，往往是多种多样的。这是由于不同的地质体可以有相同的物理场，故造成物探异常推断的多解性。如磁铁矿、磁黄铁矿、超基性岩，都可引起磁异常。所以工作中采用单一的物探方法，往往不易得到较肯定的地质结论。一般应合理地综合运用几种物探方法，并与地质研究紧密结合，才能得到较为肯定的结论。

每种物探方法都有要求严格的应用条件和使用范围。因为区域地质、矿床地质、地球物理特征及自然地理条件因地而异，影响物探方法的有效性。

物探必须以一定的地质及地球物理条件为前提，如探测对象与围岩之间必须具有明显的、可以探测的物性差异；物探对象要有一定的规模，而且埋藏不太深；各种干扰因素产生的干扰场相对于异常而言，应当足够微弱或具有不同的特征，以便能予以分辨或消除。此外，还要特别注意物探资料解释的多解性问题。

## 二、"物探"在区域地质调查中的主要作用

在区域地质调查中，区域性物探资料主要用于区域性构造、深部构造以及较大的地质体边界的分析解释等研究。局部性、矿区及异常区的物探资料主要用于异常的查证和指导找矿。

物探找矿的有利条件：地形平坦，因物理场是以水平面作基面，越平坦越好；矿体形态规则；具有相当的规模，矿物成分较稳定；干扰因素少；有较详细的地质资料。最好附近有勘探矿区或开采矿山，有已知的地质资料便于对比。

物探找矿的不利条件：物性差异不明显或物理性质不稳定的地质体；寻找的地质体过小过深，地质条件复杂；干扰因素多，不易区分矿与非矿异常等。

有些矿可以用物探异常作为直接指示找矿的标志。如用放射性法找放射性矿床、使用磁法找磁铁矿矿床等。江苏省冶金地质队以地质为基础，充分分析研究物探异常，直接找到了埋藏较深的隐伏的梅山大铁矿便是很好的实例。但是对某些金属矿床来说，物探方法目前还不能起到直接指示找矿的作用，仅用以探求那些控制成矿的地质因素，成为地质填图的有力手段，间接进行找矿。

当矿体未进行深部工程控制之前，为了减少深部工程（坑道、钻孔）布置的盲目性，可采用适当的物探方法研究矿体的形态和产状。多年来的实践，说明用物探方法，特别是利用重、磁配合研究磁铁矿矿体，或利用激发极化法研究铜、铅等硫化物矿床（体）的形态和产状效果很好。

通过地球物理场的研究，用以寻找盲矿体或隐伏矿体是发挥物探的特长。特别是随

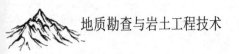

着物探技术的发展和物探与地质结合对异常解译能力的提高，使用物探或物、化探配合，能有效地寻找隐伏矿体和盲矿体、追索矿体的延伸、圈出矿体空间位置。如用磁法寻找磁铁矿的盲矿体，用激发极化法找赤铁矿的盲矿体；用磁测井追索矿体的延伸，寻找盲矿体等，均取得了良好的效果，其实例不胜枚举。

## 三、"物探"在区域地质调查中的选择及应用效果

### （一）物探方法选择时的受制因素

一般是依据工作区下列三个方面的情况，结合各种物探方法的特点而选定。

地质特点矿体产出部位、矿石类型（是决定物探方法的依据）、矿体的形状和产状（是确定测网大小、测线方向、电极距离大小与排列方式等的决定因素）。

地球物理特性利用岩矿物性统计参数分析地质构造和探测地质体所产生的各种物理场的变化特点，如磁铁矿的粒度、品位、矿石结构等对磁化率的影响，及方法有效性。

自然地理条件，地形、覆盖物的性质、厚度、分布情况、气候和植被土壤情况等。

### （二）声波探测

声波探测是近年来发展起来的一种新的探测技术，现就该技术做一简单介绍。

用声波仪测试声源激发的弹性波在地质体中的传播情况，借以研究地质体的物理性质和构造特征的方法，称为声波探测。它和地震勘探一样，也是利用岩石弹性的物探方法，而且都以弹性理论作为本方法的理论基础。二者之间的主要区别在于声波探测所利用的是其频率大大高于地震波的声波或超声波，其频率一般为一千赫兹以及几兆赫兹。

与地震勘探相比，由于声波的频率高、波长短、受地质体的吸收和散射比较严重，因此声波探测对岩体的了解较为细致而探测范围较小，但具有简便、快速、经济、便于重复测试，以及对测试的地质体无破坏作用等优点。所以声波探测和工程地质勘探已作为一整套不可缺少的综合测试手段，以配合工程地质勘察不同阶段的测试工作。

声波探测分为主动测试和被动测试两种。主动测试所利用的声波由声波仪的发射系统或槌击、爆炸方式产生；被动测试的声波则是岩体遭受自然界或其他的作用力时，在变形或破坏过程中由它本身发出的。主动测试包括波速测定、振幅衰减测定和频率测定，其中最常用的是波速测定。

目前在工程地质勘探中，采用岩体声波探测解决的地质问题有：根据波速等声学参数的变化规律进行工程岩体的地质分类；根据波速随岩体裂隙发育而降低及随应力状态的变化而改变等规律，圈定开挖造成的围岩松弛带，为确定合理的衬砌厚度和锚杆长度提供依据；测定岩体或岩石试件的力学参数如杨氏模量、剪切模量和泊松比等；利用声速度及声

振幅在岩体内的变化规律进行工程岩体边坡或地下硐室围岩稳定性的评价；探测断层、溶洞的位置及规模，张开裂隙的延伸方向及长度等；定量研究岩体风化壳的分带；开挖补破及补强灌浆的质量检查；利用声速度、声振幅及超声电视测井的资料划分钻井剖面岩性进行地层对比，查明裂隙、溶洞及套管的裂隙等；划分浅层地质剖面及确定地下水面深度；天然地震及大面积塌陷灾害的预报。

# 第六节 区域地质调查中的"化探"

地球化学是研究地球及邻近天体的化学组成、化学作用及化学演化的一门地球科学重要分支学科。在区域地质调查中广泛应用了地球化学调查方法，即用地球化学手段调查区域地质问题，开展相关找矿与探矿工作，简称"化探"。

## 一、化探在区域地质调查中的主要任务

区域地质调查中地球化学调查的主要任务可以概括为：了解区域地球化学背景和解剖化探异常；研究区域地壳演化及成岩成矿机埋；研究和探索一些特殊的地质作用与演化过程。

### （一）区域地球化学背景及化探异常分析

（1）获取区内各种地质体及各类岩石中元素组合、分配、分布及主要统计参数（平均值、衬度、离差、分布型等）；区内元素的空间分带性及时间演化等。

（2）获取与各种地质体伴生的各类物质中元素的分布、分配及统计值，包括成土母质、土壤、水系沉积物、地表水、地下水、生物、气体等。

（3）分析区域地球化学异常的元素组合、浓集系数、衬度、面积等，划分异常等级和类型，研究其空间分布规律，探讨背景、趋势等。

（4）开展找矿地球化学和勘探地球化学工作。采用化探扫面，对区域化探异常进行解剖、分析，配合矿床地质工作，分析异常源，在勘探中与勘探工程、地球物理探矿方法配合，研究矿床、矿体上的矿化分带性、判别标志，为勘探设计提供重要依据。

## （二）研究区域地壳演化与成岩成矿机理

地球化学方法已成为获取成因信息的重要手段，在区域地质调查中具体应用如下。

（1）获取区域内重要地质体及地质过程的地球化学判别标志。如蛇绿杂岩、剪切带、隐伏构造、深部构造等，以及区域地壳演化中的构造—热事件及热历史研究。

（2）地质体成因类型与形成机制分析。包括各种沉积建造形成的构造环境，各种侵入岩和喷出岩的物源、构造背景、形成的物理化学条件、构造演化的地球化学判别等。

（3）建立区域地壳演化的P–T–t轨迹，提供地质温度计、地质压力计，在年代学上可分析形成年龄、变质年龄、封闭年龄等，以及地质体的冷却速率，研究区内的主要热旋回等。

（4）研究地质产物的微观结构，获取更广泛的成因信息。地球化学不仅能获得地质体中元素（常量、微量）和同位素组成的信息，而且能够通过微量微区分析，获得矿物微观组成与结构的信息，如类质同象替代量，两相分配系数，甚至可探索晶体内部空间构成等特征。矿物包裹体研究是目前唯一可获得的成矿流体样本探索。

此外，地球化学还担负着对一些特殊地质过程的研究任务，尤其是在矿产资源的调查和评价中起到不可替代的作用。

## 二、化探在区域地质调查中的主要特点

化探工作过程包括野外（实地）样品采集、室内样品加工、实验室样品测试、分析成果的整理、数据统计分析、模式化和可视化研究等主要阶段。

野外采样是化探工作的基础。首先，样品要具有代表性，采样方法可用刻槽、连续拣块、定位拣块或随机取样等；其次，每个采样点必须有详细的观察记录，并在相关图件上标定采样位置，最终提供样品分布图。

样品采集点的布置方法一般有随机采样、剖面法采样和专门性地球化学测量。地表化探包括原生晕、次生晕、分散流等。地下化探包括测井、坑道与地面剖面结合。

室内样品加工包括磨制光薄片、样品粉碎、单矿物分选、特殊的样品制备等。这一阶段的主要要求是：第一，首先样品登记清楚，杜绝混乱。第二，加工过程必须封闭，尽力避免污染。第三，样品数量要达到送样要求。第四，必须保留3倍以上的副样。

样品测试一般由有资质的专业实验室完成。在详细了解专业实验室具体的送样要求后，详细填写送样单。送样单中的编号登记不得有误，各项内容尽量具体，还应注明对样品测试内容的具体要求和希望等。如果由自己完成，则应注意了解仪器的精密度和准确度，确定最佳实验条件，在仪器最稳状态下测定，并进行自检和外验。

## 三、化探在区域地质调查中的主要研究内容

依测试内容分为成分分析、特殊物质分析和结构分析三大类。

### （一）成分分析

#### 1.常量元素分析

常用的如火成岩和变质岩的岩石化学15项全分析。有时因特殊需要也用简项分析。对于矿石，常分析主要组分及有害组分。另外，常常通过单矿物分析或微区分析获取矿物的主要成分，计算矿物的分子式。

#### 2.微量元素和稀土元素

微量元素指含量很低的痕量元素，它们虽不是主要成分，但有重要的指示意义。如沉积岩中的Ba/Sr比，变质岩中的Cr、Ni、Co、Ba及稀土元素，黄铁矿中的Co/Ni比值，方铅矿中的Ag、Bi等，都有重要的成因信息。另外，风化壳碎屑物、土壤、水系沉积物中的成矿元素一般都是微量元素，而水体中的金属元素、气体中的汞气也是微量元素，有机质中也有金属元素如Zn、Cu、Mn、Ni等，另外还有P、S、F等非金属元素。

#### 3.同位素组成

同位素依形成机制可以分为稳定同位素（宇宙成因的）、放射性同位素（宇宙成因或放射性成因，具有放射性的）和稳定体系（放射性成因的）。常用的稳定同位素主要有硫、碳、氢、氧、硅、氮。

### （二）特殊物质分析

#### 1.矿物包裹体分析

矿物包裹体是指在矿物生长（结晶）过程中，捕房于矿物晶体中的成矿流体残留物。虽然其体积在大多数情况下十分微小（直径仅几个μm），却是目前可获得的唯一原始流体样品。矿物包裹体分析不仅可以获得成分信息，包括固体成分、液体成分和气体成分，而且可以获得捕获时的物理化学信息，如温度、压力、pH、盐度等。

#### 2.物相分析

对岩石、矿物中不同化合物相态的分析，如测定氧化物相、硫化物相、硅酸盐相、碳酸盐相、有机物相等的相对含量，有时还可测定吸附态（相）和独立矿物（相）的相对含量。广泛采用物相分析技术可以获得更多的信息。

#### 3.矿物的热分析

利用矿物在加热过程中的热效应（吸热、放热、失重）测定矿物脱水（结晶水、结构水）及相变温度，以获取成因信息。

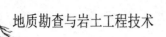
4.有机物分析

除分析H、O、C含量，还有有机物含量分析（C有机、氨基酸、总经、氯仿A、饱和经、芳烃等）、有机化合物类型分析（干酪根、镜质体等）。目前不仅广泛应用于成热度、生油指标，而且在判别沉积环境上十分重要。

5.类质同象替代分析

测量类质同象替代量的方法很多，但判别替代位置的方法很少，其中应用穆斯堡尔谱判别$Fe^{2+}$、$Sn^{2+}$的代换位置，是一种很特殊的方法。

### （三）结构分析

宏观的结构构造可以利用遥感影像、肉眼及普通光学显微镜观察，而晶体内部晶格级的微观结构，也是地球化学研究的重要内容。依测试方法可分为化学分析、仪器分析和特殊分析，依研究方法可分为直接观察、间接观察和间接分析三类。

直接观察一般是借助显微镜（普通显微镜、电子显微镜和离子显微镜），通常采用反射法（获得物质表面结构的图像）和透射法（获得物质内部质点分布图像）。间接观测就是通过对矿物谱学特征的分析，获得物质微观结构的特征，如红外光谱法、射线法、穆斯堡尔谱、核磁共振法、顺磁共振法。间接分析法是通过成分分析来推测结构，包括热分析（脱水和相变）、电子探针和离子探针（微区分析）等。

# 第七节　区域地质调查常规样品采集

## 一、区域地质调查主要采集样品类型与采集要求

### （一）常规样品类型

样品采集与处理是区域地质调查中一项十分重要的工作。区调全过程中要采集的样品种类繁多，主要有两大类：岩矿标本类主要有地层标本、岩石标本、化石标本、矿石标本、构造标本、岩组分析定向标本等；加工处理类样品主要有硅酸盐分析（全岩全分析）样品、孢子花粉样品、同位素地质年龄样品、稳定同位素测试样品、矿产分析测试样品、人工重砂样品、古地磁样品等。

## （二）样品采集的总体要求

采样目的要明确，采样应具有代表性和真实性，不可随手拈来来源不明的岩块；一般要采取新鲜岩石；认真进行标本、样品的编录工作。采样工作量应列入设计，有目的地针对某项样品或标本的用途和要求进行有效的采样、加工处理和试验工作。

采集区域地质调查中的主要样品时一定要注意样品的级别配套性。所谓级别是指样品在分析前一定要明确依赖关系，确定送样是否必要。在所有需要进行成分、结构、含量、矿物单颗粒挑选和性质确定的样品中，岩石薄片样品级别最低，服务于较之相对级别较高的其他样品。例如，某个样品是否需要送全岩分析或是人工重砂鉴定以及重矿物挑选时，需要依据薄片结果决定该样是送样或是废弃；又如某个样品欲进行稀土和微量元素化学分析，但配套采集的薄片鉴定证实该样有严重蚀变时，其原采集的稀土和微量元素化学分析样品就没必要再做分析。因此，所有相对较高级别的样品一定要有相对低级别的样品做配套前期分析。区域地质调查中的主要分析测试样品可分为低级、中级和高级三个级别。高一级别的样品是否送样受制于较低级别样品的成果或是选样结果。低级样品有：岩石薄片样、基岩光谱、大化石样、光片样等。中级别样品有：全岩样、稀土样、微量样、探针样品、人工重砂样品、各类全岩同位素样品等。高级别的样品有：各类同位素年龄样品、各类单矿物稳定同位素样品。

# 二、岩矿标本类样品及采集要求

主要用于观察研究岩石结构、构造、矿物成分及其共生组合，研究矿物的变质、蚀变现象，确定岩石、矿物的名称，对比地层和岩石；配合其他样品的采样及分析等。

## （一）岩矿标本

### 1.岩矿标本采集要求

（1）沉积岩标本：对调查区内各时代地层剖面的每一种代表性岩石，均应按层序系统采集，有沉积矿产的地段和沉积韵律发育地段应加密采集。

（2）岩浆岩标本：按岩性、相带、脉岩和填图单位采取代表性的和过渡类型的标本。另外，对析离体、捕房体、蚀变带、接触带、烘烤边、冷凝边、岩体中穿插的脉岩、与岩体接触的各种围岩等亦应采集标本。

（3）变质岩标本：按变质程度系统取样，应分别对不同夹层、混合岩（分基质和脉体）系统采集鉴定标本。

（4）矿石标本：据其类型、组分、结构构造、围岩蚀变、矿石和围岩的关系等特征进行采取，同时还应采集供做矿相学研究的光片标本。

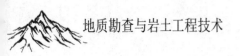

2.采样原则和注意事项

（1）所采集的样品应有充分的代表性。采集标本时要尽量采集新鲜的岩石，但可适当保留少许风化面，以便全面再现原始的野外直观特征，并做好野外地质观察描述工作。

（2）以能反映实际情况和满足切制薄片及手标本观察的需要为原则，岩矿陈列标本规格一般为3cm×6cm×9cm（厚×宽×长），岩矿供鉴定用者一般不应小于3cm×4cm×6cm，对于矿物晶体、化石、构造等标本则规格不限，以能反映该矿物特征为目的。

（3）采集到的岩矿标本应立即填写标签、登记和编号，并在原始记录（记录簿）上注明采样位置和编号，对所采样品一般要用白漆在标本的左上角涂一小长方形，待干后写上编号，然后用麻纸包好，统一保管。

（4）系统采送的鉴定样品应附剖面图或柱状图，送出的样品应留副样以便核对鉴定成果，帮助提高对标本的肉眼鉴定能力。

（5）标本和标签应当一起包装，注意不使标签损坏或散佚。

（6）对于特殊或易磨损者要用棉花或软纸包垫。

（7）任何薄片、光片在磨制前都应根据需要在标本上画线示出切片部位及范围。

## （二）岩组分析定向标本

岩组分析定向标本的采取，是为了在室内仍能恢复其野外产状，以便进一步观察测定在野外条件下难以获得的构造要素，如线理、劈理、擦痕及其他定向组构等，并且为岩组分析准确确定切制薄片的方位以及被测定薄片本身的产状。

定向标本采取前先要对标本定向，即要求在露头上先准确标明定向符号而后进行采取。根据不同的地质条件分别采用不同的定向方法。

1.产状要素法

野外选择如岩层层面、节理面、片理面、断层面及其他与矿物定向排列直接有关的结构面视为定向面，在其上量画出产状要素符号（其面要求不小于20cm×20cm）和定向符号，并在记录中注明，同时亦应示出顶、底面。

2.自然方位法

若一些结构面显示不清的块状构造岩石，采样时首先在固定的基岩露头上修凿出20cm×20cm见方的平面，然后在其上量画出东西、南北方位线，同时测量附近的岩层或其他面状构造的产状要素以供参考。

所有上述标绘的定向线，精度误差不得超过1°，可在岩石上平行地画出2~3条方向线以保证其精度和质量要求。所有定向标本均不得进行击打修饰。

### （三）岩石薄片样

主要用于测定造岩矿物的种类及含量，对岩石进行定名、分类；测定透明矿物的晶形、粒度、构造、光性等特征，研究矿物的形成环境，并为岩石对比提供信息；鉴定岩石的结构（包括粒度）、构造特点，研究岩石的成因及形成史；测定矿物包裹体，了解岩石的形成条件；鉴定岩石的后期蚀变、交代及矿化，为找矿提供资料；鉴定化石的种属、特征，研究地层的时代及古生态环境；进行岩组分析，研究岩体、岩层的构造；鉴定岩石的微裂缝及孔隙度，为找油气提供资料等。采样、制样要求如下。

（1）样品大小一般$2cm \times 5cm \times 8cm$，粗粒岩石含量测量样品要加大至$10cm \times 10cm \times 5cm$。

（2）做岩组分析及区域构造研究的样品要定向，在样品的层理、片理、线理及节理面上标注产状。

（3）松散样品应用棉花及小硬盒包装保护，磨片前用稀释的环氧树脂浸泡固结。

（4）化石薄片样应在标本上圈出化石的位置及切片的位置。

（5）必要时送样要附采样地质图或剖面图，写明采样位置。

（6）一般薄片大小为$2.4cm \times 2.4cm$，粗粒岩石含量测量要磨大薄片（$5cm \times 5cm$）。

（7）一般薄片厚度$0.03mm$，化石鉴定薄片厚度$0.04mm$左右，包体测温薄片厚$0.1 \sim 0.7mm$。

用于鉴定岩性的岩石薄片样一般要求与标本样品同时采集，岩性与样品序号完全相同。当鉴定有重要新发现或要再做证实或选做其他分析项目时，可用与此薄片对应的标本代替而无须重新采集，省时省事且不会发生不同岩性和层位的乱样等情况。

# 第九章
# 岩土工程勘察技术

## 第一节 岩土工程勘察概论

不同的建筑场地地质条件各不相同，工程地质问题也千差万别，因此工程建设采取的地基基础设计方案、上部结构设计也不尽相同，相应应采取的岩土工程勘察方法以及对问题的解决方案也不同，为此有必要对岩土工程勘察进行等级的划分，其目的在于突出重点、区别对待、利于管理、有的放矢，合理布置勘探工作和确定勘探工作量。根据《岩土工程勘察规范》（2009年版）（GB 50021-2001）的规定，岩土工程勘察等级根据工程重要性等级、场地复杂程度等级和地基复杂程度等级三项因素综合确定。

## 一、工程重要性等级划分

按照《岩土工程勘察规范》（2009年版）（GB 50021-2001）的规定，根据工程的规模和特征，以及由于岩土工程问题造成工程破坏或影响正常使用的后果，岩土工程重要性可分为三个等级，见表9-1所示。

表9-1 岩土工程重要性等级

| 重要性等级 | 破坏后果 | 工程类型 |
|---|---|---|
| 一级 | 很严重 | 重要工程 |
| 二级 | 严重 | 一般工程 |
| 三级 | 不严重 | 次要工程 |

《建筑地基基础设计规范》（GB 50007-2011）中根据地基复杂程度、建筑物规模和功能特征以及由于地基问题可能造成建筑物破坏或影响正常使用的程度，将地基基础设计分为三个等级，见表9-2所示。

表9-2　岩土工程重要性等级

| 设计等级 | 工程的规模 | 建筑和地基类型 |
|---|---|---|
| 甲级 | 重要工程 | 重要的工业与民用建筑物；30层以上的高层建筑；体型复杂，层数相差超过10层的高低层连成一体建筑物；大面积的多层地下建筑物（如地下车库、商场、运动场等）；对地基变形有特殊要求的建筑物；复杂地质条件下的坡上建筑物（包括高边坡）；对原有工程影响较大的新建建筑物；场地和地基条件复杂的一般建筑物；位于复杂地质条件及软土地区的2层及2层以上地下室的基坑工程 |
| 乙级 | 一般工程 | 除甲级、丙级以外的工业与民用建筑物 |
| 丙级 | 次要工程 | 场地和地基条件简单，荷载分布均匀的7层及7层以下民用建筑及一般工业建筑物；次要的轻型建筑物 |

对于电厂、废弃物处理、地下洞室、深基坑开挖、大面积岩土处理等各行业，应按照项目所在行业执行的有关规范、规程进行划分。若没有明确规定，可根据实际情况划分。一般情况下，大型沉井和沉箱、超长桩基和墩基、有特殊要求的精密设备和超高压设备、有特殊要求的深基坑开挖和支护工程、大型竖井和平洞、大型基础托换和补强工程以及其他难度大、破坏后果严重的工程，应列为一级安全等级。

## 二、场地复杂程度等级

场地复杂程度是由建筑场地抗震稳定性、不良地质现象发育情况、地质环境破坏程度、地形地貌条件和地下水复杂程度五个条件衡量的，现行岩土规范将其划分为三个等级，即一级场地（复杂场地）、二级场地（中等复杂场地）、三级场地（简单场地）。

### （一）建筑场地抗震稳定性

按《建筑抗震设计规范》（附条文说明）（2016年版）（GB 50011-2010）的规定，选择建筑场地时，应根据工程需要和地震活动情况、工程地质和地震地质的有关资料，对抗震有利、不利和危险地段作出综合评价。对不利地段，应提出避开要求；当无法避开时应采取有效的措施。对危险地段，严禁建造甲、乙类的建筑，不应建造丙类的建筑。选择建筑场地时，应划分对建筑抗震有利、一般、不利和危险的地段。

（1）有利地段。稳定基岩，坚硬土，开阔、平坦、密实、均匀的中硬土等。

（2）一般地段。不属于有利、不利、危险的地段。

（3）不利地段。软弱土，液化土，条状突出的山嘴，高耸孤立的山丘，陡坡，陡坎，河岸和边坡的边缘，平面分布上成因、岩性、状态明显不均匀的土层（含故河道、疏松的断层破碎带、暗埋的塘浜沟谷和半填半挖地基），高含水量的可塑黄土，地表存在结构性裂缝等。

（4）危险地段。地震时可能发生滑坡、崩塌、地陷、地裂、泥石流等及发震断裂带上可能发生地表错位的部位。

## （二）不良地质现象发育情况

"不良地质作用强烈发育"是指泥石流沟谷、崩塌、土洞、塌陷、岸边冲刷、地下水强烈潜蚀等极不稳定的场地，这些不良地质作用直接威胁着工程的安全。不良地质作用一般发育是指虽有上述不良地质作用，但并不十分强烈，对工程设施安全的影响不严重，或者说对工程安全可能有潜在的威胁。

## （三）地质环境破坏程度

地质环境是指由人为因素和自然因素引起的地下采空、地面沉降、地裂缝、化学污染、水位上升等。人类工程经济活动导致地质环境的干扰破坏是多种多样的，例如：采掘固体矿产资源引起的地下采空，抽汲地下液体（地下水、石油）引起的地面沉降、地面塌陷和地裂缝，修建水库引起的边岸再造、浸没、土壤沼泽化，排除废液引起岩土的化学污染，等等。地质环境破坏对岩土工程实践的负影响是不容忽视的，往往对场地稳定性构成威胁。地质环境受到强烈破坏是指由于地质环境的破坏，已对工程安全构成直接威胁，如矿山浅层采空导致明显的地面变形、横跨地裂缝、因水库蓄水引起的地面沼泽化、地面沉降盆地的边缘地带等。地质环境受到一般破坏是指已有或将有地质环境的干扰破坏，但并不强烈，对工程安全的影响不严重。

## （四）地形地貌条件

地形地貌条件主要指地形起伏和地貌单元（尤其是微地貌单元）的变化情况。一般来说，山区和丘陵区场地地形起伏较大，工程布局较困难，挖填土石方量较大，土层分布较薄且下伏基岩面高低不平。地貌单元分布较复杂，一个建筑场地可能跨越多个地貌单元，因此地形地貌条件复杂或较复杂。平原场地地形平坦，地貌单元均一，土层厚度大且结构简单，因此地形地貌条件简单。

## （五）地下水复杂程度

地下水是影响场地稳定性的重要因素。地下水的埋藏条件、类型、地下水位等直接影响工程稳定。

## 三、地基复杂程度等级

地基复杂程度按下列规定划分为三个地基等级。

（1）符合下列条件之一者即为一级地基（复杂地基）：

①岩土种类多，很不均匀，性质变化大，需特殊处理。

②严重湿陷、膨胀、盐渍、污染的特殊性岩土，以及其他情况复杂，需做专门处理的岩土。

（2）符合下列条件之一者即为二级地基（中等复杂地基）：

①岩土种类较多，不均匀，性质变化较大。

②除复杂地基规定之外的特殊性岩土。

（3）符合下列条件者为三级地基（简单地基）：

①岩土种类单一，均匀，性质变化不大。

②无特殊性岩土。

多年冻土情况特殊，勘察经验不多，应列为一级地基。严重湿陷、膨胀、盐渍、污染的特殊性岩土是指自重湿陷性土、三级非自重湿陷性土、三级膨胀性土等，其他需做专门处理的，以及变化复杂、同一场地上存在多种强烈程度不同的特殊性岩土，也应列为一级地基。

## 四、岩土工程勘察等级和地基基础设计等级

划分岩土工程勘察等级，目的是突出重点，区别对待，以利于管理。岩土工程勘察等级应在工程重要性等级、场地等级和地基等级的基础上划分。一般情况下，勘察等级可在勘察工作开始前，通过收集已有资料确定。但随着勘察工作的开展，对自然认识的深入，勘察等级也可能发生改变。

对于岩质地基，场地地质条件的复杂程度是控制因素。建造在岩质地基上的工程，如果场地和地基条件比较简单，勘察工作的难度是不大的。故即使是一级工程，场地和地基为三级时，岩土工程勘察等级也可定为乙级。

## 五、岩土工程勘察阶段划分

岩土工程勘察服务于工程建设的全过程，其目的在于运用各种勘察技术手段，有效查明建筑物场地的工程地质条件，并结合工程项目特点及要求，分析场地内存在的工程地质问题，论证场地地基的稳定性和适宜性，提出正确的岩土工程评价和相应对策，为工程建设的规划、设计、施工和正常使用提供依据。

为保证工程建筑物自规划设计到施工和使用全过程达到安全、经济、合用的标准，使建筑物场地、结构、规模、类型与地质环境、场地工程地质条件相互适应。任何工程的规划设计过程必须遵照循序渐进的原则，即科学地划分为若干阶段进行。工程地质勘察过程是对客观工程地质条件和地质环境的认识过程，其认识过程是以由区域到场地、由地表到地下，由一般调查到专门性问题的研究、由定性到定量评价的原则进行。

岩土工程勘察阶段的划分与工程建设各个阶段相适应，大致可分为以下阶段。

## （一）可行性研究勘察（选址勘察）

本勘察阶段的目的与任务是收集、分析已有资料，进行现场踏勘，必要时进行工程地质测绘和少量勘探工作，对场址稳定性和适宜性作出岩土工程评价，明确拟选定的场地范围和应避开的地段，对拟选方案进行技术经济论证和方案比较，从经济和技术两个方面进行论证以选取最优的工程建设场地。

一般情况下，工程建筑物地址力争避开以下工程地质条件恶劣的地区和地段。

（1）不良地质作用发育（崩塌、滑坡、泥石流、岸边冲刷、地下潜蚀等地段）对建筑物场地稳定构成直接危害或潜在威胁的地段。

（2）地基土性质严重不良。

（3）建筑抗震危险地段。

（4）受洪水威胁或地下水不利影响地段。

（5）地下有未开采的有价值的矿藏或未稳定的地下采空区。

此阶段勘察工作的主要内容为：调查区域地质构造、地形地貌与环境工程地质问题，调查第四纪地层的分布及地下水埋藏性状、岩石和土的性质、不良地质作用等工程地质条件，调查地下矿藏、文物分布范围。

## （二）初步勘察阶段

初步勘察是与工程初步设计相适应，此阶段的目的与任务是对工程建筑场地的稳定性作出进一步的岩土工程评价：根据岩土工程条件分区，论证建筑场地的适宜性；根据工程性质和规模，为确定建筑物总平面布置、主要建筑物地基基础方案，对不良地质现象的防治工程方案进行论证；提供地基结构、岩土层物理力学性质指标；提供地基岩土体的承载力及变形量资料；对地下水进行工程建设影响评价；指出本勘察阶段应注意的问题。勘察的范围是建设场地内的建筑地段。主要的勘察方法是工程地质测绘、工程物探、钻探、土工试验。

此阶段勘察工作主要内容为：

（1）根据拟选建筑方案范围，按本阶段的勘察要求，布置一定的勘探与测试工作。

（2）查明建筑场地内地质构造和不良地质作用的具体位置。

（3）探测场地内的地震效应。

（4）查明地下水性质及含水层的渗透性。

（5）收集当地已有建筑经验及已有勘察资料。

## （三）详细勘察阶段

此阶段的目的与任务是对地基基础设计、地基处理与加固、不良地质现象的防治工程进行岩土工程计算与评价，满足工程施工图设计的要求。此阶段要求的成果资料更详细可靠，而且要求提供更多、更具体的计算参数。

此勘察阶段的主要工作和任务是：

（1）获取附有坐标及地形的工程建筑总平面布置图，各建筑物的平面整平标高和建筑物的性质、规模、结构特点，提出可能采取的基础形式、尺寸、埋深，对地基基础设计的要求。

（2）查明不良地质作用的成因、类型、分布范围、发展趋势、危害程度，提出评价与整治所需的岩土技术参数和整治方案建议。

（3）查明建筑范围内各岩土层的类别、结构、厚度、坡度、工程特性，计算和评价地基的稳定性和承载力。

（4）对需要进行基础沉降计算的建筑物，提供地基变形量计算的参数，预测建筑物的沉降性质。

（5）对抗震设防烈度不小于Ⅴ度的场地，划分场地土的类型和场地类别；对抗震设防烈度不小于Ⅲ度的场地，还应分析预测地震效应，判定饱和砂土或饱和粉土的地震液化势，并计算液化指数。

（6）查明地下水的埋藏条件，当进行基坑降水设计时还应查明水位变化幅度与规律，提供地层渗透性参数。

（7）判定水和土对建筑材料及金属的腐蚀性。

（8）判定地基土及地下水在建筑物施工和使用期间可能产生的变化及其对工程的影响，提供防治措施和建议。

（9）对地基基础处理方案进行评价。一般包括地基持力层的选择、承载力验算和变形估算等。当需要进行地基处理时，应提供复合地基或桩基础设计所需的岩土技术参数，选择合适的桩端持力层和桩型，估算单桩承载力，提出基础施工时应注意的问题。

（10）对深基坑支护、降水还应提供稳定计算和支护设计所需的岩土技术参数，对基坑开挖、支护、降水提出初步意见和建议。

（11）在季节性冻土地区提供场地土的标准冻结深度。

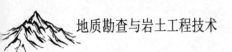

### （四）施工勘察

施工勘察不作为一个固定阶段，视工程的实际需要而定，对条件复杂或有特殊施工要求的重大工程地基，需进行施工勘察。施工勘察包括施工阶段的勘察和施工后一些必要的勘察工作，如检验地基加固效果。

## 六、岩土工程勘察方法的概述

岩土工程勘察的方法多种多样，常见的基本方法简述如下。

### （一）工程地质调查与测绘

工程地质测绘和调查是运用地质、工程地质理论对与工程建设有关的各种地质现象进行实地的详细观察和描述，查明区内的工程地质条件，并按照精度要求，将其填绘和反映在一定比例尺的地形底图上。

工程地质测绘和调查的目的任务是查明建筑场地及邻近地段的工程地质条件，重点对开发建设的适宜性和建筑场地的稳定性做出评价，为拟建工程建筑选择最佳地段，为后续勘探工作的布置提供依据。

在岩土工程勘察中，工程地质测绘是一种简单、经济、有效的工作方法，是一种最基本的岩土工程勘察方法，也是其他岩土工程勘察方法的基础。

### （二）岩土工程勘探与取样

工程地质勘探是在工程地质测绘的基础上，为进一步查明地表以下工程地质情况和对岩土参数开展原位测试时而进行的勘察工作。勘探包括钻探、井探、槽探、洞探、触探及地球物理勘探等多种方法。勘探方法的选择首先应符合勘探目的需要，还要考虑是否适合于勘探区岩土的特性。

工程地质钻探的任务之一是采取岩土的试样，用来对其进行观察、鉴别或进行各种物理力学的试验。要尽量采取原状土样。

### （三）原位测试与试验

岩土工程原位测试是在天然条件下原位测定岩土体的各种工程地质性质。由于是在原位测试，因此它不需要采取土样，被测土体测试前不会受到扰动而基本保持其天然结构、含水量和应力状态，因此所测数据比较准确可靠，代表性强。尤其是对灵敏度较高的软土和难以取得原状土样的饱和砂土、粉土、流塑状态的淤泥或淤泥质土等，现场原位测试具有不可替代的作用。

原位测试的方法主要有静力载荷试验、静力触探试验、圆锥动力触探试验、标准贯入试验等。

### （四）室内试验

室内试验是测定岩土参数的重要方法，有些参数的测定只能靠室内完成，如土的颗粒成分、重度等。因此，室内试验与原位测试是相互补充、相辅相成的。

常用的室内试验方法可分为以下几类。

（1）土的物理性质试验，如颗粒级配试验、土的重度或密度试验、土粒相对密度试验、含水量试验、塑液限试验等。

（2）土的压缩、固结试验。

（3）土的抗剪强度试验，如直剪试验、三轴试验。

### （五）岩土工程现场检验与监测

岩土工程的现场检验和监测，可有效地控制现场施工质量，同时对于施工引起的位移、应力及周边环境进行相应的跟踪监测，通过信息反馈，及时进行施工方法调整或设计变更，以确保施工安全和保护周边环境。

岩土工程测试包括室内土工试验、岩体力学试验、原位测试、原型试验和现场监测等。现场监测就是以实际工程作为对象，在施工期及工程后期对整个岩土体和地下结构及周围环境，在事先设定的点位上，按设定的时间间隔进行应力和形变现象观测。

### （六）岩土工程勘察新技术

岩土工程勘察新技术，如"3S"技术、地质雷达、地球物理层析成像技术、数值化勘探技术、数字化资料整编等。

## 七、岩土工程勘察工作的程序（工作步骤）

岩土工作勘察的程序即岩土工程勘察的工作步骤，是工程勘察质量的基本保障，应按规范规定的有关要求进行。岩土工程勘察项目实施的基本过程主要有以下几个方面。

### （一）收集资料

收集附有坐标和地形的建筑总平面图，建筑物的性质、规模、荷载、结构特点，基础形式，埋置深度、地基允许变形资料等。

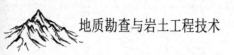

## （二）编制岩土工程勘察投标书

编制岩土工程勘察投标书主要是技术标书。技术标书的主要内容是勘察施工组织设计方案。其主要内容包括工程概况、勘察方案、勘察成果分析及报告书、本工程投入技术力量及设备、进度计划、工期保证措施、工程质量保证措施、安全保证措施、承诺及报价等。

## （三）签订勘察合同

项目中标后，与甲方签订岩土工程勘察合同，双方按合同履约。

## （四）现场勘察

依据勘察任务进行施工勘察。其主要工作为工程地质测绘、岩土工程勘探、原位测试、现场检验与监测等。

## （五）勘察成果编制与送审

现场勘察后，应及时对工程编录资料进行综合整理、审核及计算机录入，并进行岩土工程分析评价，编制报告图文表初稿；之后对报告进行初步审查及修改，最后对报告进行审定、存档，条件具备时可出版。

最后需要说明，建筑施工现场的验槽、验孔、基础验收是岩土工程勘察基本工程质量控制的重要环节，勘察时必须高度重视。

# 第二节　工程地质测绘与调查

## 一、概述

### （一）工程地质测绘的分类与适用条件

根据研究内容的不同，工程地质测绘可分为综合性工程地质测绘和专门性工程地质测绘。前者是对工作区内工程地质条件各要素的空间分布及各要素之间的内在联系进行全面

/综合的研究，为编制综合工程地质图提供资料；后者是为某一特定建筑物服务的，或者是对工程地质条件的某一要素进行专门研究以掌握其变化规律。

工程地质测绘和调查的适用条件主要是岩石出露或地貌、地质条件较复杂的地区或场地，并且宜在可行性研究阶段或初步勘察阶段进行。在规划设计阶段或可行性研究阶段，工程地质测绘和调查往往是工程地质勘察的主要手段。

### （二）工程地质测绘的比例尺和测绘范围

1.比例尺

（1）小比例尺：1∶50000～1∶5000，用于可行性研究阶段，目的是了解区域性的工程地质条件和为详细的工程地质勘测工作制定工作方向。

（2）中比例尺：1∶10000～1∶2000，一般用于初步勘探阶段。

（3）大比例尺：1∶2000～1∶500，一般用于详细勘察阶段。一般在建筑场地选择以后才进行大比例尺的工程地质测绘，以便能更详细地查明场地的工程地质条件。

2.测绘范围

工程地质测绘的范围应包括场地及附近地段，一般要求工程地质测绘和调查的范围应以能解决具体工程实际问题为前提，并充分考虑影响工程建设的不良地质作用及其分布范围。

## 二、野外工程地质测绘与调查的方法和内容

### （一）实测剖面

1.实测剖面的布置

正式测绘前，应首先实测代表性地质剖面，建立典型的地层岩性柱状剖面和标志，划分工程地质制图单元。已有地层柱状图可供利用时，也应进行现场校核，以加强感性认识，确定制图单位，统一工作方法。

实测工程地质剖面线的位置，应垂直地层单元，且地层出露齐全，露头好、路线短、交通便利。

岩性综合体或岩性类型是填图的基本单位，可以划分到工程地质类型，其界线可与地层界线吻合，也可以根据岩性、岩相和工程地质特征进行细分或合并。

实测地层剖面，一般采用手持GPS（Global Positioning System）和测绳、罗盘、地质锤等工具，实测资料通过投影法绘制成剖面图。

实测剖面一般需要4～5人，由于工作项目较多，参与人员要分工协作。实测剖面过程中最好应同时绘制随手剖面图（信手剖面图）。

用GPS采集数据、记录坐标（x，y，z）和测定剖面方位，用人工或电脑进行地质描述和分层。

2.实测剖面图的编制

实测地质——第四纪地质剖面图的成图方法，一般采用投影法。

投影法的作图步骤是：第一步作导线平面图，第二步作地形剖面图，第三步标绘地质内容完成剖面图，第四步绘制图名、图例、方位，最后成图。

（1）导线平面图的绘制：

①用作图法求出剖面总方位。取方格坐标纸的上方为正北。在方格坐标纸的左侧任取一点0，根据0-1导线方位角，从0点作一射线（角度为正值时向下作射线，角度为负值时向上作射线），按比例截取线段0-1，等于导线0-1的平距；然后以1为原点，以1-2导线的方位角作一射线，按比例在射线上截取线段1-2，等于导线1-2的平距，依此类推，作2-3、3-4、……直到剖面终点。0点与终点的连线，其方位角就是剖面的总方位。

导线总方位也可以用GPS定出起点和终点，然后在地形图平面上作出连线，其方位角就是剖面的总方位。

②导线平面图。首先在图纸上设计好导线平面图的位置范围，根据各导线的展布情况，在适当位置作一水平线作为导线平面图的基线，该基线方向即为导线的总方位。在基线上端的适当位置，选取原点O。以用作图法求出剖面总方位的相同方法，将野外导线斜距换算成平距后，作出各导线在导线平面图上的线段0-1、1-2、2-3、……直到剖面终点。在这些线段的相应位置上，作出有代表性的岩层分界线，产状和断层等简要地质内容，导线平面图就完成了。

从理论上讲，导线平面图的起点O和终点应落在同一水平线上，但由于作图误差，使这两点不容易落在同一水平线上。假如在用作图法求出剖面总方位时，图是作在透明纸上，就可将此图与导线平面图选取的基线重合，然后把各导线的端点用针刺于导线平面图上，再把它们用线连起来，此时的起点与终点就一定在同一条水平线了，由此可消除作图误差。

（2）地形剖面图的绘制。在导线平面图的下面适当位置，画出一条水平基线，其方位与导线总方位相同。将导线平面图上各端点0、1、2、3、4、……垂直投影下来，以基线为基准，以其相对高差和累积高差为距离，按比例确定其在地形剖面上的位置，然后把各点用直线连接起来，成为折线，再参考野外绘制的随手剖面图的地形特征，将折线修改成实际的曲线地形，地形剖面图就完成了。

（3）地质内容的标注。具体作图步骤是：首先根据实测剖面记录表的记录，将各分层点的位置投影在地形剖面上，然后依据各分层的产状绘出各分层的界线。在绘制分层界线时，要考虑地层走向与剖面线方向的夹角。当这个夹角大于80°时，可直接用真倾角标绘；当这个夹角小于80°时，则应将真倾角换算成视倾角，再以视倾角标注于图上。各层界线绘好以后，按各层的主要岩性填绘岩性花纹符号，标出分层号、标本号、化石号等，并标出代表性的产状，这样一张地质剖面图就基本完成。

（4）其他。图面装饰依照规范的要求，还须将图名、比例尺、剖面起止点坐标、剖面总方位、责任表等内容，一一绘好，实测地质剖面图就编制完成。

## （二）观测线和观测点

野外工程地质测绘工作，观测线的布置应以最短的路线观测到最多的工程地质要素或现象为原则。观测线应沿地质条件变化最大的方向布置，并应尽量利用天然和已有的人工露头。观测线不是均匀布置，而是布置在工程地质条件的关键地段。

通常，观测线的布置方法有以下三种。

1.路线法（穿越法）

垂直岩层走向和地貌单元方向布置观测线。该种方法效率高，但两条路线之间，容易缺少关键点位。路线法（穿越法）一般适合于中、小比例尺测绘。

2.追索法

沿着地层走向、地质界线、构造线、岩性界线、地貌单元界线布置观测线。该法精度高、效率低，通常是在路线法的基础上采用。

3.布点法（综合法）

根据不同比例尺预先在地形图上布置一定数量的观测线和观测点。观测点一般布置在观测线上，但观测点的布置必须有具体目的。

观测点的观测密度应根据场地的地貌、地质条件、比例尺和工程要求确定，并具有代表性。

观测点的定位可采用目测法、半仪器法、仪器法和GPS法。观测点一般应布置在以下关键点上。

（1）地层分界点。

（2）岩性分界点。

（3）构造点。

（4）地貌分界点。

（5）水文地质点。

（6）工程地质点。

（7）地质灾害点。

（8）其他。

观测点的描述既要全面又要突出重点。文字记录要清晰简明，对典型或重要的地质现象，尽量用素描、照片与文字相配合。

## （三）不同岩、土区工程地质测绘及调查要点

不同岩、土区工程地质测绘及调查要点不同。

### 1.基岩分布区

不同岩类分布区应重点研究的内容不尽相同。侵入岩及深变质岩分布区，重点研究侵入岩的形态，产状及其与围岩的关系，特别应注意接触带的变化；喷出岩应注意岩石的孔隙性和沉积物性质；沉积岩及浅变质岩区，应注意对岩性，各向异性，岩层厚度、岩层裂隙的研究。

应特别注意对构造的工程地质研究。对褶皱、断层和裂隙应详细调查研究，查明其分布、走向、成因、影响地层、发育地层、岩石破碎情况、导水性等。要特别注意大断层的规模、断距、断裂带及影响宽度，要进行追索调查，评价其工程地质性质。对重点地区发育的主要节理，应进行数量和走向的定量统计，绘制节理玫瑰花图、极点图或等密度图，以找出其发育规律。

### 2.第四系松散沉积物（土）分布区

（1）冲积物。平原地区，山前地带及有松散沉积物覆盖的丘陵地区，主要为第四系松散沉积物，其调查研究内容主要为：

①地貌及微地貌研究。

②第四系沉积物的成因类型及可能的年代。

③对具有特殊成分、特殊状态和特殊性质的松散沉积物（如软土、湿陷性黄土、膨胀土、红土、人工填土等）进行重点调查。

④对需要进行基坑开挖的工程应当特别注意强透水层、隔水层和承压含水层的分布和性质。

（2）洪积物。对山前地段和山间盆地边缘广泛分布的洪积物，地貌上多形成洪积扇，其上部、中部、下部的地质结构不同，水文地质条件也不同，因此建筑适宜性和可能产生的岩土工程问题也各异，在进行工程地质测绘和调查时，应注意其工程地质特征。

平原地区的冲积地貌，应区分出河床、河漫滩、阶地等各种地貌形态，因为不同的地貌形态的冲积物分布和工程地质性质不同，其建筑适宜性也各异。

（3）第四系松散沉积物的观察描述。第四系地质调查应充分研究第四系堆积物的各种露头，如沟壁、陡坎、土坑、井等。在覆盖区要利用钻探、洛阳铲等方法揭露各时期第四系堆积物进行研究。在描述前，要描述第四系堆积物所处的地貌部位、产状及地形特征，然后分层描述。研究第四系地层时，要观察地层的横向与纵向变化，尤其对一些细微的变化，如极薄夹层、透镜体和色调的变化。为了简洁、直观，可采用统计、素描和照相

等方法。

野外调查的一般观察内容包括堆积物的颜色、岩性、成因类型、结构构造等特征；对特殊夹层、各层间的接触关系，所含化石及露头点所处的地貌部位等应特别给以注意。

## 三、工程地质测绘与调查的资料整理和成果

### （一）野外工作中的资料整理

野外工作中的资料整理内容主要有以下几个方面。

（1）各种原始记录本。

（2）野外手图、实际材料图。

（3）调查记录卡片。

（4）野外原始资料检查。

（5）各种图件。

（6）各项原位测试、室内试验，鉴定分析资料和勘探资料。

（7）典型影像图、摄影和野外素描图。

（8）物探解译成果图。

### （二）成果编制

在对工程地质测绘和调查获得的各种资料整理、统计和分析的基础上，编制成果图件。主要包括以下内容。

1.成果图件

（1）实际材料图。

（2）岩土体的工程地质性质分区图。

（3）工程地质分区图。

（4）综合工程地质图。

2.工程地质测绘报告

工程地质测绘报告应对测区的工程地质条件进行详细描述，并做出综合性评价，为工程地质选址和工程建设提供地质依据。工程地质测绘报告的编写要求真实、客观、全面、简明扼要。报告主要内容如下。

（1）序言。

（2）自然地理、地质概况。

（3）区域工程地质条件（地形地貌、地质构造、地层岩性、水文地质条件、不良地质现象、人类工程活动、天然建筑材料及其他地质资源等）。

（4）专门性工程地质问题（视情况定内容）。

（5）工程地质分区（分区原则、分区预测与评价）。

（6）结论与建议。

（7）附图与附表。

# 第三节　工程地质勘探与取样

## 一、勘探

岩土工程勘探是在工程地质测绘的基础上，利用各种设备、工具直接或间接深入岩土层，查明地下岩土性质、结构构造、空间分布、地下水条件等内容的勘查工作，是探明深部地质情况的一种可靠方法。岩土工程勘探主要有钻探、坑探、物探方法。

### （一）岩土工程勘探任务和手段

1.岩土工程勘探的任务

（1）探明拟建场地或地段的岩土体工程特性和地质构造。确定各地层的岩性特征、厚度及其横向变化，按岩性详细划分地层，尤其需注意软弱岩层的岩性及其空间分布情况；确定天然状态下各岩、土层的结构和性质，基岩的风化深度和不同风化程度的岩石性质，划分风化带；确定岩层的产状，断层破碎带的位置、宽度和性质，节理、裂隙发育程度及随深度的变化，作裂隙定量指标的统计。

（2）探明拟建场地及其周围的水文地质条件。了解岩土的含水性，查明含水层、透水层和隔水层的分布、厚度、性质及其变化；各含水层地下水的水位（水头）、水量和水质；借助水文地质试验和监测，以了解岩土的透水性和地下水动态变化。

（3）探明拟建场地地貌和不良地质现象。查明各种地貌形态，如河谷阶地、洪积扇、斜坡等的位置、规模和结构；各种不良地质现象，如滑坡的范围、滑动面位置和形态、滑体的物质和结构；岩溶的分布、发育深度、形态及充填情况等。

（4）取样和提供野外试验条件。勘探工程进行同时采取岩、土、水样，供室内岩土试验和水质分析用。

在勘探工程中可做各种原位测试，如载荷试验、标准贯入试验、剪切试验、波速测试等岩土物理力学性质试验、岩体地应力量测、水文地质试验以及岩土体加固与改良的试验等。

（5）提供检验与监测的条件。利用勘探工程布置岩土体性状、地下水和不良地质现象的监测、地基加固与改良和桩基础的检验与监测。

（6）其他。如进行孔中摄影及孔中电视、喷锚支护灌浆处理钻孔、基坑施工降水钻孔、灌注桩钻孔、施工廊道和导坑等。

2.岩土工程勘探的特点

岩土工程勘探的任务决定了岩土工程勘探有如下特点。

（1）勘探范围取决于场地评价和工程影响所涉及的空间，除了深埋隧道和为了解专门地质问题而进行的勘探外，通常限定于地表以下较浅的深度范围内。

（2）除了深入岩体的地下工程和某些特殊工程外，大多数工程坐落于第四系土层或基岩风化壳上。为了工程安全、经济和正常使用，对这一部分地质体的研究应特别详细。例如，应按土体的成分、结构和工程性质详细划分土层，尤其是软弱土层。风化岩体要根据其风化特性进行风化壳垂直分带。

（3）为了准确查明岩土的物理力学性质，在勘探过程中必须注意保持岩土的天然结构和天然湿度，尽量减少人为的扰动破坏。为此需要采用一些特殊的勘探技术，如采用薄壁取土器静压取土。

（4）为了实现工程地质、水文地质、岩土工程性质的综合研究以及与现场试验、监测等紧密结合，要求岩土工程勘探发挥综合效益，对勘探工程的结构、布置和施工顺序也有特殊的要求。

3.岩土工程勘探的手段

岩土工程勘探常用的手段有钻探工程、坑探工程及物探三类方法。

钻探和坑探工程是直接勘探手段，能较可靠地了解地下地质情况。钻探工程是使用最广泛的一类勘探手段，普遍应用于各类工程的勘探；由于它对一些重要的地质体或地质现象有时可能会误判、遗漏，所以它也称为"半直接"勘探手段。坑探工程勘探人员可以在其中观察编录，以掌握地质结构的细节；但是重型坑探工程耗资高，勘探周期长。物探是一种间接的勘探手段，它的优点是较之钻探和坑探轻便、经济而迅速，能够及时解决工程地质测绘中难于推断而又亟待了解的地下地质情况，所以常常与测绘工作配合使用。它又可作为钻探和坑探的先行或辅助手段。

上述三种勘探手段在不同勘察阶段的使用应有所侧重。可行性研究勘察阶段的任务，是对拟建场地的稳定性和适宜性作出评价，主要进行工程地质测绘，勘探往往是配合测绘工作而开展的，而且较多地使用物探手段，钻探和坑探主要用来验证物探成果和取得基准剖面。初步勘察阶段应对建筑地段的稳定性做出岩土工程评价，勘探工作比重较大，以钻探工程为主，并利用勘探工程取样，做原位测试和监测。在详细勘察阶段，须提出详细的岩土工程资料和设计所需的岩土技术参数，并应对基础设计、地基处理以及不良地质现象的防治等具体方案作出论证和建议，以满足施工图设计的要求。因此须进行直接勘探，与其配合还应进行大量的原位测试工作。各类工程勘探坑孔的密度和深度都有详细严格的规定。在复杂地质条件下或特殊的岩土工程（或地区），还应布置重型坑探工程。此阶段的物探工作主要为测井，以便沿勘探井孔研究地质剖面和地下水分布等。

## （二）勘探工作的布置和施工顺序

布置勘探工程总的要求，应是以尽可能少的工作量取得尽可能多的地质资料。在勘探设计之前，应明确各项勘察工作执行的规范标准，除了应遵守各项国家的有关规范，还应遵守地方及行业的有关规范标准，特别是国家的强制性规范标准，要不折不扣地予以执行，并应符合规范的具体要求。为此，作勘探设计时，必须熟悉勘探区已取得的地质资料，并明确有关规范标准及勘探的目的和任务。将每一个勘探工程都布置在关键地点，且发挥其综合效益。

1.勘探工作的布置

（1）勘探总体布置形式：

①勘探线。按特定方向沿线布置勘探点（等间距或不等间距），了解沿线工程地质条件，绘制工程地质剖面图。用于初勘阶段、线形工程勘察、天然建材初查。

③勘探网。勘探网选布在相互交叉的勘探线及其交叉点上，形成网状。

③结合建筑物基础轮廓，一般工程建筑物设计要求，勘探工作按建筑物基础类型、型式、轮廓布置，并提供剖面及定量指标。

（2）布置勘探工作时应遵循的原则：

①勘探工作应在工程地质测绘基础上进行。

②无论是勘探的总体布置还是单个勘探点的设计，都要考虑综合利用。

③勘探布置应与勘察阶段相适应。不同的勘察阶段，勘探的总体布置、勘探点的密度和深度、勘探手段的选择及要求等，均有所不同。

④勘探布置应随建筑物的类型和规模而异。不同类型的建筑物，其总体轮廓、荷载作用的特点以及可能产生的岩土工程问题不同，勘探布置亦应有所区别。

⑤勘探布置应考虑地质、地貌、水文地质等条件。一般勘探线应沿着地质条件等变化最大的方向布置。勘探点的密度应视工程地质条件的复杂程度而定。

⑥在勘探线、网中的各勘探点，应视具体条件选择不同的勘探手段，以便互相配合，取长补短，有机地联系起来。

（3）勘探坑孔布置的原则：

①地貌单元及其衔接地段，勘探线应垂直地貌单元界限，每个地貌单元应有控制坑孔，两个地貌单元之间过渡地带应有钻孔。

②断层，在上盘布坑孔，在地表垂直断层走向布置坑探，坑孔应穿过断层面。

③滑坡，沿滑坡纵横轴线布孔、井，查明滑动带数量、部位、滑体厚度。坑孔深应穿过滑带到稳定基岩。

④河谷，垂直河流布置勘探线，钻孔应穿过覆盖层并深入基岩5m以上，防止误把漂石当作基岩。

⑤查明陡倾地质界面，使用斜孔或斜井，相邻两孔深度所揭露的地层相互衔接为原则，防止漏层。

2.勘探坑孔间距的确定

各类建筑勘探坑孔的间距，是根据勘察阶段和岩土工程勘察等级来确定的。坑孔间距的确定原则：

（1）勘察阶段。不同的勘察阶段，其勘察的要求和岩土工程评价的内容不同，因而勘探坑孔的间距也各异。初期勘察阶段的主要任务是为选址和进行可行性研究，对拟选场址的稳定性和适宜性做出岩土工程评价，进行技术经济论证和方案比较，满足确定场地方案的要求。由于有若干个建筑场址的比较方案，勘察范围大，因此勘探坑孔稀少，其间距较大。当进入详细、施工勘察阶段，要对场地内建筑地段的稳定性做出岩土工程评价，确定建筑总平面布置，进而对地基基础设计、地基处理和不良地质现象的防治进行计算与评价，以满足施工设计的要求。此时勘察范围缩小而勘探坑孔增多，因而勘探坑孔间距较小。

（2）岩土工程勘察等级。不同的岩土工程勘察等级，表明了建筑物的规模和重要性以及场地工程地质条件的复杂程度、地基的复杂程度。显然，在同一勘察阶段内，属甲级勘察等级者，因建筑物规模大而重要或场地工程地质复杂，勘探坑孔间距较小。而乙、丙级勘察等级的勘探坑孔间距相对较大。

（3）《岩土工程勘察规范》（2009版）（GB 50021-2001）明确规定了各类建筑在不同勘察阶段和岩土工程勘察等级的勘探线、点间距，以指导勘探工程的布置。在实际工作中，应在满足《岩土工程勘察规范》要求的基础上，根据具体情况合理地确定勘探工程的间距，绝不能机械照搬。

3.勘探坑孔深度的确定

确定勘探坑孔深度的含义包括两个方面：一是确定坑孔深度的依据；二是施工时终止坑孔的标志。概括起来说，勘探坑孔深度应根据建筑物类型、勘察阶段、岩土工程勘察等级以及所评价的岩土工程问题等综合考虑。

根据各工程勘察部门的实践经验，大致依据《岩土工程勘察规范》（2009版）（GB 50021-2001）规定、对岩土工程问题分析评价的需要以及具体建筑物的设计要求等，确定勘探坑孔的深度。

《岩土工程勘察规范》（2009版）（GB 50021-2001）规定的勘探坑孔深度，是在各工程勘察部门长期生产实践的基础上确定的，有重要的指导意义。例如，对房屋建筑与构筑物明确规定了初勘和详勘阶段勘探坑孔深度，还就高层建筑采用不同基础型式时勘探孔深度的确定作出了规定。

分析评价不同的岩土工程问题，所需要的勘探深度是不同的。例如，为评价滑坡稳定性时，勘探孔深度应超过该滑体最低的滑动面。为房屋建筑地基变形验算需要，勘探孔深度应超过地基有效压缩层范围，并考虑相邻基础的影响。

进行勘探设计时，有些建筑物可依据其设计标高来确定坑孔深度。例如，地下洞室和管道工程，勘探坑孔应穿越洞底设计标高或管道埋设深度以下一定深度。

此外，还可依据工程地质测绘或物探资料的推断确定勘探坑孔的深度。

在勘探坑孔施工过程中，应根据该坑孔的目的任务而决定是否终止，切不能机械地执行原设计的深度。例如，对岩石风化分带目的的坑孔，当遇到新鲜基岩时即可终止。为探查河床覆盖层厚度和下伏基岩面起伏的坑孔，当穿透覆盖层进入基岩内数米后才能终止，以免将大孤石误认为基岩。

4.勘探工程的施工顺序

设计勘探工程的合理施工顺序，既能提高勘探效率，取得满意的成果，又能节约勘探工作量。为此，在勘探工程总体布置的基础上，须重视和研究勘探工程的施工顺序问题。

一项建筑工程，尤其是场地地质条件复杂的重大工程，需要勘探解决的问题往往较多。由于勘探工程不可能同时全面施工，因此必须分批进行。这就应根据所需查明问题的轻重主次，同时考虑到设备搬迁方便和季节变化，将勘探坑孔分为几批，按先后顺序施工。先施工的勘探坑孔，必须为后继勘探坑孔提供进一步地质分析所需的资料。所以在勘探过程中应及时整理资料，并利用这些资料指导和修改后继坑孔的设计和施工。因此选定第一批施工的勘探坑孔具有重要意义。

根据实践经验，第一批施工的勘探坑孔应为：对控制场地工程地质条件具有关键作用和对选择场地有决定意义的坑孔；建筑物重要部位的坑孔；为其他勘察工作提供条件，而施工周期又比较长的坑孔；在主要勘探线上的控制性勘探坑孔。考虑到洪水的威胁，应在枯水期尽量先施工水上或近水的坑孔。由此可知，第一批坑孔的工程量是比较大的。

## 二、岩土取样

### （一）岩土质量等级

工程地质钻探的任务之一是采取岩土的试样，用来对其进行观察、鉴别或进行各种物理力学的试验。要尽量采取原状土样，所谓"原状土样"，是指能保持原有的天然结构未受破坏的土样。相应地，如果试样的天然结构已遭受破坏，则称为"扰动土样"。

按照取样方法和试验目的的不同，现行的岩土工程勘察规范将其划分成四个质量等级，具体如表9-3所示。

**表9-3　土试样质量等级划分**

| 土样级别 | 扰动程度 | 试验内容 |
|---|---|---|
| I | 不扰动 | 土类定名、含水量、密度、强度试验、固结试验 |
| II | 轻微扰动 | 土类定名、含水量、密度 |
| III | 显著扰动 | 土类定名、含水量 |
| IV | 完全扰动 | 土类定名 |

### （二）取样方法、取样工具和取样要求

钻孔取样，采用钻孔取土器。

1.取土器基本技术参数

取土器的取土质量，首先取决于取样管的几何尺寸和形状。目前，国内外钻孔取土器有贯入式和回转式两大类，其尺寸、规格不尽相同。

2.贯入式取土器

采用贯入式取土器取样时，采用击入或压入的方法将取土器贯入土中。这类取土器又可分为敞口取土器和活塞取土器两类。

3.回转式取土器

回转式取土器的基本结构与岩芯钻探的双层岩芯管相同，可分为单动和双动两类。

4.取样要求

（1）采取原状土样的钻孔，其孔径必须比取土器外径大一个等级。

（2）在地下水位以上应采用干法钻进，不得注水或使用冲洗液。

（3）在地下水位以下钻进应采用通气通水的螺旋钻头、提土器或岩芯钻头。

（4）尽量采用回转钻进，在采取原状土样的钻孔中，不宜采用振动或冲击方式钻进。

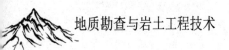

### （三）探井、探槽取样的一般要求

在探井、探槽中采取的原状土试样，宜用盒装。

取样时应整平取样处的表面，按土样容器净空处的轮廓，除去四周土体，形成土柱，套上容器边框，挖开土样根部，使之与母体分离，再颠倒过来削去根部多余土料。土样容器可用 $\phi 120mm \times 200mm$ 等规格。

# 第四节　岩土工程原位测试

原位测试也存在一定的局限性，例如各种原位测试具有严格的适用条件，若使用不当会影响其效果，甚至会得到错误的结论。与室内试验相比，原位测试成本和费用相对较高。

原位测试的方法有很多种，下面主要介绍几种常用的原位测试方法：静力载荷试验、静力触探试验、圆锥动力触探试验、标准贯入试验等。

## 一、静力载荷试验

### （一）静力载荷试验的概念、目的和试验类型

静力载荷试验简称载荷试验，就是在拟建建筑场地上，在挖至设计的基础埋置深度的平整坑底放置一定规格的方形或圆形承压板，在其上逐级施加荷载，测定相应荷载作用下地基土的稳定沉降量，分析研究地基土的强度与变形特性，求得地基土容许承载力与变形模量等力学数据。由此可见，静力载荷试验实际上是一种与建筑物基础工作条件相似而且直接对天然埋藏条件下的土体进行的现场模拟试验。所以，该方法用于对建筑物地基承载力的确定，比其他测试方法更接近实际，结果比较可靠，试验结果可直接用于工程设计。

地基静力载荷试验的目的有四个。

（1）确定地基土的承载力，包括地基的临塑荷载和极限荷载。

（2）推算试验荷载影响深度范围内地基土的平均变形模量。

（3）估算地基土的不排水抗剪强度。

（4）确定地基土基床反力系数。

载荷试验按试验深度分为浅层载荷试验和深层载荷试验，按承压板形状有平板和螺旋板之分，按用途可分为一般载荷试验和桩载荷试验，按载荷性质可分为静力载荷试验和动力载荷试验。这里主要讨论浅层平板静力载荷试验。

## （二）试验仪器设备

静力载荷试验的试验仪器设备有多种类型。试验设备由承压板、加荷系统和观测系统几个部分组成。

### 1.承压板

承压板的用途是将所施加的荷载均匀传递到地基土中。承压板多采用钢板制成，形状一般以方形和圆形为主。按照规定，浅层平板载荷试验，承压板的面积不应小于$0.25m^2$。实用中一般采用500mm×500mm的方形尺寸。

### 2.加荷系统

加荷系统的功能是向承压板施加所需的荷载。加荷方式可分为两种，即重物加荷和油压千斤顶反力加荷。目前最常用的是油压千斤顶反力加荷系统，施加的荷载通过与油压千斤顶相连的油泵上的油压表来测读和控制。加荷系统须配置地锚反力才能发挥作用。

### 3.观测系统

观测系统一般分为两个部分。

（1）压力观测系统。由于千斤顶的油压泵所配压力表可以指示所加的压力，因此一般不需要再专门设立压力观测系统，而仅需要利用油泵压力表的读数进行换算即可得到所施加的荷载大小。

（2）沉降观测系统。一般用脚手钢管构成观测支架，再在支架上安装观测仪表即可构成沉降观测系统，观测仪表有百分表和位移传感器两种。

## （三）静力载荷试验的技术要求（试验要点）

（1）静力载荷试验的试验地点布置在场地中有代表性的位置，浅层平板载荷试验的承压板的底部标高应与基础底部的设计标高相同。

（2）浅层平板载荷试验的试坑宽度或直径不应小于承压板宽度或直径的3倍。

（3）应避免试坑或试井底部的岩土受到扰动而破坏其原有的结构和湿度，并在承压板下铺设不超过2mm厚的中粗砂垫层找平。

（4）载荷试验加载方式应采用分级维持荷载沉降相对稳定法（常规慢速法）；当有地区经验时，可采用分级加载沉降非稳定法（快速法）或等沉降速率法；加载等级宜取10~12级，并不少于8级。每级荷载增量为预估极限荷载的1/10~1/8。当不易预估极限荷载时，可参考以下数值：软塑黏性土、粉土、稍密砂土15~25kPa，可塑—硬塑黏性土、粉土、中密砂土25～50kPa，坚硬黏性土、粉土、密实砂50～100kPa，碎石土、风化岩石100～200kPa。

（5）沉降板的沉降可采用百分表或电测位移计测量，其精度不应低于±0.1mm。

（6）对慢速法，当试验对象为土体时，每级加载后，间隔5min、5min、10min、10min、15min、15min测读一次沉降，以后每隔30min测读一次沉降，当连续两次出现每小时沉降≤0.1mm，可以认为沉降已达到稳定状态，可以施加下一级荷载。

（7）当出现下列情况之一时，可终止试验。

①承压板周围的土出现明显侧向挤出，周边岩土出现明显隆起或径向裂缝持续发展。

②本级载荷的沉降量大于前一级荷载下沉降量的5倍，荷载—沉降关系曲线出现明显陡降。

③某级荷载下24h沉降速率不能达到相对稳定标准。

④总沉降量与承压板的直径或宽度之比超过0.06。

## 二、静力触探试验

### （一）静力触探试验的含义、目的和基本原理

静力触探试验是把具有一定规格的圆锥形探头用静力（机械力）以一定的速率匀速压入土中，并测定探头阻力等参数的一种原位测试方法。由于贯入阻力的大小与土层的性质有关，因此通过测定贯入阻力，可以达到了解土层工程地质性质的目的。

瑞典正式使用静力触探试验，目前在我国已广泛应用。它的优点是具有勘探与测试的双重作用，测试连续、自动化，测试数据精度高、效率好、功能多、便于应用。

静力触探试验主要适合于黏性土、粉土和中等密实度以下的砂土等土质情况，测试深度80m以内。

静力触探的目的和作用主要有以下四个方面。

（1）根据贯入阻力曲线的形态特征变化幅度划分土层。

（2）评价地基土的承载力。

（3）估算地基土层的物理力学参数。

（4）选择桩基持力层、估算单桩承载力。

静力触探试验的基本原理是：通过一定的标准静力，将标准规格的圆锥形金属探头垂直均匀地压入土中，利用探头内的力传感器，通过电子量测仪器测定土层对探头的贯入阻力。由于贯入阻力的大小与土层的性质有关，因此通过测定贯入阻力，可以分析研究土层的工程地质性质。由于贯入阻力的机制较为复杂，因此目前根据贯入阻力仍用经验公式计

算土的物理力学参数。

## （二）试验设备

静力触探试验设备主要由三部分组成：一是探头，二是贯入装置，三是量测系统。

1.探头

目前常用的探头主要分为单桥探头、双桥探头和多用探头，前两者使用较多。

（1）单桥探头：在锥尖上部带有一定长度的侧壁摩擦筒，它只能测定一个触探指标，即比贯入阻力，它是总贯入阻力与锥尖底面积之比。

单桥探头精度相对较低。

（2）双桥探头：它是将锥尖与侧壁摩擦筒分开，因而能同时测定锥尖阻力和侧壁摩擦力。

（3）多用探头：又称孔压探头。它是将双桥探头再安装一个透水滤器和孔隙水压力传感器，可同时测定锥尖阻力、侧壁摩擦力和孔隙水压力。

2.贯入装置

贯入装置由以下两部分组成。

（1）给触探杆加压的压力装置。常见的压力装置有三种：手摇链条式、液压传动式、电动丝杆式。

（2）提供加压所需反力的系统。反力系统主要有两种：①利用旋入地下的地锚的抗拔力提供反力，通常情况下，单个地锚可提供10～30kN的抗拔力；②利用重物提供加压反力。目前，常见的是利用物探车的自重作为压重反力。

3.量测系统

通常，采用传感器和电子测试仪表测量贯入阻力。触探头在贯入土层的过程中其变形柱会随探头遇到的土阻力大小产生相应的变形，因此通过量测变形便可反算出土层阻力的大小。一般是通过贴在其上的应变片来测量的。应变计通过配套的测量电路及位于地表的读数和自动记录装置来完成整个过程。一般而言，自动记录装置可以绘制出贯入阻力随深度变化的曲线，因而可以直观地反映出土层力学性质随深度变化的情况。

## （三）静力触探试验的技术要求（试验要点）

（1）率定探头：求出地层阻力和仪表读数的关系，以得到探头率定系数，一般在室内进行。新探头或使用一个月后的探头都应及时进行率定。

（2）平整场地：现场测试前应平整场地，放平压入主机，使探头与地面垂直，下好地锚，固定压入主机。

（3）触探头应匀速垂直地压入土中，贯入速率为1.2m/min。

（4）深度记录误差不应大于触探深度的±1%。

（5）当贯入深度大于30m，或穿过厚层软土层再贯入硬土层时，应采取措施防止孔斜或触探杆断裂。

（6）孔压探头在贯入前，应在室内保证探头应变腔为已排除气泡的液体所充满，并在现场采取措施保证探头应变腔的饱和状态，直至探头进入地下水位以下的土层。

## 三、圆锥动力触探试验

### （一）圆锥动力触探试验的目的、原理和试验设备

圆锥动力触探试验简称动力触探或动探，是利用一定的落锤锤击动能，将一定尺寸、一定形状的圆锥探头打入土中，根据打入土中一定深度的难易程度（锤击数）来评价土的物理力学性质的一种原位测试方法。圆锥动力触探试验以落锤冲击力提供贯入能量，不像静力触探那样需要专门的反力设备，因此设备比较简单，操作也很方便。此外由于冲击力比较大，所以它的适用范围更加广泛，对于静力触探难以贯入的碎石土层及密实砂层甚至较软的岩石也可应用。

圆锥动力触探试验的目的和用途如下。

（1）可划分不同性质的土层，查明软硬土层分界面。

（2）定量估算地基土层的物理力学参数（如孔隙比、相对密度）。

（3）土的变形和强度参数，评定天然地基土的承载力和单桩承载力。

触探试验中，一般以打入一定距离（贯入度）所需落锤次数（锤击数）来表示土层贯入的难易程度。同样贯入深度条件下，锤击数越多，表明土层阻力越大，土的力学性质越好；反之，锤击数越少，表明土层阻力越小，土的力学性质越差。通过锤击数的大小就可以很容易定性地了解土的力学性质，再结合大量的对比试验和统计分析，就可以对土体的物理力学性质做出定量化的评价。

圆锥动力触探设备较为简单，主要由三部分组成：探头、穿心落锤、穿心锤导向杆。根据穿心锤的重量，可将圆锥动力触探试验分为轻型、重型和超重型动力触探试验。

### （二）圆锥动力触探试验的技术要求（试验要点）

（1）应利用钻机采用自动落锤装置，保持平稳下落。

（2）触探杆最大偏斜度不应超过2%，锤击贯入应保持连续进行，同时应保持锤击偏心，探杆倾斜和侧向晃动，保持探杆垂直度，锤击速率一般为15～30击/min。

（3）每贯入1m，宜将钻杆转动一圈半，当贯入深度超过10m，每贯入20cm宜转动钻杆一次。

（4）对锤重为10kg的轻型触探试验，测记贯入深度为30cm的锤击数；对锤重=63.5kg的重型和锤重=120kg的超重型触探试验，测记贯入深度为10cm的锤击数。

（5）为了减少探杆与孔壁的接触，探杆直径应小于探头直径，在砂土中探头与探杆直径之比应大于1.3。

（6）由于地下水位对锤击数与土的物理性质（砂土孔隙比等）有影响，因此应当记录地下水位埋深。

## 四、标准贯入试验

### （一）标准贯入试验的含义、目的和基本原理

标准贯入试验简称标贯，是利用一定的锤击动能（触探锤质量63.5kg，落距76cm），将一定规格的对开管式的贯入器（长度≥500mm，外径51mm，内径35mm）打入钻孔孔底的土中，根据打入土中的贯入阻力判别土层的变化和土的工程地质性质。贯入阻力用贯入器贯入土中30cm的锤击数$N_{63.5}$表示。标准贯入试验是原位测试中最常用的一种，它与重型圆锥动力触探试验的区别主要是探头不同，标准贯入试验的探头是由两个半圆筒组成的对开式空心圆柱管形，圆锥动力触探试验的探头是实心圆锥形的。标准贯入试验具圆锥动力触探试验具有的所有优点，另外它还可以通过贯入器采取扰动土样，可以对土层的颗粒组成情况进行直接鉴别，因而对于土层的分层和定名更为准确可靠。标准贯入试验一般结合钻探进行，国内一般都统一使用直径42mm的钻杆。

标准贯入试验的应用非常广泛，主要适用于砂土、粉土和一般黏性土。

标准贯入试验的目的和用途主要是：

（1）采取扰动土样，鉴别和描述土类，结合颗分试验结果给土层定名。

（2）判别饱和砂土、粉土的液化可能性。

（3）定量估算地基土层的物理力学参数（如判定黏性土的稠度状态、砂土相对密度）及土的变形和强度的有关参数，评定天然地基土的承载力和单桩承载力。

### （二）标准贯入试验的设备

与圆锥动力触探试验类似，标准贯入试验也是根据标准贯入器打入土中一定距离（30cm）所需要的锤击数（标贯击数）来表示土阻力的大小，并根据大量的对比试验资料分析进一步得到土的物理力学性质指标。

标准贯入试验设备由三部分构成：贯入器部分、穿心锤、穿心锤导向的触探杆。

## （三）标准贯入试验的技术要求（试验要点）

（1）标准贯入试验应采用回转钻进，钻至试验标高以上15cm时应停止钻进，清除孔底残土后再进行贯入试验。

（2）应采用自动脱钩的自由落锤装置，减小导向杆与锤间的摩擦力，避免锤击偏心和侧向晃动，保持贯入器、探杆、导向杆连接后的垂直度，锤击速率应小于30击/min。

（3）探杆最大相对弯曲度应小于1‰。

（4）正式试验前，应预先将贯入器打入土中15cm，然后记录打入30cm的锤击数，并以此作为标准贯入试验锤击数。当锤击数已达到50击，而贯入深度未达到30cm时，可记录50击的实际贯入深度，并按下式换算成相当于30cm贯入深度的标准贯入试验锤击数，并终止试验。

# 第十章
# 基坑支护工程的设计与分析

## 第一节　基坑支护设计的步骤

基坑支护的设计主要取决于方案的安全性和经济性，既能保证基坑开挖施工安全，又能充分发挥支护结构的材料性能，既节约造价，又方便施工、缩短工期，使得设计方案总体效益最佳。要做到这一点，设计人员必须根据实际情况，结合当地经验，因地制宜确定方案。

基坑支护设计应着眼于可行方案的筛选与优化，这是在基坑支护系统设计中需要重点考虑的。为了正确决策，设计者必须充分了解和分析现场的工程地质情况以及环境情况。根据基坑支护设计的特点和基本原则，对支护方案进行选择和优化。众多深大基坑支护的成功之处，就是结合实际、敢于创新、精心设计、信息管理、措施齐全，这也是衡量一个设计方案的标准。做好基坑支护设计需要依靠丰富的实践经验、高水平的设计能力以及创新精神。深基坑支护技术已是代表岩土工程设计水平的一项重要标志。

基坑支护是一个不断完善和动态的设计，其科学合理的步骤为：前期设计，现场监测、复核，依据实况修正、补充、调整。

动态设计的具体顺序如下。

（1）熟悉现场环境条件，研究勘察报告及地层土的物理性质和参数。

（2）依据岩土参数，分析作用于挡土结构上的土压力。

（3）提出几个初步方案，设计结构几何尺寸，定性评价安全性、可行性及优缺点。

（4）进行结构计算，定量得到支护结构内力、弯矩、位移，能否满足强度要求。

（5）进行整体稳定、抗滑、抗倾覆、抗隆起、抗管涌验算，能否达到安全标准。

（6）经济及环保效果比较，工期保证。

（7）择优比选，确定施工图支护结构的形式及配套设置等。

（8）制定切实有效的施工组织设计，落实质量保证体系。

（9）进行施工期间的监测、位移、应力、沉降等指标评价、研究。

（10）根据监测研究结果，评价现场即时的稳定性，预测下一工况发展趋势。

（11）根据不利的观测结果，如有必要修正事前设计参数，或做设计变更。在施工中，这种动态设计补充、完善是正常的、必要的，这是由基坑支护特性所决定的。

深大型基坑工程常常根据施工过程中的观测结果，积极修改、调整设计，所谓动态设计法，就是当出现与原预计相悖的情况或变化较大时，应根据现状，修正原定的设计。当然，如果地质勘察准确、设计方案圆满，没有出现意外的情况，则是我们追求的目标。

（12）经过以上反复过程，不断满足客观变化需要，最终完成设计目的。

# 第二节　支护结构设计内容

## 一、基坑支护设计的基本依据

（1）甲方委托任务书。

（2）国家及地方现行有关基坑支护的行业规范、规程和标准。

（3）地质勘察报告：场地的工程地质和水文地质特征；地下水分布指标。

（4）环境条件：场地及周围的建筑物、地下构筑物、管线、交通状况及水域状况。

（5）建筑物的基础结构及上部结构对基坑的要求；地区环境的特殊要求。

（6）基坑场地条件、地貌、红线位置、基坑的几何尺寸、深度、宽度范围等。

（7）周围地区已有基坑支护的特点、适用范围及开挖施工中的成功经验与失败教训。

## 二、基坑支护结构类型与破坏形式

### （一）非重力式支护结构

各类支撑、拉锚支护桩及连续墙等，这类支护系统的计算主要为结构强度破坏计算和整体稳定性计算。这类支护结构的破坏主要为结构件的破坏，其模式主要有以下六种。

（1）拉锚拔出或支撑压弯，土体侧压大，锚固力不足。

（2）支护桩弯曲，径长比小，抗弯度低。

（3）基坑底隆起，土质软弱，桩根嵌深不足。

（4）桩底滑动，被动土压力弱，桩嵌固浅。

（5）流砂管涌，地下水渗透，承压水头大，未截流。

（6）整体滑动失稳，嵌固桩长不够，超载。

## （二）重力式自立支护结构

土钉墙、喷锚护坡、深搅桩墙和旋喷桩墙属于此类，其特征是支护结构以原地岩土体为主，抵抗侧向土压力，破坏以岩土体的剪切和整体滑动破坏形式为主。

重力式挡土墙破坏模式主要有以下五种。

（1）倾覆破坏，嵌入深度不够，超载。

（2）整体滑动破坏，地层软弱，嵌入深度不够，超荷载。

（3）墙体水平滑动，自重量小，嵌入深度浅、基底未加固，被动土压力不足。

（4）墙体薄、抗剪强度低。

（5）墙体薄、抗弯强度低，墙背张拉破坏。

# 三、基坑工程设计

## （一）支护结构类型确定

基坑支护的类型选择是总体设计中最重要的内容，是根据设计依据、设计标准，既有技术、安全的考虑，又要在经济上衡量的综合决策过程，即基坑支护的类型确定主要取决于安全性和经济性。

首先从安全的角度出发，依据实际情况，选择支护类型。

软土地区，当基坑浅于7m时，在确定土体的可搅拌性后，用水泥搅拌桩重力式挡墙是一种比较经济的支挡方案。水泥搅拌桩可按格栅状排列，置换率控制在0.6~0.8，墙厚d为基坑深度H的0.6~0.8，嵌固深度z为0.8~1.2H。

当基坑深度在7~10m时，可考虑悬臂桩形式，悬臂支挡结构完全依靠桩体插入基坑一定深度来提供支撑，优点是提供较大的施工空间，比较经济、合理。但土层性质较差时，悬臂式支挡的侧向位移就会增大，要求桩的嵌入深度加长，桩的配筋量也相应加大，因此这种方案既不安全也不经济。

在不能拉锚和支撑的情况下，采用双排桩支挡也是常用的方法，它是由两排平行灌注

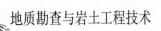

桩并用顶梁连结一体的框架结构，相对悬臂桩，抗弯强度及稳定性增加，侧向位移减少，桩的嵌入深度也并不像悬臂桩那么深。

双桩形式工程量较大，随着排距的加大，顶梁强度也需提高，工程中常看到顶梁的变形，失去框架结构作用，相对锚拉就不经济了。

板桩、柱列式排桩采用一道或多道水平拉锚，是目前最为安全、经济、成熟的支护方式，许多深大基坑都采用这种形式，它最大的优点在于能提供较大的作业面。在设计计算上，结构受力明确，可控性大，各种材料用量可根据安全系数取用。锚拉排桩的支护形式在场地条件允许时应优先考虑。

在场地受限、不能施工锚索的情况下，在锚拉平面上可用坑内支撑替代。

内支撑按平面布置形式有单向、斜撑、井字、桁架、圆环以及混合式等多种式样，一般来说，双向对撑布置对矩形基坑比较适合；角撑式布置传力路线短，只能用于面积较小，且平面形状接近于正方形的基坑；圆环式布置受力比较合理，材料用量省，土方自由作业面较大，一般只适合于圆形或正多边形的基坑平面，结构计算也比较复杂一些，选择的原则是：充分发挥圆形、椭圆形、抛物线和拱形杆件的力学功能，根据基坑的具体情形选用；混合式是上述形式的各种组合，具有更大的适应性。内支撑形式对土方作业及后续结构施工的限制不言而喻，但在城市建筑物密集的场地，是确保安全、行之有效的支持措施。

内支撑材料主要有现浇混凝土与钢管支撑。现浇混凝土支撑取材容易，结构整体刚度好，变形小，施工简单，但不便拆除。钢管支撑则装卸方便，强度可靠，易于控制位移，反复利用往往更为经济。在支撑设计时，第一道支撑宜用钢筋混凝土结构与支护桩的顶梁相连，可确保整体稳定性。如采用钢支撑，要充分考虑墙体可能产生较大的变形对邻近建筑物的影响，应在钢管间设置千斤顶，给杆件施加预应力调整位移。

实测表明：由于温度的变化，支撑往往产生很大的附加轴力，对钢筋混凝土支撑，温度的影响约为15%，收缩应力可高达8000kN/m'以上。因此，设计时要考虑温度的影响。对支撑结构，可加20%~30%的轴力作为安全储备。

目前大多数城市地区不允许管井降水、大面积降低水位，以免浪费水资源。基坑止水的方法最好采用防渗帷幕。采用水泥搅拌桩、旋喷桩或高压注浆等方法处理坑周及其下部土层，使之成为渗透系数极小的止水屏障，并有减小侧压的明显效果。由于水泥搅拌桩造价相对低廉，在软土地区应用较多。当水泥搅拌桩成桩困难或场地条件受限时，则可考虑旋喷或高压注浆。

## （二）支挡结构设计

### 1.桩径

支护形式确定后，下一步就是决定支护结构的几何尺寸：如计算桩长、桩径、桩间距。桩径的选择与成孔设备、基坑深度、弯矩大小有关。

在没有卵砾石等坚硬地层条件下，桩长在16m以内，采用φ600~φ800螺旋钻机最有效率。在有地下水条件下，并可采用水下边提钻边注混凝土，后插钢筋笼的技术；无水条件下，桩径1m以上，采用人工挖孔桩也非常有效。当存在坚硬地层同时富含地下水情况下，冲击型钻机较为合适，孔径800~1200，孔深可满足最深基坑要求，不足之处是产生大量泥浆，水下浇注混凝土工序相对繁杂，易出事故。

2.桩长

桩长的计算主要是确定嵌固深度，支护桩的嵌入深度也是决定支护系统整体稳定的关键，所以桩长的计算至关重要。嵌固深度$h_0$必须满足静力平衡条件，即$\Sigma F=0$，$\Sigma M=0$，安全系数1.2~1.5，按条分法整体稳定安全系数大于1.3。

嵌固深度与地层的抗剪强度密切相关，抗剪强度指标采用三种试验方法取得：固结排水剪（慢剪），抗剪强度值最大；不固结不排水剪（快剪），抗剪强度值最小；固结不排水剪（固结快剪），抗剪强度值居中。

## （三）构造与配筋

### 1.顶梁、锚桩梁

支护排桩顶部均有钢筋混凝土顶梁连接，顶梁的高度不小于400mm，宽度一般比桩宽100mm，以方便施工。在基坑拐角处，为加固排桩的稳定性，垂直相交的顶梁用一斜梁连接。不封闭的排桩一端，垂直桩轴线再布设两根桩，顶梁做一转折，起稳定排桩作用。

在有成排锚桩与支护排桩平行时，在锚桩顶部也应设置顶梁，使锚桩连为一体，减小因个别锚桩失效带来的危险。顶梁按构造配筋，混凝土强度不低于C20。

螺纹钢锚杆锚固在支护桩顶梁和锚桩顶梁内，锚固长度为锚杆的40d，并呈90°拐弯，与顶梁主筋平行连接。临时性支护体系的拉杆外露部分不必用砂浆包裹，用素土掩埋即可。

### 2.腰梁

腰梁（围檩）是围护结构与支撑结构的联系构件，其应满足抗弯抗压强度要求。腰梁分钢筋混凝土和钢结构两种类型，根据工期、材料、施工技术等不同要求选用。

钢筋混凝土腰梁整体刚度好、稳定不易变形，但施工耗时，浇注后保养周期较长；钢结构腰梁施工方便、省时，适合流水作业，周期较短，材料还可回收。

### 3.桩间防护

为防止桩间土渗水，造成水土流失，引起基坑周围塌陷、支护系统失稳，对桩间必须采取保护措施。保护措施主要有：桩间布置高压旋喷桩、深搅桩或利用灌浆法固结桩间土，开挖时及时进行挂铁丝网，抹水泥砂浆护面。

桩间防水以旋喷桩最好，适合于大多数地层，旋喷桩直径大于支护桩间净距，能与支护桩紧密结合，密封性好。而深搅桩仅适合于软黏土类地层，与支护桩不能接触，只有在桩后大面积连续布置才有效果。挂网抹灰处理应进行排水，将渗水管预埋在桩间土中，渗水管壁钻有10小孔，用土工布包裹。铁砂网需用钢钉固定。

# 四、位移变形分析

深基坑开挖不仅要求保证基坑本身的安全与稳定，还要有效地控制基坑周围地层的位移变形。在软土地区进行基坑开挖，往往会产生较大的变形，将严重影响基坑周围的环境。

在基坑工程设计中，原以结构强度控制设计，现在不仅要满足强度要求，还要以变形控制设计为主，因此基坑的变形分析就成为基坑工程设计中的一个重要组成部分。

## （一）基坑变形的分类

### 1.支护桩体的水平变形

当基坑初次开挖到第一层锚索（支撑围檩）下部，还未进行拉锚时，桩体处于悬壁状态，此时桩顶位移最大。锚索张拉后，随着基坑开挖深度的增加，下层锚索支护之前，桩顶位移缓慢增加，桩休暴露出的部分逐渐向基坑内突出。

在黏性土的深基坑施工中，由于黏性土的流变性，土体随暴露时间的延长而产生移动，在坑底被动区，会因坑底暴露时间过长而产生位移，特别在开挖到最后支撑前设计坑底标高后，如不及时支撑或浇筑底板，使基坑长时间暴露，这是基坑受力最极端的情况，被动压力区的土体受压强度达到最大，从而产生位移，引起支护桩外的土体向坑内位移，这便是桩体产生水平位移的原因。桩体的水平位移在桩顶与桩底是不一样的，表现在主动土压力与被动土压力的区别，同时也与荷载、支护体强度相关。

### 2.基坑底部的隆起

在开挖深度不大时，坑底为弹性隆起，当开挖达到一定深度且基坑较宽时，出现塑性隆起。由于垂直应力释放而引起的压缩土体回弹现象是普遍的，有时并未引起人们的注意，随着开挖、基底修整被忽略，这种正常的土体回弹一般不产生危害。而当基底隆起与支挡体系后面的土体有关，如压力传递形成不均衡状态，则是很危险的。基坑底部的隆起必然有支护体系的变形，尤其是桩体下部土体的绕动，因此基坑底部的隆起也是桩体变形的一种表现，根源在于支护体系没有起到承接主动上压力区的变形。

### 3.地表沉降

地表沉降与基坑开挖有直接关系，分两种情况。

（1）发生在地层较软弱而且支护体的入土深度不大时，桩底处产生较大的水平位移，桩后较远区域便出现地表的沉降。

（2）当支护桩有一定的入土深度，桩底处虽没有明显的水平位移，但由于锚索、支撑发生变位，引起桩体上部位移，也可引起附近的地表开裂或沉降。

由于基坑内外发生水力连通，造成基坑内涌水冒砂、桩墙外出现水土流失，形成空穴、地层结构松散，也会引起地表沉降，甚至突然的塌陷。地表沉降取决于地层的性质、基坑开挖深度、桩体嵌固深度以及地下水封闭条件等。

## （二）基坑变形的预测

目前对于基坑变形的重点分析还是放在围护结构的水平位移上，因为围护结构的水平位移是其他变形的根源。除理论计算、有限元模拟围护结构的水平位移外，工程上多以类比、反分析的方法进行预测。

### 1.工程类比法

工程类比法是将地质、围护结构、水文及其他条件相近似的基坑进行归纳总结，分析产生位移的主要因素，找出它们的因果关系，作为一种模式，用以比较拟建工程的条件，推测可能产生的变形。

首先是将位移与各种条件进行相关分析，将位移表示为下列元素的函数，可单因素分析，或是多因素分析，在单因素分析中，应注意主要因素以及关系的因次。

虽然实际中影响位移的因素复杂，应用各种简化的分析方法来解决复杂的关系存在一定的问题，一些理论方面的问题也迫切需要解决，但重要的是在于这种简化方法的有效性。用不同工程现场的测试数据，将得到不同的结果。当这些函数关系达到一定的统计量时，就可得到包络区，或是用最小二乘法得到一关系线。计算的结果还可以用经验系数加以修正，如考虑基坑分层开挖最大幅度时暴露的时间，以及基坑在开挖最深度时的持续时间等。

例如在软黏土条件下，工程实测得到的变形曲线虽然条件不同而呈多样性，但也有其共性，分析表明：

（1）当桩体插入深度较浅，插入比 $Z/h<0.5$（$Z$ 插入深度，$h$ 开挖深度）时，最大地表沉陷量比最大桩体水平位移量大。

（2）在桩嵌入较深（$Z/h>0.5$）的情况下，墙后地表沉降量比墙体水平位移量小。

（3）地面沉陷影响较远，最大可为基坑开挖深度的4倍。

理论计算表明，在桩底没有水平位移条件下，地表最大沉降近似于墙体最大水平位移，地表沉降的曲线与墙体挠曲的曲线基本相似。

有了类似上述统计的关系，下一步便是类比，将拟建工程的各种条件一一对号入座，得到一个推测值，如果这个值超出允许范围，那么就要改善相应的条件，诸如提高土的抗剪强度或加深桩的嵌固深度，以免出现可能的变形失控。

2.反演分析法

常规的分析方法是用已知力学参数来求解工程结构的应力与位移。然而，在岩土工程中，由于地质条件的复杂性，即使是通过现场勘探与实验室测试获得的参数也由于取样的数量、取样的局限性、测试的条件常常难以得到符合基坑开挖状态的参数结果，使得土样的物理力学参数可信度降低。在基坑支护工程中，正演分析是依据土的强度参数预测基坑开挖时产生的位移值，由于参数的不确定性，也就难以得到令人满意的结果，因而反演的分析方法得到了开展。

反演分析法是指在现场获得测量的位移、应力数据，以这些数据为已知量，通过选择合理的本构模型方法来反求土体的参数，当取得这些参数后，再用该参数去进行工程设计与计算。根据现场监测的位移去求土的强度参数，即为反演分析。

用反演分析法预测基坑变形是近十来年工程实践的结果，特别是在大型工程上，根据前期施工监测数据，通过反演分析预测后期变化趋势，已取得较好的成效。为了使测量数据与设计计算值相一致，必须以现场监测资料为依据，建立合理的位移反演分析模式，修正计算模型中原有的数值，用最近于实际的监测数据去反演土的力学参数，使计算结果与这次的实测数据相一致，这个修正后的参数就具有一定的可信度，再根据这个参数，通过计算预测下一施工阶段的变化状态。在下一施工阶段中又将得到一批数据，再用反算得到的参数预测下一工况，就可能与实际情况相吻合，并在不久可以和实测结果进行对比来验证参数的取值是否合理。如此反复对比、修改，形成观测、反演分析、再正算的循环方法。

反演分析法实施的首要条件就是对一些重要参数进行实地测量，基坑支护工程中最主要的数据就是基坑围护结构与支护周围土层的水平位移，基坑周边地面沉降、锚索拉力（支撑轴力）变化、支护桩内大弯矩段内的钢筋应力变化，以及附近建筑物的沉降、墙体裂缝、地下水位变化等。工程中常用的反演分析法是直接法，它采用最小二乘法原理，避免了测量误差的影响，这一分析方法在今后必将得到广泛的应用。

# 第三节 基坑控制地下水设计

## 一、基坑地下水的概念

地下水对基坑工程的危害，是我们面临的不可避免的严重问题，基坑工程中地下水引起坑壁坍塌、基坑失稳的事故所造成的周围地下管线和建筑物损坏的规模程度也令人惊骇，尤其是在地下水位较高、砂土或粉土地层，即便基坑开挖深度很浅，也可能发生基坑塌方、殃及四周的事故。有时基坑浅层底部下伏高水头承压含水层，若不采取措施，轻则冒水流砂，重则导致基底隆起破坏。在基坑开挖施工过程中，采用降排水或截水技术可以防范这类工程事故的发生。因此，控制地下水已成为基坑开挖施工的一项重要配套措施，也是基坑工程设计中的一项重要内容。

### （一）地下水流的动水压力性质

地下水分潜水和承压水两种。潜水即从地表算起第一层不透水层以上含水层中所含的水，这种水无压力，属于重力水。承压水即位于两个不透水层之间含水层中所含的水，如果水充满此含水层，水中就带有压力。

水压力的作用方向与水流方向相同，水流在水位差作用下对土颗粒产生向上的压力，当动水压力等于或大于土的浮容重时，土颗粒就会失去自重，处于悬浮状态，抗剪强度降为零，土颗粒就能随着渗流的水一起流动，这种现象称为流砂。

轻微的流砂现象可见部分细砂随着地下水一起穿过缝隙而流动，再发展就会发现有细砂缓缓冒起，冒出的水夹带着一些细砂颗粒在慢慢地流动。严重时流砂冒出速度很快，就像开水翻腾。整个土体虽然稳定，但细颗粒被水从粗颗粒之间带走，这种现象如任其发展下去，则孔隙扩大，水的实际流速增高，稍粗颗粒也会被带走，孔道不断扩大、加深，最终就会造成严重破坏，发生在基坑内，就会使基坑底部失稳。

### （二）地下水的渗透系数

渗透系数是描述土层介质渗透性的指标之一，是计算水井涌水量的重要参数。水在介质中的流量以下式表述。

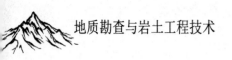

$$Q = V\omega = KI\omega = K\frac{h_2 - h_1}{L}\omega \qquad (10-1)$$

式中：$K$——渗透系数；

$V$——渗流速度（m/s）；

$\omega$——过水断面（m）；

$h_1$、$h_2$——水头高度（m）；

$L$——流程（m）。

水在土中的流动称为渗流，并非过水断面全部过水，水仅在空隙间流动，因此地下水的实际渗流速度大于用于计算的速度$V$。水点运动的轨迹称为流线。水在流动时如果流线互不相交，这种流动称为层流。水在土中运动的速度一般不大，这种流动属于层流。从达西定律$V=KI$可以看出渗透系数的物理意义，即水力坡度$I$等于1时的渗透速度$V$即为渗透系数$K$。水力坡度$I$表示水两点间的水头压力差与这两点间流程的比值，某介质的渗透系数$K$越大，水在这一介质内的渗透速度$V$就越大。

土的渗透性取决于土的形成条件、颗粒级配、胶体颗粒含量和土的结构等因素。

## 二、涌水量计算

### （一）潜水完整井抽水公式

单井涌水量计算是以法国水力学家裘布依提出的水井理论为基础。该水井理论的基本假定是：抽水井壁内外水头上、下一致，在半径为$R$的圆柱面上保持常水头，抽水前地下水水力坡度为零；对于承压水，顶板、底板是隔水的，对于潜水，底板是隔水的，含水层是匀质水平的。

平面图上的流线是以向中心方向的一些直线来表示，等水压面是一些正交于流线的曲线。在剖面图上，流线是一系列曲线，这些曲线向上面时接近于降落曲线，而向下面时则接近平行于不透水层基线面，将垂直的圆柱面作为水流的横剖面，按达西定律直线渗透法则，取不透水层基底为$X$轴，井轴为$Y$轴，取过水流断面为$\omega$：

$$\omega=2\pi xy \qquad (10-2)$$

式中：$\omega$——过水流的横断面，为垂直圆柱面，m；

$x$——由井中心至断面距离，m；

$y$——由不透水层到x处曲线上的高度，m。

涌水量为：

$$Q = 1.366 \frac{H^2 - h^2}{lg \frac{R}{r}} = 1.366 \frac{(2H - s)s}{lg \frac{R}{r}} \qquad (10\text{-}3)$$

式中：$Q$——井的涌水量，m；

$s$——水位降深，m；

$H$——含水层厚度，m；

$h$——过滤器进水部分长度，m；

$r$——井的半径，m；

$R$——井的影响半径，m。

水井根据其井底是否到达不透水层分为完整井与非完整井，井底到达不透水层的称为完整井，达不到隔水层的为非完整井。根据地下水有无压力，水井又有承压井与无压井之分。公式（10-3）为无压完整井的涌水量计算公式，在基坑降水中经常运用到此公式来计算潜水完整井的涌水量。

## （二）承压水完整井抽水公式

对于承压水井，如果地下水的运动为层流，含水层上下两个不透水层是水平的，含水层厚度为M，且井中水深H>M时，在水平而均质的含水层中，当均匀地在井内抽水时，井中水位下降，使抽水井周围的地下水流向井中，经过一定时间后，井周围水位形成向井弯曲的降落曲线，曲线渐趋稳定，形成降落漏斗。

降落漏斗具有规则形状的旋转面，其中心轴与井轴相重合，垂直剖面为抽后的降落曲线，在水平剖面上则为形状规则的同心圆，也即降落漏斗范围内的水压面的等压线。根据完整井稳定流的裴布依公式，抽水井流量为：

$$Q = 2.73 \frac{K \cdot M \cdot s}{lg \frac{R}{r}} \qquad (10\text{-}4)$$

式中：$K$——渗透系数；

$s$——水位降深，m；

$M$——含水层厚度，m；

其他符号同前。

# 三、井点的形式及适用范围

人工降低地下水位常用井点降水的方法。井点降水法是在基坑的内部或其周围埋设深于坑底标高的井点，所有井点进行集中抽水，达到降低地下水位的目的。

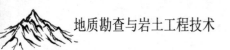

目前常用的降水井形式有：轻型井点、喷射井点、电渗井和管井、辐射井等。基坑降水可按施工场地条件、土体性质和工程要求选用降水井形式。

## （一）轻型井点

单级轻型井点适合基坑降水深度小于5m的情况，如要求降水深，需多级布置，轻型井点降低地下水，是在基坑外围以2~3m的间距埋入下端为滤管的井管，井管深入含水层内，在地面上用水平铺设的集水总管将各井管连接起来，接上真空泵或离心泵后，启动抽水设备，地下水便在真空泵吸力的作用下，经滤水管进入井管和集水总管，排出空气后，由离心水泵的排水管排出，使地下水位降低到基坑底以下。

基坑窄而长时，可按线状井点布置，如基坑宽度不大于6m，水位降低又不大于5m时，可用单排井点，布置在地下水流的上游一侧。如基槽宽度大于6m，宜用双排线状井点。面积较大的矩形基坑则要围住基坑布井点，井管距离基坑壁一般不小于1m，井管的埋设深度按式（10-5）计算：

$$H \geqslant H + h + iL \qquad (10-5)$$

式中：$H$——井管埋设面至基坑底的距离，m；

$h$——基坑轴线上降低后的地下水位至基坑底的距离，一般不小于1.0m；

$i$——基坑地下水降落坡度，环状井点为1/10，单排线状井点为1/5；

$L$——井管至基坑边线的水平距离，m。

轻型井点系统由井管、连接管、集水总管及抽水设备等组成。轻型井点法适用于渗透系数为0.1~5.0m/d的土，对土层中含有大量的细砂和粉砂层特别有效，可以防止流砂现象和增加土坡稳定。本法具有机具设备简单、使用灵活、装拆方便、降水效果好、降水费用较低等优点。

## （二）喷射井点

喷射井点的主要工作原理是用高压泵输入水流，经输水导管向下压到喷嘴，在喷嘴处由于截面缩小，流速骤增到极大，水流以此流速冲入混合室中。由于喷嘴处流速增加，水流中的压力相应减低，从而达到一定的真空度，大气压力则与地下水流混合而产生水气混合体，同时混合室的截面积逐渐增加，水流速渐低，最后以正常的速度流出井点。工程施工中，常用的喷射井点可分为喷水井点和喷气井点两种，其设备主要由喷射井点、高压水泵或高压气泵和管路系统组成。前者以压力水为工作源，后者以压缩空气为工作源。当基坑开挖较深，降水深度要求大于6m，而且场地狭窄，不允许布置多级轻型井点时，宜采用喷射井点降水。其一层降水深度可达10~20m。适用于渗透系数为3~50m/d的砂性土层。

## （三）管井

管井降水系统由井管和抽水设备组成。井管由实管和花管（过滤管）两部分组成。井管常为铸铁管、混凝土管、塑料管等。

根据不同降水深度要求选用水泵。当水位降深要求在7m以内时，可用离心式水泵；若降深大于7m，可采用不同扬程和流量的深井潜水泵。

管井适用于轻型井点不易解决的含水层水量大、降水深的场合，当土粒较粗、渗透系数很大，透水层厚度也大时，采用深井点较为适宜。其优点是降水的深度大、范围也大，因此可布置在基坑施工范围以外，使其排水时的降落曲线达到基坑之下。

管井的布置是围绕开挖的基坑每隔一定距离（15～30m）设置一个管井，每个管井单独用一台水泵进行抽水，以降低地下水位，适用于土渗透系数较大（K=20～200m/d）、地下水丰富的土层。

管井的井管口径较大，在350～500mm间，因此钻孔口径在600mm以上，保证井管外围有10cm厚的砂砾过滤层。一般采用冲击钻或回转钻成孔，泥浆钻进，深度可达数十米，经过下管、填滤料、洗井等工序才能完成一个单井。

实际降水工程中，单井情况比较少见，通常都是利用井群抽水。当井群中各井之间的距离小于单井的影响半径时，彼此间的降深和流量就会发生干扰。干扰的表现是：同样降深时，一个干扰井的流量比它单独工作时的流量要小。欲使流量保持不变，则在干扰情况下，每个井的降深就要增加。也就是说，干扰井的降深大于同样流量未发生干扰时的水位降深。干扰的程度，除受含水层性质、补给和排泄条件等自然因素影响，还要受井的数量、间距、布井方式等因素的影响。

基坑降水不同于工农业取水，为合理开发地下水而拉开井距，避免干扰，基坑降水的目的在于尽量降低水位，因此，井距安排上不是以小于影响半径为准，而是以干扰后叠加的降深低于基坑为准，一般井深约为基坑深度的两倍，或深到基坑面下的含水层底部。

在渗透系数较大的砂层中降水，虽然流量大，下降漏斗深，在没有发生流砂的情况下，较少引起地面突然下陷，但长期抽水，必然引起区域水位下降、地面缓慢下沉。而且大量抽取地下水是极大的浪费，随着建设文明的提高，大多数工程已采用截流的方法。

## （四）辐射井

常规意义上将口径2m以上的井称为大口井，大口井的出水量并不随井的半径增加而呈线性增加，公式（10-3）表示出水量Q与井半径r的关系：Q=f[lg（R/r）]，以增加井的半径达到增加出水量的方法是不经济的。

辐射井水泥管直径3m，壁厚150mm，配构造筋，井壁不透水，每节2m高，底管封闭。采用回转钻成孔，飘浮式下管，成井后管周回填固化。井中安放水平钻机，采用顶压套管水力冲孔，可以在砂质、粉质黏土类地层成孔，孔径89mm，最长孔达70m。在套管中安置p60软塑料波纹滤管，然后拔出套管。波纹滤管凹槽内有孔，外缠尼龙丝绳，阻止微小的粉细砂进入。

辐射井技术是以大口井为集水井，向四周辐射出多层、多根水平滤水管，将井的进水半径扩大数十倍。

深大基坑、粉土类含水地层用轻型井点法降深不够，用管井影响半径小，且易流砂淤井。辐射井最适合于渗透系数K<0.5m/d，影响半径R<20m的地层，基坑降水深度大的状况。根据需要，水平滤水管可设置在任意标高、任意位置，甚至是局部降水。例如首都机场地下停车库，基坑面积2万平方米，深15m和21m，为粉质黏土类，下伏细砂地层，管井仅能降低井周有限范围内的地下水，而大部分基坑地下水排不出来。首都机场地下停车库运用10眼辐射井，将3层水平滤水管打入基坑底部，总出水量300m³/h，使问题得以解决。

### （五）其他类型的井

当不透水层或弱透水层基坑底下为承压水层时，开挖后上覆土压力减小，下伏的承压水压力可能使基坑底隆起或产生流砂现象。在基坑内或坑周布设减压井，可减除承压水的压力，使承压水头降低到安全水平。在工程降水过程中，由于地下水位降低，会使降水区域产生不均匀沉降，影响到周围建筑物。为了尽量减少土层的沉降量，常在降水的同时，采用在降水井与外围建筑物间设置回灌井的办法保持外围的地下水水位不变，以达到保护周围环境的目的。

## 四、基坑控制地下水设计内容

### （一）确定控制地下水方法

基坑工程开挖深度超过地下水位，必然要考虑基坑降水问题。首先要确定的是控制地下水方法。在选择方法上，主要是按颗粒粒度成分、渗透系数和降水深度确定控制方法，一般中粗砂以上粒径的地层用堵截法，中砂和细砂颗粒的地层用井点法和管井法，淤泥或黏土类地层用真空法和电渗法。要选取经济合理、技术可靠、施工方便的控制地下水方法必须经过充分调查，并应注意以下几个方面。

（1）地下水的类型、含水层埋藏条件及其水位、水压、透水性、动态规律。

（2）含水层的补给、径流、排泄条件；含水层的水文地质参数。

（3）基坑场地周围地下水及与附近大型地表水源的关系。

（4）基坑支护结构类型、开挖深度、尺寸，基坑周围建筑物与地下管线基础情况。

## （二）降水设计

1.设计内容

（1）确定降水井类型。

（2）系统设计：确定降水井点的数量、井群的布置、孔径、间距、井深、滤料、洗井、单井出水量、总排流量、配管、配泵、基坑水位降深效果。

（3）水位与地表沉降监测、环境安全评价。

2.设计方法

（1）降水井的布置原则。降水井布设要考虑场地的水文地质、工程地质条件，基坑围护结构形式，基坑平面尺寸及槽深，邻近建筑物的安全要求等确定。

一般均选择在基坑外缘采用封闭式布置，在地下水补给一侧还应适当加密，管井间距应大于15倍的井管直径，管井成孔直径一般选择600~700mm，井间距应大于10m。轻型井点成孔直径一般选择300~400mm，井点间距2~3m。降水井的深度应根据设计降水深度、含水层的埋深和降水井的出水能力确定。设计管井降水深度应在基坑底面以下至少1m。

（2）基坑总涌水量。基坑总涌水量公式：

潜水完整井：

$$Q = \frac{1.366K(2H - S)S}{\lg[(R + r_0) / r_0]}$$

（10-6）

承压水完整井：

$$Q = \frac{2.73KMS}{\lg[(R + r_0) / r_0]}$$

（10-7）

式中：$Q$——基坑计算涌水量，m³/d；

$K$——含水层渗透系数，m/d，若为相近的多层含水层可取加权平均值；

$H$——潜水含水层总厚度，m；

$M$——承压水含水层厚度，m；

$S$——设计水位降深，m；

$R$——影响半径，m；

$r_0$——基坑中心到基坑边缘井中心距离。

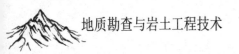

## （三）管井结构

（1）管井钻孔方式、直径应根据地层性状、可用钻具选取，一般钻孔口径要大于井管200mm，井管应根据含水层的富水性、井深、水泵性能及经济对比后选取，铸铁管强度大，施工安全，适合服务周期长、深度大的井。而水泥管适合于短期、深度小的管井，但施工时应注意接管质量，避免脱节、折曲、碰撞，造成井管破裂进砂。

（2）井管底部作为沉砂管的长度不宜小于3m，井管内径应大于预装潜水泵外径50mm。

（3）钢制、铸铁和钢筋骨架过滤器的孔隙率分别不宜小于30%、23%和50%，使用无纺土工布包裹滤水管效果也较好。

（4）井管外滤料宜选用磨圆度较好的硬质岩石，不宜采用棱角片状石渣料、风化料或其他黏质石料。

## 五、基坑截水

随着基坑深度的加大，不但从技术上大幅度降低水位存在困难，从保护环境的现代观念上，也要求深基坑工程应更多地采用截水技术，即基坑全封闭隔离地下水，不改变基坑周围地下水状态，不但保证基坑干作业，而且也保证周围建筑物及设施的安全。事实也是如此，如国家大剧院、城市地铁、核电等重大工程都采用了截水技术，将环境问题放在很重要的位置上。

截断地下水可以是独立的工程，如防渗帷幕、钢板桩围堰，也可以和支护结构合二为一，如深搅桩重力墙、地下连续墙、支护桩+旋喷桩等。

竖向截水帷幕的形式有两种：一种为帷幕墙底插入下伏隔水层，为完全隔水状；另一种因含水层相对较厚，帷幕墙底未到隔水层，悬挂在透水层中。作防渗计算时，前者只需计算通过防渗帷幕的水量，后者还需考虑绕过帷幕底涌入基坑的水量，并采用其他方法控制坑内渗漏。

采用地下连续墙或隔水帷幕隔离地下水，一般要求插入含水层下的隔水层2～3m，帷幕渗透系数宜小于$1.0 \times 10^{-7}$cm/s。地下连续墙内外宜设观测孔，测量水位，以鉴别隔水效果。

兼作支护的地下连续墙、深搅桩重力墙，除进行抗倾覆、整体稳定性验算外，还需进行基底渗流稳定、隆起验算。

# 第四节 基坑监测

## 一、概述

基坑工程是一门实践性很强的学科。由于地质条件可能与设计采用的土的物理、力学参数不符，且基坑支护结构在施工期和使用期可能出现土层含水量、基坑周边荷载、施工条件等自然因素和人为因素的变化，而且现阶段各种计算模型都存在较大的局限性，因此，基坑工程的理论计算结果与实测数据往往有较大差异，在工程设计阶段就准确无误地预测基坑支护结构和周围土体在施工过程中的变化是不现实的，施工过程中如果出现异常，且这种变化又没有被及时发现并任其发展，后果将不堪设想。

在这方面，基坑监测技术显示了极大的优势。大量工程实践表明，多数基坑工程事故是有征兆的，不论基坑是安全还是隐患状态，都会在监测数据上有所反映。通过基坑监测可以及时掌握支护结构受力和变形状态以及基坑周边受保护对象变形状态是否在正常设计状态之内，当出现异常时，以便采取应急措施。基坑监测是预防不测，保证支护结构和周边环境安全的重要手段。

开展基坑工程现场监测的目的主要为：

（1）为信息化施工提供依据。监测成果是现场施工工程技术人员作出正确判断的依据。通过监测随时掌握岩土层和支护结构内力、变形的变化情况以及周边环境中各种建筑、设施的变形情况，将监测数据与设计值进行对比、分析，以判断上一步施工是否符合预期要求，确定和优化下一步施工工艺和参数，以此达到信息化施工的目的。

（2）为基坑周边环境中的建筑、各种设施的保护提供依据。通过对基坑周边建筑、管线、道路等的现场监测，验证基坑工程环境保护方案的正确性，及时分析出现的问题并采取有效措施，以保证周边环境的安全。

（3）为优化设计提供依据。基坑工程监测是验证基坑工程设计的重要方法，设计计算中未曾考虑或考虑不周的各种复杂因素，可以通过对现场监测结果的分析、研究，加以局部的修改、补充和完善，因此基坑工程监测可以为动态设计和优化设计提供重要依据。

（4）监测工作是发展基坑工程设计理论的重要手段。对任何一个基坑工程实施监测，从某种意义上说，都是一次1∶1的工程实体试验，所取得的数据是支护结构和周边土层在施工过程中的真实反映，是各种复杂因素影响和作用下基坑系统的综合体现。进行现场实测和数据分析，对于认识和把握基坑工程的时间和空间效应非常重要。

工程实践中，基坑工程的监测一般是在设计阶段由设计方提出监测项目、监测频率和监测报警值，在支护施工和土方开挖过程中，由专业监测单位根据设计要求和周边条件制定监测方案并开展现场监测。

## 二、基坑监测的特点

基坑工程监测具有以下特点。

### （一）时效性

普通工程测量一般没有明显的时间效应，基坑监测通常是配合降水和开挖过程，有鲜明的时间性。测量结果是动态变化的，因此，深基坑施工中监测需随时进行，在测量对象变化快的关键时期，可能每天需进行数次。

基坑监测的时效性要求对应的方法和设备具有数据采集快、全天候工作的能力，甚至适应夜晚或大雾天气等严酷的环境条件。

基坑监测的时效性决定了基坑监测的频率，它要求基坑监测必须有足够高的频率，观测必须是及时的，应能及时捕捉到监测项目的重要发展变化情况，以便对设计与施工进行动态控制，纠正设计与施工中的偏差，保证基坑及周边环境的安全。

### （二）高精度

普通工程测量中误差限值通常在数毫米，例如60m以下建筑物在测站上测定的高差中误差限值为2.5mm，而正常情况下基坑施工中的环境变形速率可能在0.1mm/d以下，要测到这样的变形精度，普通测量方法和仪器不能胜任，因此，基坑施工中的测量通常采用一些特殊的高精度仪器。

### （三）等精度

基坑施工中的监测通常只要求测得相对变化值，而不要求测量绝对值。例如，普通测量要求将建筑物在地面定位，这是一个绝对量坐标及高程的测量，而在基坑侧壁变形测量中，只要求测定侧壁相对于原来基准位置的位移即可，侧壁原来的位置（坐标及高程）可能完全不需要知道。

由于这个鲜明的特点，使得深基坑施工监测有其自身规律。例如：普通水准测量要求前后视距相等，以清除地球曲率、大气折光、水准仪视准轴与水准管轴不平行等多项误差，但在基坑监测中，受环境条件的限制，前后视距可能根本无法相等。这样的测量结果在普通测量中是不允许的，而在基坑监测中，只要每次测量位置保持一致，即使前后视距相差悬殊，结果仍然是完全可用的。

因此，基坑监测要求尽可能做到等精度，使用相同的仪器，在相同的位置上，由同一观测者按同一方案施测。

## 三、监测实施范围、对象及方法

### （一）基坑工程监测实施范围

基坑支护结构以及周边环境的变形和稳定与基坑的开挖深度有关，相同条件下基坑开挖深度越深，支护结构变形以及对周边环境的影响越大；基坑工程的安全性还与场地的岩土工程条件以及周边环境的复杂性密切相关。因此，对于开挖深度大于等于5m或开挖深度小于5m但现场地质情况和周围环境较复杂的基坑工程必须进行监测，考虑到基坑工程施工涉及市政、公用、供电、通信、人防及文物等管理单位，对于各地各部门规定应进行监测的基坑工程也应实施监测。

### （二）监测对象

基坑工程应对支护结构、地下水状况、基坑底部及周边土体、周边建筑、周边管线及设施、周边重要的道路等周边环境以及其他应监测的对象进行现场监测。其中，支护结构包括围护墙、支撑或锚杆、立柱、冠梁和围凛等；地下水状况包括基坑内外原有水位、承压水状况、降水或回灌后的水位；基坑底部及周边土体指的是基坑开挖影响范围内的坑内、坑外土体；周边建筑指的是在基坑开挖影响范围之内的建筑物、构筑物；周边管线及设施主要包括供水管道、排污管道、通信、电缆、煤气管道、人防、地铁、隧道等工程；周边重要的道路是指基坑开挖影响范围之内的高速公路、国道、城市主要干道和桥梁等；此外，根据工程的具体情况，可能会有一些其他应监测的对象，由设计和有关单位共同确定。

从基坑边缘以外1~3倍基坑开挖深度范围内需要保护的周边环境均应作为监测对象。必要时尚应扩大监测范围。

### （三）监测方法

基坑工程的现场监测应采用仪器监测与巡视检查相结合的方法，多种观测方法互为补充、相互验证。仪器监测可以取得定量的数据，进行定量分析；以目测为主的巡视检查更加及时，可以起到定性、补充的作用，从而避免片面地分析和处理问题。例如观察周边建筑和地表的裂缝分布规律、判别裂缝的新旧区别等，对于我们分析基坑工程对临近建筑的

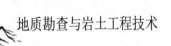

影响程度有着重要作用。

## 四、监测程序及要求

### （一）接受委托，现场踏勘，收集资料

基坑工程监测应由建设方委托具备相应资质的第三方实施。监测单位在接受委托后，应组织具体监测人员进行现场踏勘，了解建设方和相关单位的具体要求，收集和熟悉岩土工程勘察资料、气象资料、地下工程和基坑工程的设计资料以及施工组织设计（或项目管理规划）等，按监测需要收集基坑周边环境各监测对象的原始资料和使用现状等资料，必要时可采用拍照、录像等方法保存有关资料或进行必要的现场测试取得有关资料。另外，通过现场踏勘，应复核相关资料与现场状况的关系，确定拟监测项目现场实施的可行性，同时了解相邻工程的设计和施工情况。

### （二）制订监测方案

监测单位应编制监测方案。

在基坑工程设计阶段应该由设计方提出对基坑工程进行现场监测的要求。但由设计方提出的监测要求，并非一个很详尽的监测方案。监测单位应依据设计方的要求编制出合理的监测方案。监测方案需经建设方、设计方、监理方等认可，必要时还需与基坑周边环境涉及的有关管理单位协商一致后方可实施。

监测方案应包括下列内容：工程概况、建设场地岩土工程条件及基坑周边环境状况、监测目的和依据、监测内容及项目、基准点、监测点的布设与保护、监测方法及精度、监测期和监测频率、监测报警及异常情况下的监测措施、监测数据处理与信息反馈、监测人员的配备、监测仪器设备及检定要求、作业安全及其他管理制度。

对于地质和环境条件复杂、临近重要建筑和管线，以及历史文物、优秀近现代建筑、地铁、隧道等破坏后果很严重、已发生严重事故，重新组织施工的、采用新技术、新工艺、新材料、新设备的一、二级基坑工程等的监测方案应进行专门论证。

### （三）监测点设置验收，设备、仪器校验和元器件标定

监测点的设置完成后应组织建设、监理以及基坑支护施工单位及相关人员进行监测点的验收。同时，应对监测拟使用的设备、仪器进行校验，对元器件进行标定，确认所使用的设备、仪器性能能满足监测精度要求。

## （四）现场监测

监测单位应严格依据监测方案进行监测，为基坑工程实施动态设计和信息化施工提供可靠依据。实施动态设计和信息化施工的关键是监测成果的准确、及时反馈，监测单位应建立有效的信息处理和信息反馈系统，将监测成果准确、及时地反馈到建设、监理、施工等有关单位。当监测数据达到监测报警值时监测单位必须立即通报建设方及相关单位，以便建设单位和有关各方及时分析原因、采取措施。建设、施工等单位应认真对待监测单位的报警，以避免事故的发生。

当基坑工程设计或施工有重大变更时，监测单位应与建设方及相关单位研究并及时调整监测方案。

## （五）现场监测工作结束后，提交完整的监测资料

监测结束阶段，监测单位应向建设方提供基坑工程监测方案、测点布设、验收记录、阶段性监测报告以及监测总结报告等资料，并按档案管理规定，组卷归档。其中，监测方案应是审核批准后的实施方案，测点的验收记录应有建设方和监测方相关责任人的签字，阶段性监测报告可以根据合同的要求采用周报、旬报、月报或者按照基坑工程的形象进度而定，在结束阶段监测单位还应完成对整个监测工作的总结报告，建设方应按照有关档案管理规定将监测竣工资料组卷归档。另外，监测过程的原始记录和数据处理资料是反映当时真实状况的可追溯性文件，监测单位也应归档保存。

# 五、监测项目、频率及报警值

监测项目、监测频率和监测报警值一般是在基坑工程设计阶段由设计方提出。

## （一）监测项目

基坑工程的监测项目应与基坑工程设计、施工方案相匹配。应针对监测对象的关键部位，做到重点观测、项目配套并形成有效、完整的监测系统。

1.规程JGJ 120-2012要求

《建筑基坑支护技术规程》（JGJ 120-2012）规定：因支护结构水平位移和基坑周边建筑物沉降能直观、快速反映支护结构的受力、变形状态及对环境的影响程度，安全等级为一级、二级的支护结构均应对其进行监测，且监测应覆盖基坑开挖与支护结构使用期的全过程。根据支护结构形式、环境条件的区别，其他监测项目应视工程具体情况选择，并要求选用的监测项目及其监测部位能够反映支护结构的安全状态和基坑周边环境受影响的程度。

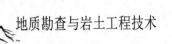

**2.巡视检查项目**

《建筑基坑工程监测技术标准》（GB 50497–2019）要求巡视检查项目如下。

在基坑工程的施工和使用期内，应由有经验的监测人员每天对基坑工程进行巡视检查。基坑工程施工期间的各种变化具有时效性和突发性，加强巡视检查是预防基坑工程事故非常简便、经济而又有效的方法。

巡视检查以目测为主，可辅以锤、钎、量尺、放大镜等工器具以及摄像、摄影等设备。

基坑工程巡视检查宜包括以下内容。

（1）支护结构：包括支护结构成型质量，冠梁、围凛、支撑有无裂缝出现，支撑、立柱有无较大变形，止水帷幕有无开裂、渗漏，墙后土体有无裂缝、沉陷及滑移，基坑有无涌土、流砂、管涌。

（2）施工工况：开挖后暴露的土质情况与岩土勘察报告有无差异，基坑开挖分段长度、分层厚度及支锚设置是否与设计要求一致，场地地表水、地下水排放状况是否正常，基坑降水、回灌设施是否运转正常，基坑周边地面有无超载。

（3）周边环境：周边管道有无破损、泄漏情况，周边建筑有无新增裂缝出现，周边道路（地面）有无裂缝、沉陷，邻近基坑及建筑的施工变化情况。

（4）监测设施：基准点、监测点完好状况，监测元件的完好及保护情况，有无影响观测工作的障碍物。

（5）根据设计要求或当地经验确定的其他巡视检查内容。

基坑工程监测是一个系统，系统内各项目的监测有着必然的、内在的联系。基坑在开挖过程中，其力学效应是从各个侧面同时展现出来的，例如支护结构的挠曲、支撑轴力、地表位移之间存在相互间的必然联系，它们共存于同一个基坑工程。限于测试手段、精度及现场条件，某一单项的监测结果往往不能揭示和反映基坑工程的整体情况，必须形成一个有效、完整、与设计、施工工况相适应的监测系统并跟踪监测，才能提供完整、系统的测试数据和资料，才能通过监测项目之间的内在联系进行准确的分析、判断，为优化设计和信息化施工提供可靠的依据。

**（二）监测频率**

**1.监测时限**

基坑工程监测是从基坑开挖前的准备工作开始，直至地下工程完成为止。地下工程完成一般是指地下室结构完成、基坑回填完毕，而对逆做法则是指地下结构完成。对于一些监测项目如果不能在基坑开挖前进行，就会大大削弱监测的作用，甚至使整个监测工作失去意义。例如，用测斜仪观测围护墙或土体的深层水平位移，如果在基坑开挖后埋设测斜管开始监测，就不会测得稳定的初始值，也不会得到完整、准确的变形累计值，使得监控报警难以准确进行；土压力、孔隙水压力、围护墙内力、围护墙顶部位移、基坑坡顶位移、地面沉降、建筑及管线变形等都是同样的道理。当然，也有一些监测项目是在基坑开挖过程中开始监测的，例如，支撑轴力、支撑及立柱变形、锚杆及土钉内力等。

一般情况下，地下工程完成就可以结束监测工作。对于一些临近基坑的重要建筑及管线的监测，由于基坑的回填或地下水停止抽水，建筑及管线会进一步调整，建筑及管线变形会继续发展，监测工作还需要延续至变形趋于稳定后才能结束。

2.监测频率

监测项目的监测频率应综合考虑基坑类别、基坑及地下工程的不同施工阶段以及周边环境、自然条件的变化和当地经验而确定。当监测值相对稳定时，可适当降低监测频率。

另外，目前有的基坑工程对位移、支撑内力、土压力、孔隙水压力等监测项目实施了自动化监测。一般情况下自动化采集的频率可以设置很高，因此，这些监测项目的监测频率可大大提高，以获得更连续的实时监测数据，但监测费用基本不会增加。

基坑监测频率不是一成不变的，应根据基坑开挖及地下工程的施工进程、施工工况以及其他外部环境影响因素的变化及时作出调整。一般在基坑开挖期间，地基土处于卸荷阶段，支护体系处于逐渐加荷状态，应适当加密监测；当基坑开挖完后一段时间、监测值相对稳定时，可适当降低监测频率。

当存在施工违规操作、外部环境变化趋向恶劣、基坑工程临近或超过报警标准、有可能导致或出现基坑工程安全事故的征兆或现象时，应加强监测，提高监测频率。须提高监测频率的情况有：

（1）监测数据达到报警值；

（2）监测数据变化较大或者速率加快；

（3）存在勘察未发现的不良地质；

（4）超深、超长开挖或未及时加撑等违反设计工况施工；

（5）基坑及周边大量积水、长时间连续降雨、市政管道出现泄漏；

（6）基坑附近地面荷载突然增大或超过设计限值；

（7）支护结构出现开裂；

（8）周边地面突发较大沉降或出现严重开裂；

（9）邻近建筑突发较大沉降、不均匀沉降或出现严重开裂；

（10）基坑底部、侧壁出现管涌、渗漏或流砂等现象；

（11）基坑工程发生事故后重新组织施工；

（12）出现其他影响基坑及周边环境安全的异常情况，当有危险事故征兆时，应实时跟踪监测。

### （三）监测报警值

**1.设置报警值的目的和类别**

监测报警是建筑基坑工程实施监测的目的之一，是预防基坑工程事故发生、确保基坑及周边环境安全的重要措施。监测报警值是监测工作的实施前提，是监测期间对基坑工程正常、异常和危险三种状态进行判断的重要依据，因此基坑工程监测必须确定监测报警值。

基坑工程监测报警值应由监测项目的累计变化量和变化速率值共同控制。基坑工程工作状态一般分为正常、异常和危险三种情况。异常是指监测对象受力或变形呈现出不符合一般规律的状态。危险是指监测对象的受力或变形呈现出低于结构安全储备、可能发生破坏的状态。累计变化量反映的是监测对象即时状态与危险状态的关系，而变化速率反映的是监测对象发展变化的快慢。过大的变化速率，往往是突发事故的先兆。例如，对围护墙变形的监测数据进行分析时，应把位移的大小和位移速率结合起来分析，考察其发展趋势，如果累计变化量不大，但发展很快，说明情况异常，基坑的安全正受到严重威胁。因此在确定监测报警值时应同时给出变化速率和累计变化量，当监测数据超过其中之一时即进入异常或危险状态，监测人必须及时汇报。

**2.报警值确定方法和要求**

实际工作中主要依据以下三个方面的数据和资料来确定报警值。

（1）设计结果：基坑工程设计人员对于围护墙、支撑或锚杆的受力和变形、坑内外土层位移、抗渗等均进行过详尽的设计计算或分析，其计算结果可以作为确定监测报警值的依据；

（2）工程经验类比：基坑工程的设计与施工中，工程经验起到十分重要的作用。参考已建类似工程项目的受力和变形规律，提出并确定本工程的基坑报警值，往往能取得较好的效果；

（3）相关规范标准的规定值以及有关部门的规定。

监测报警值应由基坑工程设计方根据基坑工程的设计计算结果、周边环境中被保护对象的控制要求并结合当地的工程经验确定，如基坑支护结构作为地下主体结构的一部分，地下结构设计要求也应予以考虑。

在确定变形控制的报警值时，基坑内、外地层位移控制应不得导致基坑的失稳，不得影响地下结构的尺寸、形状和地下工程的正常施工，对周边已有建筑引起的变形不得超过相关技术规范的要求或影响其正常使用，不得影响周边道路、管线、设施等正常使用并满足特殊环境的技术要求。

3.基坑及周边环境出现的危险情况

在工程实践中，基坑及周边环境出现的危险情况有：

（1）监测数据达到监测报警值的累计值；

（2）基坑支护结构或周边土体的位移值突然明显增大或基坑出现流砂、管涌、隆起、陷落或较严重的渗漏等；

（3）基坑支护结构的支撑或锚杆体系出现过大变形、压屈、断裂、松弛或拔出的迹象；

（4）周边建筑的结构部分、周边地面出现较严重的突发裂缝或危害结构的变形裂缝；

（5）周边管线变形突然明显增长或出现裂缝、泄漏等；

（6）根据当地工程经验判断，出现其他必须进行危险报警的情况。

当出现上述情况之一时，必须立即进行危险报警，通知建设、设计、施工、监理及其他相关单位对基坑支护结构和周边环境中的保护对象采取应急措施，保证基坑及周边环境的安全。

# 六、监测点布置

基坑工程监测点的布置应尽可能地反映监测对象的实际受力、变形状态及其变化趋势，因此，监测点应布置在内力及变形关键特征点上，以确保对监测对象的状况做出准确的判断。在监测对象内力和变形变化大的代表性部位及周边环境重点监护部位，监测点应适当加密，以便更加准确地反映监测对象的受力和变形特征。

为满足对监测对象监控的要求，各监测项目均应保证有一定数量的监测点。但基坑工程监测工作量比较大，又受人员、光线、仪器数量的限制，测点过多、当天的工作量过大会影响监测的质量，同时也将增加监测费用，因此，测点也不是越多越好。

监测标志应稳固、明显、结构合理。为了保证量测通视，减小转站引点导致的误差，应尽量减少在材料运输、堆放和作业密集区埋设测点。在布设围护结构、立柱、支撑、锚杆、土钉等的应力应变观测点时，测点标志不应影响结构的正常受力状态，不应降低结构的变形刚度和承载能力。管线的观测点布设不能影响管线的正常使用和安全。

位于地铁、隧道、重要管线、重要文物和设施、近现代优秀建筑等重要保护对象安全保护区范围内的监测点的布置，尚应满足相关部门的技术要求。

## （一）墙（坡）顶水平和竖向位移

围护墙或基坑边坡顶部的水平和竖向位移监测点应沿基坑周边布置，监测点水平间距不宜大于20m。一般基坑每边的中部、阳角处变形较大，所以中部、阳角处应设测点。为便于监测，水平位移观测点宜同时作为垂直位移的观测点。为了测量观测点与基线的距离变化，基坑每边的测点不宜少于3点。观测点设置在基坑边坡混凝土护顶或围护墙顶（冠梁）上，有利于观测点的保护和提高观测精度。

### （二）深层水平位移

围护墙或土体深层水平位移的监测是观测基坑围护体系变形最直接的手段，监测孔应布置在基坑平面上挠曲计算值最大的位置，一般宜布置在基坑周边的中部、阳角处及有代表性的部位。监测点水平间距宜为20～50m，每边监测点数目不应少于1个。基坑开挖次序以及局部挖深会使围护体系最大变形位置发生变化，布置监测孔时应予以考虑。

深层水平位移观测目前多用测斜仪观测。为了真实地反映围护墙的挠曲状况和地层位移情况，应保证测斜管的埋设深度。当测斜管埋设在围护墙体内，测斜管长度不宜小于围护墙的深度；当测斜管埋设在土体中，测斜管长度不宜小于基坑开挖深度的1.5倍，并应大于围护墙的深度。

### （三）围护墙内力

围护墙内力监测点应考虑围护墙内力计算图形，布置在围护墙出现弯矩极值的部位，监测点数量和横向间距视具体情况而定。平面上宜选择在围护墙相邻两支撑的跨中部位、开挖深度较大以及地面堆载较大的部位；竖直方向（监测断面）上监测点宜布置在支撑处和相邻两层支撑的中间部位，间距宜为2～4m。

### （四）支撑内力

支撑内力监测点的位置应根据支护结构计算结果，设置在支撑内力较大或在整个支撑系统中起控制作用的杆件上。每层支撑的内力监测点不应少于3个，各层支撑的监测点位置在竖向上宜保持一致。

支撑内力的监测多根据支撑杆件的不同选择不同的监测传感器。对于混凝土支撑，目前主要采用钢筋应力计或混凝土应变计；对于钢支撑杆件，多采用轴力计（也称反力计）或表面应变计。支撑内力监测点的监测截面应选择在轴力较大杆件上受剪力影响小的部位，因此，混凝土支撑的监测截面宜选择在两支点间1/3部位，并避开节点位置，钢支撑的监测截面宜选择在两支点间1/3部位或支撑的端头。每个监测点截面内传感器的设置数量及布置应满足不同传感器测试要求。

### （五）立柱竖向位移和内力

立柱的竖向位移（沉降或隆起）对支撑轴力的影响很大，监测点应布置在立柱受力、变形较大和容易发生差异沉降的部位，例如，基坑中部、多根支撑交会处以及地质条件复杂处。监测点不应少于立柱总根数的5%，逆做法施工时，监测点不应少于立柱总根数的10%，对于承担上部结构的立柱还应加强监测，且均不应少于3根。立柱的内力监测点宜布置在受力较大的立柱上，位置宜设在坑底以上各层立柱下部的1/3部位。

## （六）锚杆内力

锚杆的内力监测点应选择在受力较大且有代表性的位置，基坑每边中部、阳角处和地质条件复杂的区段宜布置监测点。每层锚杆的内力监测点数量应为该层锚杆总数的1%~3%，并不应少于3根。

为了分析不同工况下锚杆内力的变化情况，对监测到的锚杆内力值与设计计算值进行比较，各层监测点位置在竖向上宜保持一致。因锚头附近位置锚杆拉力大，当用锚杆测力计时，测试点宜设置在锚头附近。

## （七）土钉内力

土钉的内力监测点应选择在受力较大且有代表性的位置，基坑每边中部、阳角处和地质条件复杂的区段宜布置监测点。监测点数量和间距应视具体情况而定，各层监测点位置在竖向上宜保持一致。

与锚杆不同，土钉上轴力的分布多呈现中部大、两端小的状况，因此，土钉上测试点的位置应考虑设计计算情况，设置在有代表性的受力位置。

## （八）坑底隆起（回弹）

基坑隆起（回弹）监测点的埋设和施工过程中的保护比较困难，监测点不宜设置过多，以能够测出必要的基坑隆起（回弹）数据为原则。一般宜按纵向或横向剖面布置，剖面宜选择在基坑的中央以及其他能反映变形特征的位置，剖面数量不应少于2个。同一剖面上监测点横向间距宜为10~30m，数量不应少于3个。

## （九）围护墙侧向土压力

围护墙侧向土压力监测点的布置应选择在受力、土质条件变化较大或其他有代表性的部位。在平面上宜与深层水平位移监测点、围护墙内力监测点位置等匹配，这样监测数据之间可以相互验证，便于对监测项目的综合分析。在竖直方向（监测断面）上监测点应考虑土压力的计算图形、土层的分布以及与围护墙内力监测点位置的匹配。

平面布置上基坑每边不宜少于2个监测点。竖向布置上监测点间距宜为2~5m，下部宜加密。当按土层分布情况布设时，每层应至少布设1个测点，且宜布置在各层土的

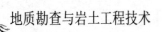

中部。

## （十）孔隙水压力

孔隙水压力监测点宜布置在基坑受力、变形较大或有代表性的部位。竖向监测点宜在水压力变化影响深度范围内按土层分布情况布设，竖向间距宜为2~5m，数量不宜少于3个。

## （十一）地下水位

地下水位监测的作用一是检验降水井的降水效果，二是观测降水对周边环境的影响。

为检验降水井的降水效果，地下水位监测点应布置在基坑内。当采用深井降水时，检验降水井降水效果的水位监测点应布置在降水井点（群）降水区降水能力弱的部位，宜布置在基坑中央和两相邻降水井的中间部位；当采用轻型井点、喷射井点降水时，水位监测点宜布置在基坑中央和周边拐角处，监测点数量应视具体情况确定。

基坑外地下水位监测是为了观测降水对周边环境的影响。监测点应沿基坑、被保护对象的周边或在基坑与被保护对象之间布置，监测点间距宜为20~50m。相邻建筑、重要的管线或管线密集处应布置水位监测点。如有止水帷幕，水位监测点宜布置在帷幕的施工搭接处、转角处等有代表性的部位，位置在止水帷幕的外侧约2m处，以便于观测止水帷幕的止水效果。

检验降水井降水效果的水位监测点，观测管的管底埋置深度应在最低设计水位之下3~5m。观测降水对周边环境影响的监测点，观测管的管底埋置深度应在最低允许地下水位之下3~5m。承压水水位监测管的滤管应埋置在所测的承压含水层中。

回灌井点观测井应设置在回灌井点与被保护对象之间。

## （十二）建筑竖向位移、水平位移和倾斜监测

### 1.竖向位移

为了反映建筑竖向位移的特征和便于分析，监测点应布置在建筑竖向位移差异大的地方，如：不同地基或基础的分界处，不同结构的分界处、变形缝、抗震缝严重开裂处的两侧、新旧建筑或高低建筑交接处的两侧等部位。另外，在建筑四角、沿外墙每10~15m处或每隔2~3根柱基上，且每侧不应少于3个监测点。高耸构筑物基础轴线的对称部位，每一构筑物不应少于4点。

### 2.水平位移

监测点应布置在建筑的外墙墙角、外墙中间部位的墙上或柱上、裂缝两侧以及其他有

代表性的部位，监测点间距视具体情况而定。当能判断出建筑的水平位移方向时，可以仅观测此方向上的位移，该侧墙体的监测点不宜少于3点。

3.倾斜

建筑整体倾斜监测可根据不同的监测条件选择不同的监测方法，监测点的布置也有所不同。监测点宜布置在建筑角点、变形缝两侧的承重柱或墙上，应沿主体顶部、底部上下对应布设，上、下监测点应布置在同一竖直线上。

当建筑具有较大的结构刚度和基础刚度时，通常采用观测基础差异沉降推算建筑的倾斜，这时监测点的布置应考虑建筑的基础形式、体态特征、结构形式以及地质条件的变化等，要求同建筑的竖向位移观测基本一致。

## （十三）裂缝监测

建筑裂缝、地表裂缝监测点应选择有代表性的裂缝进行布置，当原有裂缝增大或出现新裂缝时，应及时增设监测点。对需要观测的裂缝，每条裂缝的监测点至少应设2个，且宜设置在裂缝的最宽处及裂缝末端。每个监测点设一组观测标志，每组观测标志可使用两个对应的标志分别设在裂缝的两侧。对需要观测的裂缝及监测点应统一进行编号。

## （十四）管线监测

管线监测点宜布置在管线的节点、转角点和变形曲率较大的部位，监测点平面间距宜为15~25m，并宜延伸至基坑边缘以外1~3倍基坑开挖深度范围内的管线。

管线监测点的监测方式有直接法和间接法。所谓直接法是直接观测管线本身，间接法就是不直接观测管线本身，而是通过观测管线周边的土体，分析管线的变形。此法观测精度较低。

1.常用的测点设置方法直接法

（1）抱箍法：在特制的圆环（也称抱箍）上连接固定测杆，圆环固定在管线上，将测杆与管线连接成一个整体，测杆不超过地面，地面处设置相应的窨井，保证道路、交通和人员的正常通行。此法观测精度较高，其不足之处是必须凿开路面，开挖至管线的底面，这对城市主干道是很难实施的，但对于次干道和十分重要的地下管道，如高压煤气管道，按此方法设置测点并予以严格监测是可行的。

对于埋深浅、管径较大的地下管线也可以取点直接挖至管线顶表面，露出管线接头或阀门，在凸出部位做上标示作为测点。

（2）套管法：用一根硬塑料管或金属管打设或埋设于所测管线顶面和地表之间，量测时将测杆放入埋管内，再将标尺搁置在测杆顶端，只要测杆放置的位置固定不变，测试结果就能够反映出管线的沉降变化。此法的特点是简单易行，可避免道路开挖，但观测精

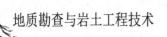

度较低。

2.间接法

（1）底面观测法：将测点设在靠近管线底面的土体中，观测底面的土体位移。此法常用于分析管道纵向弯曲受力状态或跟踪注浆、调整管道差异沉降。

（2）顶面观测：将测点设在管线轴线相对应的地表或管线的窨井盖上观测。由于测点与管线本身存在介质，因而观测精度较差，但可避免破土开挖，只有在设防标准较低的场合采用，一般情况下不宜采用。

管线监测点应根据管线修建年份、类型、材料、尺寸及现状等情况进行设置。供水、煤气、暖气等压力管线宜设置直接监测点，在无法埋设直接监测点的部位，可设置间接监测点。

## （十五）基坑周边地表竖向位移

基坑周边地表竖向位移监测点宜按监测剖面设在坑边中部或其他有代表性的部位。监测剖面应与坑边垂直，数量视具体情况确定。每个监测剖面上的监测点数量不宜少于5个。

## （十六）土体分层竖向位移

土体分层竖向位移监测是为了量测不同深度处土的沉降与隆起。目前监测方法多采用磁环式分层沉降标监测（分层沉降仪监测）、磁锤式深层标或测杆式深层标监测。当采用磁环式分层沉降标监测时为一孔多标，采用磁锤式和测杆式分层标监测时为一孔一标。

监测孔应布置在靠近被保护对象且有代表性的部位，沉降标（测点）的埋设深度和数量应考虑基坑开挖、降水对土体垂直方向位移的影响范围以及土层的分布。在竖向布置上测点宜设置在各层土的界面上，也可等间距设置。测点深度、测点数量应视具体情况确定。

# 七、仪器监测方法

仪器监测方法所使用的监测仪器、设备和元应满足观测精度和量程的要求，且应具有良好的稳定性和可靠性。监测前，仪器、设备和元件应经过校准或标定，并应在规定的校准有效期内使用，校核记录和标定资料应保存完整；监测过程中应根据监测仪器的自身特点、使用环境和使用频率等情况，定期进行监测仪器、设备的维护保养、检测以及监测元件的检查。

为了将监测中的系统误差减到最小，达到提高监测精度的目的，监测时尽量使仪器在基本相同的环境和条件（如环境温度、湿度、光线、工作时段等）下工作，对同一监测项目，监测时宜采用相同的观测方法和观测路线，使用同一监测仪器和设备，固定观测人员，在基本相同的环境和条件下进行监测工作，在异常情况下，也可采用不同仪器监测，相互进行比对。

各监测项目均应有初始值，但实际上各监测项目都很难取得绝对稳定的初始值，可取至少连续观测3次的稳定值的平均值作为监测项目初始值。

基坑变形监测是基坑监测中的重要内容，为保证变形监测的质量，应设立变形监测网，网点宜分为基准点、工作基点和变形监测点。每个基坑工程至少应有3个稳定、可靠的点作为基准点，基准点不应受基坑开挖、降水、桩基施工以及周边环境变化的影响，应设置在位移和变形影响范围以外、位置稳定、易于保存的地方，并应定期复测，以保证基准点的可靠性。复测周期视基准点所在位置的稳定情况而定，工作基点应选在相对稳定和方便使用的位置。在通视条件良好、距离较近、观测项目较少的情况下，可直接将基准点作为工作基点。监测期间，应定期检查工作基点和基准点的稳定性，最好每期变形观测时均将工作基点与基准点进行联测。

位移监测通常以监测点坐标中误差作为衡量精度的标准。监测点坐标中误差是指监测点相对测站点（如工作基点等）的坐标中误差，为点位中误差的1%。

1.水平位移监测

水平位移的监测方法较多，但各种方法的适用条件不一，在方法选择和施测时均应特别注意。测定特定方向上的水平位移时，可采用视准线法、小角度法、投点法等；测定监测点任意方向的水平位移时，可视监测点的分布情况，采用前方交会法、后方交会法、极坐标法等；当测点与基准点无法通视或距离较远时，可采用GPS测量法或三角、三边、边角测量与基准线法相结合的综合测量方法。

在采用小角度法时，监测前应对经纬仪的垂直轴倾斜误差进行检验，当垂直角超出3°范围时，应进行垂直轴倾斜修正；采用视准线法时，其测点埋设偏离基准线的距离不宜大于20mm，对活动觇牌的零位差应进行测定；采用前方交会法时，交会角应在60°~120°，并宜采用三点交会法等。

2.竖向位移监测

竖向位移监测包括围护墙（边坡)顶部、立柱、基坑周边地表、管线和邻近建筑的竖向位移监测以及坑底隆起（回弹）监测等内容。

竖向位移监测可采用几何水准测量方法进行监测，当不便使用几何水准测量或需要进行自动监测时，可采用液体静力水准测量方法。各监测点与水准基准点或工作基点应组成闭合环路或附合水准路线。

坑底隆起（回弹）宜通过设置回弹监测标，采用几何水准并配合传递高程的辅助设备进行监测，传递高程的金属杆或钢尺等应进行温度、尺长和拉力等项修正。

## 八、数据处理与信息反馈

现场监测过程中，量测人员应保证监测数据的真实性，使用正式的监测记录表格记录外业观测值和其他记事项目，并对相应的工况进行描述，任何原始记录不得涂改、伪造和转抄。同时，对监测数据应及时整理，对监测数据的变化及发展情况应及时分析和评述，当观测数据出现异常时，应及时分析原因，必要时应进行重测。

监测数据分析工作事关基坑及周边环境的安全，是一项技术性非常强的工作。监测分析人员要熟悉基坑工程的设计和施工，能对房屋结构状态进行分析，不但应具备工程测量的知识，还要具备岩土工程、结构工程的综合知识和工程实践经验。在工程实践中，不同的土质条件、支护结构形式、施工工艺和环境条件，基坑的异常现象和事故征兆会不一样，在进行监测数据分析时，分析人员应能加以判别。同时，对于支护结构变形过大、变形不收敛、地面下沉、基坑出现失稳征兆等情况，应能及时作出反应，并通知相关单位和人员采取有效措施防止事故发生和扩大。

监测数据的分析宜采用具备数据采集、处理、分析、查询和管理一体化以及监测成果可视化的功能的专业软件进行监测数据的处理与信息反馈。目前基坑工程监测技术发展很快，主要体现在监测方法的自动化、远程化以及数据处理和信息管理的软件化。建立基坑工程监测数据处理和信息管理系统，利用专业软件帮助实现数据的实时采集、分析、处理和查询，使监测成果反馈更具有时效性，并提高成果可视化程度，更好地为设计和施工服务。

基坑工程监测是一个系统，系统内的各项目监测有着必然、内在的联系，某一单项的监测结果往往不能揭示和反映整体情况。因此，监测项目数据分析应结合相关项目的监测数据和自然环境、施工工况等情况以及以往数据进行分析，通过相互印证、去伪存真，正确地把握基坑及周边环境的真实状态，提出真实、准确、完整的监测日报表，阶段性报告和总结报告等技术成果，技术成果宜用文字阐述与绘制变化曲线或图形相结合的形式表达并应按时报送。

### （一）日报表

日报表应有当日的天气情况和施工现场的工况描述，应有仪器监测项目各监测点的本次测试值、单次变化值、变化速率以及累计值等数据，必要时应绘制有关曲线图。巡视检查发现的异常情况应在巡视检查记录中有详细描述。

当日报表是信息化施工的重要依据。每次测试完成后，监测人员应及时进行数据处理和分析，形成当日报表，提供给委托单位和有关方面。当日报表强调及时性和准确性，对监测项目应有正常、异常和危险的判断性结论，对达到或超过监测报警值的监测点应有报警标示，并有分析和建议。

## （二）阶段性报告

阶段性报告是经过一段时间的监测后，监测单位通过对以往监测数据和相关资料、工况的综合分析，总结出的各监测项目以及整个监测系统的变化规律、发展趋势及其评价，用于总结经验、优化设计和指导下一步施工。阶段性报告应包括下列内容。

（1）该监测阶段相应的工程、气象及周边环境概况。

（2）该监测阶段的监测项目及测点的布置图。

（3）各项监测数据的整理、统计及监测成果的过程曲线。

（4）各监测项目监测值的变化分析、评价及发展预测。

（5）相关的设计和施工建议。

阶段性监测报告可以是周报、旬报、月报或根据工程的需要不定期地提交。报告的形式是文字叙述和图形曲线相结合，对于监测项目监测值的变化过程和发展趋势尤以过程曲线表示为好。阶段性监测报告强调分析和预测的科学性、准确性，报告的结论要有充分的依据。

## （三）总结报告

总结报告是基坑工程监测工作全部完成后监测单位提交给委托单位的竣工报告。总结报告一是要提供完整的监测资料；二是要总结工程的经验与教训，为以后的基坑工程设计、施工和监测提供参考。总结报告应包括工程概况、监测依据、监测项目、监测点布置、监测设备和监测方法、监测频率等内容。

# 第五节　施工组织设计

## 一、施工组织设计的作用

施工组织设计的作用，就是根据设计图纸和招投标的要求，从经济和技术统一的全局出发，做出科学、合理的全面部署，参照客观条件，拟定工程的施工方案，确定施工顺序，制定各工种的施工技术和施工方法，制定安全生产措施和保证质量的措施，安排施工

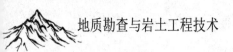

进度，组织劳动力、机具、材料、构件和半成品的供应，对现场道路、运输、水电供应、仓库和生产、生活临时建筑作出规划和安排，使施工活动能有计划、有条不紊地进行，优质、低耗、高速度地完成建设任务。

## 二、施工组织设计的内容

施工组织条件设计是施工条件的分析，是详尽的施工计划，用以具体指导现场施工活动的纲领。施工组织设计的内容，就是根据工程的特点和要求、现有的施工条件，从实际出发，决定具体的施工部署。

施工组织设计的内容包括：

（1）工程概况。

（2）施工准备。

（3）施工方案。

（4）施工进度安排。

（5）施工现场平面布置。

（6）劳动力、机械设备、材料等配备。

（7）质量保证措施与安全技术措施。

（8）主要技术经济指标。

在上述几项基本内容中，施工进度计划是施工组织设计中的关键环节，工程任务能否按期、保质完工，是业主较为关心的内容，而施工进度又必须以施工准备、场地条件以及劳动力、机械设备、材料和施工技术水平等因素为基础。在编制施工组织设计时，要抓住核心问题，同时处理好各方面的相互关系。

## 三、编制施工组织设计所需资料

### （一）自然条件资料

主要内容包括：

（1）建设区域的地形图，其比例尺不小于1：2000。

（2）工程地质资料。

（3）水文地质资料，包括地下水和地表水。

（4）气象资料，主要内容有：气温、降雨、风、浪潮等。

（5）实地踏勘、研究和核实的报告、资料。

## （二）技术经济资料

（1）地方建筑工业企业、生产企业情况，主要产品的价格、规格、质量和运输费用。

（2）地方资源情况：材料、运输和使用的经济性。

（3）当地交通运输条件。

（4）劳动力情况。

（5）供水、供电条件。

## 四、编制施工组织设计的基本原则

（1）保证进度，应根据承包合同的要求，使工程尽快建成。

（2）合理地安排施工，要及时完成准备工作，要考虑场地空间、工种之间的顺序。

（3）用流水作业法安排施工进度。

（4）充分利用机械设备，提高劳动生产率。

（5）采用先进的施工技术，确保施工安全，降低工程成本，提高施工质量。

## 五、施工组织设计编制方法

### （一）施工方案的编制

（1）施工方案是根据施工图编制的，所以要明确工程内容，核对设计是否符合施工条件，施工技术上以及设备条件上有无困难；核对图纸说明有无矛盾、规定是否明确；核对主要尺寸、位置、标高有无错误。召开有业主、设计、施工、监理单位参加的"图纸会审"会议，设计人员应向施工单位做设计交底，讲清设计意图和对施工的要求。有关施工人员应对施工图以及与施工有关的问题提出质询，通过各方讨论后，逐一作出决定。对于图纸会审中所提出的问题和合理建议，如需变更设计或作补充设计时，应办理设计变更签证手续。未经设计单位同意，施工单位不得随意修改设计。

（2）要结合结构特征、施工要求、施工条件等正确确定其施工程序。如采用三道锚索支护结构的深基坑工程，施工程序为：工作面平整—支护桩施工—第一道锚索—顶梁浇筑—张拉锁紧锚索—开挖第一层土—第二道锚索—腰梁浇筑—张拉锁紧锚索—开挖第二层土—第三道锚索—腰梁浇筑—张拉锁紧锚索—开挖第四层土至设计标高。确定施工程序还要考虑保证质量和安全的措施。

（3）按流水段施工，可使施工均衡地、有节奏地进行。为便于流水施工，就必须将整体工序划分成几个流水段，使各段间按照一定程序进行，做到互不影响、互有连续。流

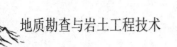

水段的划分应与施工场地、生产能力相适应。

（4）施工方法和施工机械的选择是紧密联系的，对于特定的工程，施工机械是多样性的，要考虑机械的适用性，使其能充分发挥效率。还应注意到机械施工单位的技术特点和施工习惯，必须使其有合理的施工组织方法，满足技术先进性与经济合理性的统一。

（5）保证施工质量、安全施工、降低成本等方面采取的技术、组织措施。

## （二）施工进度计划的编制

施工进度计划以施工方案为基础，根据施工进度计划规定的工期和材料供应条件，按照合理的工艺顺序，安排各项施工活动的开工时间、竣工时间。进度计划的编制是为各施工过程指明一个确定的施工日期，即时间计划，以此为依据确定施工作业所必需的劳动力和各种材料的供应计划。其内容包括：划分施工项目；计算工程量；劳动力、施工机械、材料需要量计划。

## （三））施工场地布置

单位工程施工平面图是施工组织设计的主要组成部分，合理的施工平面布置对于顺利执行施工进度计划是非常重要的，对施工平面图的设计应予以极大重视。

1.平面图的内容

（1）拟建的构筑物及其他临时设施的位置和尺寸。

（2）场地施工道路、设施的位置，与场外交通的连接。

（3）各种材料的仓库和堆场。

（4）临时给水、排水管线、供电线路位置。

（5）安全及防火设施的位置。

2.平面图要求

（1）对于大型工程、施工期限较长或施工场地较为狭小的工程，需要按不同施工阶段分别设计施工平面图，以便能把不同施工阶段工地上的布置反映出来。

（2）从施工现场的实际情况出发、合理安排临时建筑、运输道路、材料堆放场地；材料、构件堆场的位置应尽量靠近使用地点或在起重能力范围内，并考虑到运输和装卸的方便。

（3）现场布置要符合劳动保护、安全技术、卫生防疫和防火的规定，道路要注意保证行驶畅通，使运输工具有回转的可能性。

（4）根据现场用电量选用变压器。变压器应布置在安全处，不宜布置在交通要道路口。

# 第六节　基坑工程预算

## 一、基坑工程预算费用的组成

基坑工程预算费用由定额直接费、其他直接费、间接费、计划利润和税金等组成。

### （一）定额直接费

定额直接费是指为完成某一项工程而直接消耗的费用，由人工费、材料费和施工机械使用费等组成。

（1）人工费指为直接从事现场施工的生产工人开支的各项费用。

（2）材料费指直接为生产某一工程而耗用的主要材料、其他材料、构件、零件、成品及半成品的预算价格以及周转材料的摊销费。

（3）施工机械使用费指为完成某一工程而支付的施工机械使用费，通常是以台班为单位计算，故又称施工机械台班费。

### （二）其他直接费

其他直接费是指预算定额规定以外，现场施工中发生的或其他一些特殊情况所需具有直接费性质的费用。

### （三）间接费

间接费指组织和管理施工而产生的费用，它是服务于每个单独经济核算施工单位在施工所有工程的费用，而不是某一个工程的费用。

### （四）计划利润

计划利润是指实行独立经济核算施工企业完成某一工程计划应计取的利润，依据不同投资来源或工程类别实施差别利润率。

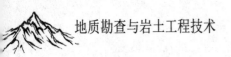

## （五）税金

指国家税法规定的应计入工程造价内的增值税。

## 二、基坑工程施工图预算的作用及编制方法

### （一）施工图预算的作用

施工图预算是为确定工程造价、编制工程标书、签订工程承包合同等目的而编制，是构成工程预算成本的主要内容。它有以下作用：

（1）确定工程造价的依据。

（2）银行向施工单位拨款或贷款的依据。

（3）施工企业编制预算成本，进行企业内部经济核算的依据。

（4）编制施工进度计划和进行工程统计的依据。

（5）施工单位和建设单位进行工程结算的依据。

### （二）施工图预算编制的依据

（1）审批后的施工图纸及设计说明书。

（2）由主管颁发的并适用于本地区的现行预算定额、单位估价或单位估价汇总表。

（3）审批后的施工组织设计或施工方案。

（4）各项费用取费定额，施工图预算是根据预算定额编制的。一般预算定额标准较施工定额标准高。

（5）现行地区材料预算价格表。

（6）国家或主管部门颁发的有关文件。

（7）工程合同或施工准备协议。

（8）预算手册及其他有关手册。

### （三）施工图预算的编制方法

熟悉预算定额，确定预算项目划分，先计算出各分项工程的工程量，再乘以预算定额单价，得出各分项工程定额直接费和其他直接费，而后汇总整个工程的定额直接费和其他直接费，最后按取费标准和程序计算出工程间接费等其他费用，得出工程造价。

编制预算书的步骤：

（1）填写工程量计算表。

（2）按定额直接费和其他直接费作为计费标准的预算过程。

（3）编制预算表，把已计算好的各分部分项工程量及计量单位、单价、定额编号，按照定额分部分项顺序整理后一并填写到表格内，计算各项费用。

# 第十一章
# 基坑的降水、隔水与排水设计

## 第一节　降水、隔水与排水方案设计原则

基坑降水是指在开挖基坑时，地下水位高于开挖底面，地下水会不断渗入坑内，为保证基坑能在干燥条件下施工，防止边坡失稳、桩间土中流砂、坑底隆起、坑底管涌和地基承载力下降而做的降水工作。

降水、隔水与排水方案设计原则：

（1）保证基坑在土方开挖期间和地下室施工期间不受各类水的影响，保证基坑边壁和坑底土层的渗透稳定，防止管涌、流砂、坑底隆起等水害发生，基坑周边水位下降深度应低于基坑深度1.0m，确保基坑挖土正常进行，符合安全性原则。

（2）基坑降、排水方案的设计应与基坑支护结构设计统一考虑，对因降排水、支护体选型及基坑开挖可能造成的地表变形进行统一考虑，控制在周边环境允许的范围内，确保在降水期间，基坑邻近的建（构）筑物及地下管线、道路等的正常使用。应避免因过大降深对周边建（构）筑物、道路、管线的影响。

# 第二节　降水、排水、隔水方案的选择

基坑工程中各类水的治理方法选择，应根据基坑开挖深度、周围环境，场地水文地质条件、含水层特征等综合确定。降水方案的选择与场地地质条件、地下水条件密切相关。

当降水会对基坑周边建（构）筑物、地下管线、道路等造成危害时，应采用截水方法控制各类水的流失，如设置各类止水帷幕；当坑底有高于基坑底板的承压水时应进行坑底突涌的稳定性验算，并采取有效的降压措施。

## 一、常见的降水、隔水、排水方案

常见的降水、排水和隔水方案包括以下几项。

### （一）明沟、盲沟排水设计

当基坑不深、涌水量不大、坑壁土体比较稳定，不易产生流砂、管涌和坍塌时，可采用集水明排疏干地下水。

### （二）管井降水方案

当含水层的渗透系数较大（一般大于3m/d），含水层为粉砂、细砂及卵、砾石层，水量比较丰富，降深幅度要求较大时，常采用管井降水，同时利用管井降水可对深部细砂层中的承压水进行减压降水，防止基坑底板发生突涌现象。

### （三）轻型井点降水设计

轻型井点类型应根据基坑含水层的土层性质、渗透系数、厚度及要求降低水位的高度选用。井点类型包括真空井点、喷射井点、电渗井点等，一般适用于填土、粉土及粉质黏土等。弱含水层、含水层涌水量不大、降深要求较小时，多采用轻型井点（真空井点）降水。

### （四）管井降水+轻型井点结合的降水方案

一般在坑中较深部位及坑底为黏性土层时常采用管井与轻型井点结合降水。

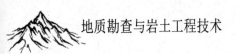

## （五）以管井为主+轻型井点+自渗管井（浅井）多种降水方法结合的降水方案

这种方法是利用水泥管井对深部细砂层中的承压水进行减压降水，利用轻型井点疏干上部粉质黏土中的潜水（上层滞水），利用自渗管井（浅井）主要是疏干上部粉土层中的潜水。

## （六）隔水方案

可采用竖向隔渗（悬挂式竖向隔渗和落底式竖向隔渗）、水平隔渗或两者相结合的坑周及底部隔渗。

## （七）隔渗、降水及明沟排水相结合的降水方案

常用的降水方法和适用条件见表11-1所示。

表11-1　降水方法及适用条件

| 降水方法 | 适用地层 | 渗透系数（m/d） | 降水深度（m） |
|---|---|---|---|
| 集水明排 | 粉土、老黏土、含薄层砂砾的黏土、粉细砂 | ≤0.50 | ≤3.0 |
| 轻型井点及二级井点 | 粉土、老黏土、含薄层砂砾的黏土、粉细砂 | ≥0.005且≤0.50 | ≤6.0及≤6~10.0 |
| 喷射井点 | 粉土、老黏土、含薄层砂砾的黏土、粉细砂 | 0.005且≤0.50 | 8~20.0 |
| 电渗井点 | 黏土、淤泥质黏土、淤泥等 | ≤0.005 | |
| 管井 | 粉土、粉细砂、砾砂、卵石等粗粒土 | ≥0.10 | 任何深度 |
| 自渗管井 | 黏质粉土、粉细砂、砾砂、卵石等粗粒土 | ≥0.10 | 一般小于2.0 |

## （八）观测孔设计

一般在止水帷幕外或者管井间设置观测孔。井深以观测到上部潜水层或上层滞水的水位为原则，不应打穿承压含水层的隔水顶板，目的是检验基坑内土层降水效果，指导基坑挖土施工。

# 二、降水、排水、隔水方案设计与计算

## （一）管井降水的设计与计算

管井降水的设计与计算详见本章第五节。

## （二）止水帷幕的设计与计算

### 1.止水帷幕厚度的确定

法止水帷幕的厚度应满足基坑抗渗要求，止水帷幕的渗透系数宜小于$1.0 \times 10^{-6}$cm/s，按照水利行业规范的规定，相当于微透水级。

通过计算和对地层结构（含水层和隔水层）分布特征的分析综合确定帷幕长度。落底式竖向止水帷幕应插入下卧的不透水层，其插入深度可按式（11-1）计算。

$$L=0.2h_w-0.5b \qquad (11\text{-}1)$$

式中：$L$——帷幕插入下卧的不透水层（隔水层）的深度；

$h_w$——坑内外水头差；

$b$——止水帷幕的厚度。

根据在河南平原地区多年设计及实践经验，一般多层建筑物基础形式多为筏板基础或条基+水泥土搅拌桩基础，基础刚度整体性较好，其抵抗变形能力较好。当邻近建筑物距离基坑大于1倍基坑深度时，降水幅度较小时，一般可不设止水帷幕，即采用敞开降水，不会对周边建筑造成过大的不均匀沉降，但应加强监测。

## （三）基坑底的抗突涌验算

基坑底的抗突涌验算可按式（11-2）计算：

$$k_{ty}H_w\gamma_w \leqslant D\gamma \qquad (11\text{-}2)$$

式中：$k_{ty}$——坑底抗突涌安全系数，对于大面积普遍开挖的基坑，不应小于1.20；

$D$——基坑底至承压含水层顶板的距离，m；

$\gamma$——坑底$D$范围内土层的天然重度，kN/m³；

$H_w$——承压水水头高度，m；

$\gamma_w$——水的重度，取10kN/m³。

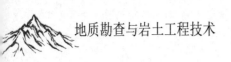

# 第三节　基坑挡水排水方案设计

一般包括基坑顶部挡水墙设计及地面硬化、坑底部周边的排水沟、排水井设计、坡面排水管的设计及整个基坑的排水系统设计。

## 一、地面挡水墙设计及地面硬化

当地表有杂填土或者湿陷土分布时，应对基坑顶部坡面周围硬化，挡住可能流入基坑的水，通过设置挡水墙或坡顶设置排水沟控制。

## 二、基坑底部排水沟设计

基坑底部排水沟设计应注意以下几点。

（1）排水沟边缘离开坑壁边脚应不小于0.3m，排水沟底面应比相应的基坑开挖面低0.3～0.5m，沟底宽宜为0.3m，纵向坡度宜为0.2%～0.5%。当基坑开挖深度超过地下水位之后，排水沟与集水井的深度应随开挖深度不断加深，并及时将集水井中的水排出基坑，严禁排出的水回流入基坑。

（2）在基坑四角或坑边应每隔30～40m布设集水井，集水井底应比相应的排水沟低0.5～1.0m，集水井直径宜为0.7～1.0m，井壁可砌干砖，插竹片、木板，或用水泥管等临时支护，井底宜铺一层0.3m厚碎石做反滤层。

（3）地下水位有一定的水力坡度时，集水井宜优先考虑布置于地下水的补给侧。

（4）当基坑开挖深度较大且不同标高存在不同的含水层或透水层时，可在边坡不同高度分段放坡的平台上设置多层明沟。若地表水量较大，应在基坑外采取截流、导流等措施。

（5）对流入基坑内的明水通过设置积水坑排出，但不建议在坑底设置连续的排水沟，因设置排水沟会人为地加深基坑深度，坑底土质因水的浸泡造成坑底被动区土质变软，不利于基坑稳定。

## 三、坡面排水管的设置

坡面地层岩性变化较大或者基坑周边有上层滞水及管道渗水时应在坡面设置排水

管。在坡面设置的排水管应充分考虑到场地地层结构的组合特征、管线分布、化粪池等因素。具体注意事项如下。

（1）上部细粒土下部粗粒土、上土下岩、上部粉土下部黏性土等接触部位易形成排泄基准面，该接触部位建议设置排水管。

（2）在有各类供水、污水管的底部因多年使用常会发生漏水。

（3）化粪池底部漏水地段。

（4）对可能进入基坑土体内的各类水通过在坡面设置排水管，导出后再集中排除。宜及时排除土体内部积水和明水，降低坡体内静水或者动水压力。

（5）整个基坑排水系统设计。

①流入排水井（汇水井）的水应及时排除，排水设备宜采用污水泵。

②当基坑周边地势低洼不易排水，或者表层分布有透水性较好的地层时，应设置完善、有效的排水系统，及时将水排除到基坑外一定距离，防止基坑水倒灌。

# 第四节　截水方案的选择

## 一、止水帷幕的作用与选择

### （一）止水帷幕的作用

（1）避免或大幅度减缓基坑降水对周围邻近建筑物、道路等的不良影响。

（2）避免或减缓地下水的渗透变形破坏，如流砂、管涌等。

（3）有时也可作为复合土钉墙中的组成部分，起到竖向微型桩的超前支护作用。

（4）当基坑采用排桩支护时，可加固桩间土，对桩间土起保护作用。

（5）考虑到因设置帷幕造成的基坑内外水位差，当进行锚索施工时因流砂、涌泥对地面沉降的不利影响。

### （二）止水帷幕的选择

根据以往降水与截水经验，基坑工程是否采用止水帷幕，主要取决于以下因素。

（1）邻近建筑物距离基坑的远近及邻近建筑物的基础形式。

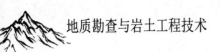

（2）基坑的降水幅度。

（3）止水帷幕对桩间土保护的有利影响与因设置帷幕造成的基坑内外水位差对支护施工造成的不利影响的分析与权衡。

## 二、止水帷幕类型

按照施工方法与施工工艺的不同可分为水泥土搅拌桩止水帷幕、高压旋喷桩止水帷幕、压力灌浆止水帷幕及具有止水帷幕作用的地下连续墙、钢板桩等，常采用的止水帷幕类型有水泥土搅拌桩、高压旋喷桩形式。

按照止水帷幕是否落底可分为落底式止水帷幕和悬挂式止水帷幕。

## 三、设计内容

### （一）基坑敞开降水的可行性分析

一般可采用理论公式计算与工程经验类比法结合进行分析。

当基坑地质结构及地下水条件和基坑周边环境条件类似时，可以利用已有的成功经验进行工程类比分析。

### （二）基坑周边环境条件

基坑周边环境条件务必查清、查准，除通常要求外以下两点也应注意。

1.邻近建筑物的基础形式

邻近建筑物基础形式能否搞清、搞准，直接关系到支护方案的选择及支护工程成本的大小。如邻近建筑物为筏板基础或复合地基，其整体性一般较好，抗变形能力较好，即使离基坑较近，经慎重分析和计算后，若能满足倾斜要求，也可不做水泥土搅拌桩止水帷幕，这样支护成本显然要小一些。

2.基坑周边上下水管道的距离、走向、埋深、结构、向外排水情况

当污水管线为脆性结构、离基坑较近时应仔细分析其对支护体稳定性的影响。一方面，任何支护体都有一定的变形量，而这个变形量对支护体和周围建筑物来说可能是安全的，但对邻近管线尤其是接头处往往是不允许的，可能造成接头处大量漏水；另一方面，多年的污水管线很少有不漏水的，这种漏水又对基坑稳定构成隐患，二者相互作用，再加上一些外来因素如突遇暴雨、外排水管道堵塞等不利因素组合，极易导致基坑失稳进而影响周边建筑物安全。

## （三）以某基坑工程为例，分析基坑敞开降水的可行性

### 1.工程概况

拟建工程位于某市东北区繁华地段，该建筑物为商务办公综合楼，主楼地上26层，高99.9m，框筒结构；裙楼为4层商业用房，框架结构。主楼、裙房下均设2层地下室，基础埋深8.7m，电梯井附近深达10.5m。基础采用静压预制方桩基础，桩径400mm×400mm，有效桩长16.0m，单桩承载力特征值1300kN。

### 2.工程地质条件

场地自上而下30m内为全新统地层，为一套黄河冲积形成的地层，具有典型的二元结构特征，上部为稍密粉土及软塑的粉质黏土，下部为粉砂、细砂层。各层土的物理力学指标见表11-2所示。

表11-2　各层土的物理力学指标

| 层号 | 岩性 | 层底埋深（m） | 平均层厚（m） | 孔隙比e | 液性指数$I_L$ | 标贯击数$N_{63.5}$ | 承载力特征值fak（kPa） | 压缩模量$E_s$（MPa） |
|---|---|---|---|---|---|---|---|---|
| ② | 粉土 | 2.3 | 1.3 | 0.914 | 0.30 | 4～5 | 110 | 6.1 |
| ③ | 粉土 | 5.9 | 3.6 | 0.923 | 0.78 | 3～6 | 85 | 3.7 |
| ④ | 粉土 | 8.0 | 2.1 | 0.931 | 0.69 | 2～6 | 80 | 3.2 |
| ⑤ | 粉土 | 12.3 | 2.3 | 0.854 | 0.79 | 6～9 | 130 | 7.6 |
| ⑥ | 粉土 | 14.9 | 2.6 | 0.892 | 0.76 | 4～6 | 90 | 4.2 |
| ⑦ | 粉土 | 17.1 | 2.2 | 0.843 | 0.71 | 11～15 | 150 | 10.2 |
| ⑧ | 粉质黏土 | 20.0 | 2.9 | 1.122 | 0.58 | 5～7 | 100 | 4.3 |
| ⑨ | 粉细砂 | 23.0 | 3.0 | | | 18～25 | 220 | 18.5 |
| ⑩ | 细砂 | 32.2 | 9.2 | | | 30～45 | 260 | 25.0 |

场地地下水类型分为潜水和微承压水，其中潜水含水层岩性为第②～⑦层粉土，微承压水隔水顶板位于⑧层粉质黏土层，厚2.9m，含水层岩性为第⑨层粉砂和第⑩层细砂。在2006年5月基坑工程施工前期，受场地南侧邻近基坑降水影响所致，实测潜水地下水位为5.1～5.9m，承压水水位埋深6.5m。据调查，近3～5年潜水水位埋深2.0m，承压水水位埋深3.5m左右。

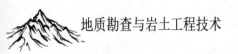

3.环境条件

本工程基坑北侧最近的一栋7层住宅楼距离基坑9.0m，该栋住宅楼为筏板下搅拌桩基础，开挖期间地下水位为5.1～5.9m，而本基坑中心要求的降水幅度最大不超过5～6m，以此估算，在距离基坑中心大于9.0m以外的住宅楼处考虑到地下水降落漏斗的坡降影响，该处降水幅度最大不会超过3m。

4.计算与类似场地资料借鉴

（1）理论公式计算。依据分层总和法对粉土层、黏土层进行沉降量估算，土层为高压缩性土，压缩系数为0.55；土层原始孔隙比为0.900，当基坑外住宅楼处水位下降3m时，估算沉降量为8.0～9.0mm。

（2）类似场地类似基坑监测资料。根据邻近场地的监测资料，当地下水位下降1m，会使上部软土产生固结沉降2～3mm，当基坑外住宅楼处水位下降3m时，估算沉降量6～9mm。

5.工程实测资料

监测表明，基坑北侧住宅楼因降水引起的附加沉降为1.7～4.4mm，远小于早期预测的8.0～9.0mm，对筏板基础造成最大倾斜值为2‰。

6.结论分析

因该住宅楼为筏板基础，对筏板基础而言，如此小的固结沉降导致的基础倾斜约为1‰（沉降差按最不利组合9mm考虑，基础宽度为12～15m，满足通常要求的筏板基础倾斜4‰的规定。因此，确定敞开降水比较有利，对周边建筑物的不均匀沉降影响较小。另外，从经济因素考虑，若处理长度按100m计算，采用两排水泥土搅拌桩，桩径0.5m，搭接0.15m，单根长度16.0m，按当时市场价格计算，需处理费用约20万元；若采用单排高压旋喷桩处理，单根长度16.0m，需处理费用约36万元，显然采用帷幕桩不经济且隐患较多。最后采用了敞开降水的方案，不再设置止水帷幕。

# 四、河南平原地区采用止水帷幕的经验与教训

## （一）"开叉"问题

在较深基坑中采用单排水泥土搅拌桩的"开叉"问题及基坑内外的高水位差使人工洛阳铲无法施工问题。

如在某市东区，大量基坑工程实践经验表明，当基坑较深设置单排水泥土搅拌桩止水帷幕时，往往在7m以下桩体容易"开叉"导致涌砂事故。同时，基坑内外的高水位差往往使人工洛阳铲无法施工，也容易导致钻孔涌砂，而涌砂又极易导致基坑变形及地面不均匀沉降。

根据王荣彦等基坑发生涌砂对支护体变形影响较大。采用单排水泥土搅拌桩做止水帷幕时，一旦止水帷幕搭接不好或搅拌质量不均匀，极易出现涌砂事故，即使时间较短，支护体位移将有较大突变，一般数小时内可增加10～20mm。在该工程中，涌砂部位的支护体变形量比没有发生涌砂部位的支护体变形量多20mm，占支护体正常位移量（约30mm）的70%。因此，在软土地区设置单排水泥土搅拌桩应慎重分析后确定，特别是离建筑物较近时。否则，若基坑发生涌砂，极易导致建筑物发生过大的不均匀沉降甚至造成路面或建筑物拉裂事故。

若设置水泥土搅拌桩止水帷幕，在保证足够水泥含量的同时，按要求桩垂直度小于1%，而水泥土搅拌桩搭接厚度一般在150～200mm。但事实上，即使保证桩垂直度小于1%，桩长按10m最不利因素组合，则至桩底两根桩可能偏差到20cm。事实上，该市许多基坑采用单排水泥土搅拌桩，当基坑开挖至7～10m时，下部桩体都有不同程度的"开叉"现象，造成基坑涌砂，而基坑涌砂又进一步导致桩体变形。如某市东区某基坑深8.0m，桩体在开挖至-7.0m前桩体水平位移在28mm左右，再向下开挖时桩体"开叉"较多，基坑大量涌砂，次日搅拌桩体变形已达65mm，一日之间变形量达37mm，险些造成基坑事故。另外，设置水泥土搅拌桩止水帷幕使基坑外保持高水位，洛阳铲难以成孔，通常改为48×3.5mm击入式注浆花管，由于工艺上的原因，浆液往往难以充填在土体与管体之间的环状间隙内，注浆质量不易控制，使土体提供的摩阻力有较大折扣，故锚管长度要比原设计的土钉长度多1/3以上方可保证土钉墙的安全度，以弥补因注浆质量不易控制而可能造成的隐患。

## （二）基坑涌砂问题

基坑涌砂对支护体变形影响巨大，若基坑涌砂控制得好，则支护体变形一般小于规范规定；基坑涌砂控制不好，则支护体变形一般大于规范规定，接近警戒值甚至出现事故。主要原因有如下两点。

（1）设置单排水泥土搅拌桩在7～8m以下，极易"开叉"造成基坑涌砂，存在设计缺陷或隐蔽工程施工质量问题。

（2）施工工艺不当，又没有采取及时、有效的施工措施。多年的实践证明，控制涌砂最有效的方法就是挖土堆沙袋反压，然后在桩体背后采取低压与高压相结合的注浆措施。

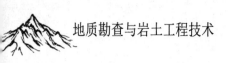

# 第五节  管井与轻型井点降水设计

## 一、管井降水设计

管井降水设计主要包括以下内容。

### （一）井深设计

管井井深设计与基坑深度、基坑降水幅度、场地水文地质结构及含水层类型等密切相关。

### （二）含砂量

含砂量≤1/50000（体积比，宜现场测试）。

### （三）井斜

终孔井斜<1°。

### （四）钻孔及井径结构设计

因井深较小，采用一径到底设计，井径为φ600mm，井管采用φ388mm水泥管，环状间隙填砾。

### （五）井底沉淀物

井底沉淀物小于井深的5%，一般建议取20mm。

### （六）管井单井出水量q计算

一般可根据地区经验或者通过抽水试验确定。在河南平原地区一般设计单井出水量为5.0~10.0m³/h。在无抽水试验或者地区经验时，可采用下列方法计算：

（1）对于承压水完整井，可按式（11-3）计算：

$$q = 2.73 \frac{kMs}{\lg R - \lg r_W} \qquad (11\text{-}3)$$

式中：$M$——承压含水层厚度，m；

$s$——地下水位降深，m；

$R$——降水影响半径，m；

$r_W$——井半径，m；

$k$——渗透系数；

$q$——单井涌水量，$m^3/d$。

（2）对于承压水非完整井（$l>5r$）：

$$q = 2.73 \frac{kls}{\lg \dfrac{1.6l}{r_W}} \qquad (11\text{-}4)$$

（3）对于潜水完整井：

$$q = 1.366k \frac{(2H-s)s}{\lg R - \lg r_W} \qquad (11\text{-}5)$$

式中：$l$——过滤器工作部分长度，m。

（4）对于潜水非完整井：

$$q = 1.366ks \left( \frac{l+s}{\lg R - \lg r_W} + \frac{l}{\lg \dfrac{0.66l}{r_W}} \right) \qquad (11\text{-}6)$$

## （七）基坑涌水量$Q$估算

（1）对于窄长形基坑（长宽比$L/B$大于10），当管井为潜水完整井时，基坑的涌水量按下式估算：

$$Q = \frac{kL(2H-s)}{R} + \frac{1.366k(2H-s)s}{\lg R - \lg(\dfrac{B}{2})} \qquad (11\text{-}7)$$

式中：$Q$——基坑涌水量，$m^3/d$；

$k$——含水层渗透系数，m/d；

$L$——基坑长度，m；

$B$——基坑宽度，m；

$H$——潜水含水层厚度，m；

$s$——地下水位降深，m；

$R$——降水影响半径，m。

当管井为承压水完整井时，基坑的涌水量可按下式估算：

$$Q = \frac{2kMLs}{R} + \frac{2.73kMs}{lg\,R - lg(\frac{B}{2})} \tag{11-8}$$

式中：$M$——承压含水层厚度，m。

（2）对于块状基坑（长宽比L/B小于10），可将基坑简化为圆形基坑，其涌水量按照"大井法"估算。

如对块状基坑简化为圆形基坑，其等效半径$r_0$按下式计算：

$$r_0 = \eta\frac{L+B}{4} \tag{11-9}$$

式中：$r_0$——换算的基坑等效半径；

$\eta$——简化系数，当$B/L \leq 0.3$时取1.14，当$B/L > 0.3$时取1.16～1.18。

### （八）管井数量与管井间距的确定

管井间距：一般对粗粒土含水层取15～20m，细粒土含水层取20～25m，特殊部位（如电梯井部位）宜适当加密。

$$n = 1.1\frac{Q}{q} \tag{11-10}$$

式中：$n$——井点个数，个。

### （九）对群井降水时各井点出水量进行验算

按上述计算井点数n尚应在满足降水深度的条件下，对群井抽水时各井点出水量进行验算，并以此来复核井点数设计的合理性。

对于潜水完整井，应满足下式要求：

$$y_0 > 1.1\frac{Q}{n\psi} \tag{11-11}$$

$$y_0 = \sqrt{H^2 - \frac{0.732Q}{k}(lg\,R_0 - \frac{1}{n})lg\,nr_0^{n-1}r_W} \tag{11-12}$$

$$\psi = \frac{q}{l}$$

（11-13）

$$R_0 = r_W + R$$

（11-14）

式中：$y_0$——降水要求的单井井管进水部分长度，m；

$\psi$——管井进水段单位长度进水量，$m^3/d$；

$R_0$——井群中心至补给边界的距离，m；

$r_0$——圆周布井时各井至井群中心的距离，m。

对于承压完整井，$y_0$按下式计算：

$$y_0 = H' - \frac{0.366Q}{kM}(lg R_0 - \frac{1}{n} lg\, n r_0^{n-1} r_W)$$

（11-15）

式中：$H'$——承压水头至该含水层底板的距离，m；

$M$——承压含水层厚度，m。

当过滤器工作部分长度小于含水层厚度的2/3时，应采用非完整井公式计算。若求出的$y_0$、$\psi$不满足上述条件，应调整井点数量和井点间距，再进行上式验算，直至满足上式条件后，再进行基坑降水深度验算。

## （十）采用干扰井群抽水公式计算

采用干扰井群抽水公式计算的目的是检验基坑中心处水位降深值，确定其是否满足设计水位降深的要求，并以此调整井点数及井点间距。

对于潜水含水层：

$$s = H - \sqrt{H^2 - \frac{Q_0}{1.366k}\left[lg R_0 - \frac{1}{n} lg(x_1 x_2 \cdots x_n)\right]}$$

（11-16）

对于承压含水层：

$$s = \frac{0.366Q_0}{kM}\left[lg R_0 - \frac{1}{n} lg(x_1 x_2 \cdots x_n)\right]$$

（11-17）

式中：$s$——基坑中心处地下水位（头）降深值，m；

$Q_0$——由$n y_0 \psi$的乘积得出的基坑抽水总流量，$m^3/d$；

$x_1 x_2 \cdots x_n$——从基坑中心距各井点中心的距离，m；

$H$——含水层的水位高度，m。

若要求各井点降深值，则在式（11-16）和式（11-17）中，各井点距离$x_1$需与所求井

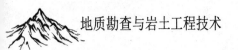

点的半径相乘，然后按式（11–16）和式（11–17）计算。

当计算得出的 $s$ 值不能满足降水设计要求时，则应重新调整井点数与井点距及布井方式，再进行 $s$ 值验算，直至满足要求。

### （十一）施工设计要求

管井施工包括钻进方法选择、钻具选择、钻进参数选择及泥浆参数选择等；钻进结束后包括冲孔排渣、调整泥浆性能、通孔、下管前冲孔排渣、调整泥浆性能、下管、止水、固井、安装水泵、洗井、试抽或者抽水试验、竣工验收等工序。其钻进过程中各土层使用的泥浆性能参数及各土层含水层所对应的填砾厚度各不相同，具体要求如表11-3、11-4所示。

表11-3　钻进过程中需要使用泥浆的性能参数

| 土层名称 | 相对密度 | 黏度（s） |
|---|---|---|
| 黏土、粉质黏土 | 1.08～1.10 | 15～16 |
| 粉细砂 | 1.10～1.15 | 16～18 |
| 中砂 | 1.15～1.25 | 18～20 |
| 粗砂、砾砂等 | 1.25～1.35 | 20～24 |

表11-4　含水层与对应的填砾厚度

| 含水层名称 | 对应的标准粒径筛分后重量比（mm，%） | 填砾厚度（mm） | 填砾规格（mm） |
|---|---|---|---|
| 黏土、粉质黏土 | ≤0.10 | 200～250 | 0.7～1.2 |
| 粉细砂 | ≥0.15占60% | 200 | 1.20 |
| 中砂 | ≥0.25占60% | 180 | 1.5～2.5 |
| 粗砂、砾砂 | ≥0.50占60% | 180 | 2.5～3.5 |
| 砾石、卵石 | ≥1.00占60% | 180 | 3.5～5.0 |

具体施工设计要求有以下四点。

（1）井管、滤水管的长度及井管外侧回填料的高度应根据降水井的深度、地层结构及降水要求而定。

（2）设置于基坑内的降水井，穿越基础底板处，基础施工时应设止水环。降水施工组织设计应对排水管网、供电系统等进行周密布置，确保降水不间断运行。

（3）在降水维持运行阶段，应配合土方开挖和地下室施工对抽排水量、地下水位、环境条件变化进行控制，以求达到最佳状态。有条件时，可采用电子计算机辅助进行信息化控制。

（4）当后浇带施工完毕及基坑周边回填后，方可结束降水工程维持阶段，并按有关规定进行井孔回填处理。

## 二、轻型井点降水设计和施工

当含水层为渗透系数小于0.1m/d的黏性土、淤泥或淤泥质黏性土时可采用电渗井点法；当含水层的渗透系数为2～50m/d，需要降低水位高度在4～8m时，可选用真空井点，当降深要求大于4～5m时，可选用二级或多级真空井点；当含水层的渗透系数为0.1～50m/d时，要求水位降深为8～20m，可选用喷射井点法。

轻型井点降水系统包括井点管（过滤器）集水总管、抽水泵、真空泵等，井点管直径一般为38～50mm，长5～8m；滤水管同径井点管，打眼包网，长度为1.0～1.5m，成孔孔径100～150mm，间距1.0～1.5m；集水总管，为直径89～127mm钢管，长30m左右，一个集水总管通过软管与20个左右井点管连接，构成一组轻型井点降水系统。

设计时应注意以下问题。

（1）单级轻型井点降低水位深度不宜超过5～6m，水平向影响范围一般不超过6.0m，对宽度大于6.0m基坑应增加轻型井点排数。

（2）当基坑及其周边一定范围内不同部位的水文地质条件相差较大时，可同时采用两种或多种井点类型。

（3）基坑降水井点宜沿基坑周边布置，当环境许可或设计有要求时可设在基坑外，基坑内降水的深度宜控制在开挖面以下1.0～1.5m。

（4）井点出水滤管长度可按式（11-18）设计；

$$l = \frac{Q}{\pi dnv} \qquad （11-18）$$

式中：$Q$——流入每根井管的流量，$m^3/d$；

$d$——滤网外径，m；

$n$——滤网孔隙比，宜为30%以上；

$v$——地下水进入滤网的速度，m/d，与含水层的渗透系数k有关，可取经验值，$\sqrt{k}/15$。

（5）一般在松软土中多采用水冲法，冲孔压力一般为0.4～0.6MPa，冲孔直径一般为30cm，井点管靠自重下沉，滤水管周围回填中粗砂，形成均匀密实的滤层，上部1.0m以上用黏土球封实，以防漏气。

# 参考文献

[1]李新民.新形势下地质矿产勘查及找矿技术研究[M].北京：原子能出版社，2020.

[2]赵鹏大.矿产勘查理论与方法[M].武汉：中国地质大学出版社，2023.

[3]中央纪委宣教室.矿产勘查学简明教程[M].北京：中国方正出版社，2023.

[4]张立明.固体矿产勘查实用技术手册[M].合肥：中国科学技术大学出版社，2019.

[5]刘益康.探路密钥 矿产勘查随笔[M].北京：地质出版社，2022.

[6]张彩华，张洪培，刘飚.矿产勘查学实习教程[M].长沙：中南大学出版社，2022.

[7]吴冲龙.固体矿产勘查信息系统[M].北京：科学出版社，2019.

[8]李伟新，巫素芳，魏国灵.矿产地质与生态环境[M].武汉：华中科技大学出版社，2020.

[9]路增祥，蔡美峰.金属矿山露天转地下开采关键技术[M].北京：冶金工业出版社，2019.

[10]曹方秀.岩土工程勘察设计与实践[M].长春：吉林科学技术出版社，2022.

[11]王博，任青明，张畅.岩土工程勘察设计与施工[M].长春：吉林科学技术出版社，2019.

[12]王国富，路林海，李罡.济南市基坑降水回灌研究与应用[M].北京：中国城市出版社，2017.

[13]李林.岩土工程[M].武汉：武汉理工大学出版社，2020.

[14]谢东，许传道，丛绍运.岩土工程设计与工程安全[M].长春：吉林科学技术出版社，2019.

[15]郭院成，李永辉.基坑支护（第2版）[M].郑州：黄河水利出版社，2019.

[16]仇文岗.深基坑开挖与挡土支护系统[M].重庆：重庆大学出版社，2020.

[17]李欢秋，刘飞，郭进军.城市基坑工程设计施工实践与应用[M].武汉：武汉理工大学出版社，2019.

[18]木林隆，赵程.基坑工程[M].北京：机械工业出版社，2021.